Energie in Naturwissenschaft, Technik, Wirtschaft und Gesellschaft

Die Frage nach der Energieversorgung ist entscheidend dafür, wie sich die Zukunft gestaltet – sowohl was technische Entwicklungsarbeit betrifft als auch wirtschaftliche Konzepte oder einen gesellschaftlichen Wandel. Je nach räumlicher Betrachtungsebene (global, national oder regional) stehen unterschiedliche Fragestellungen, Sichtweisen oder Herausforderungen im Vordergrund.

Die Titel dieser Buchreihe wollen somit auf neue Perspektiven aufmerksam machen, und in interdisziplinärer Weise Facetten rund um die Energieerzeugung, -nutzung, -verteilung, -wirtschaft und Wirtschaftlichkeit sowie zur Bedeutung für Umwelt und Gesellschaft beleuchten.

Um dies zu erreichen, bearbeiten in der Reihe *Energie in Naturwissenschaft, Technik, Wirtschaft und Gesellschaft* Autoren aus unterschiedlichen wissenschaftlichen Disziplinen zusammen ein Thema und entzünden gemeinsam eine Diskussion zu energiespezifischen Fragestellungen aus mehreren Blickwinkeln.

Weitere Bände in dieser Reihe: http://www.springer.com/series/14344

Franz Joos

Nachhaltige Energieversorgung: Hemmnisse, Möglichkeiten und Einschränkungen

Eine interdisziplinäre Statusbetrachtung

Franz Joos
Energietechnik
Helmut-Schmidt-Universität
Hamburg, Deutschland

ISSN 2366-6242　　　　ISSN 2366-6250 (electronic)
Energie in Naturwissenschaft, Technik, Wirtschaft und Gesellschaft
ISBN 978-3-658-23201-6　　　ISBN 978-3-658-23202-3 (eBook)
https://doi.org/10.1007/978-3-658-23202-3

Die Deutsche Nationalbibliothek verzeichnet diese Publikation in der Deutschen Nationalbibliografie; detaillierte bibliografische Daten sind im Internet über http://dnb.d-nb.de abrufbar.

Springer
© Springer Fachmedien Wiesbaden GmbH, ein Teil von Springer Nature 2019
Das Werk einschließlich aller seiner Teile ist urheberrechtlich geschützt. Jede Verwertung, die nicht ausdrücklich vom Urheberrechtsgesetz zugelassen ist, bedarf der vorherigen Zustimmung des Verlags. Das gilt insbesondere für Vervielfältigungen, Bearbeitungen, Übersetzungen, Mikroverfilmungen und die Einspeicherung und Verarbeitung in elektronischen Systemen.
Die Wiedergabe von Gebrauchsnamen, Handelsnamen, Warenbezeichnungen usw. in diesem Werk berechtigt auch ohne besondere Kennzeichnung nicht zu der Annahme, dass solche Namen im Sinne der Warenzeichen- und Markenschutz-Gesetzgebung als frei zu betrachten wären und daher von jedermann benutzt werden dürften.
Der Verlag, die Autoren und die Herausgeber gehen davon aus, dass die Angaben und Informationen in diesem Werk zum Zeitpunkt der Veröffentlichung vollständig und korrekt sind. Weder der Verlag, noch die Autoren oder die Herausgeber übernehmen, ausdrücklich oder implizit, Gewähr für den Inhalt des Werkes, etwaige Fehler oder Äußerungen. Der Verlag bleibt im Hinblick auf geografische Zuordnungen und Gebietsbezeichnungen in veröffentlichten Karten und Institutionsadressen neutral.

Lektorat: Dr. Daniel Fröhlich

Springer ist ein Imprint der eingetragenen Gesellschaft Springer Fachmedien Wiesbaden GmbH und ist ein Teil von Springer Nature.
Die Anschrift der Gesellschaft ist: Abraham-Lincoln-Str. 46, 65189 Wiesbaden, Germany

Vorwort

Wir leben in einem Zeitalter eines historischen Umbruchs, der uns in vielerlei Hinsicht vor enorme Herausforderungen stellt. Neben vielen Aspekten, die es erfordern, unsere Lebensphilosophie neu zu definieren, stellt die Sicherstellung eines menschenwürdigen Lebens durch einen minimalen Wohlstand aller ein Ziel dar. Hierbei ist die Versorgung mit Nahrung und Energie von Bedeutung, aber auch die Erhaltung der Umwelt, insbesondere bezüglich der Belastungen und der Ressourcen.

Einerseits deutet sich durch den Klimawandel eine bisher einzigartige Bedrohung der Lebensgrundlagen der Menschheit an. Die gemessene CO_2-Konzentration ist in 2017 mit über 400 vppm auf einen Wert angestiegen, wie er zuletzt vor mehreren Millionen Jahren aufgetreten ist, zu Zeiten, als die ersten Hominiden auftraten.

Das Gebiet der nachhaltigen Energieversorgung erfährt derzeit einen rasanten Aufschwung. Die Sicherstellung der Energieversorgung, sowie die Einführung regenerativer Energien in die Energiewirtschaft eines Landes, liegen primär in der Verantwortung der Politik. Deshalb muss ein Überblick mit der politischen Situation der Volkswirtschaft beginnen. Um die Bedeutung einschätzen zu können, müssen die vorhandenen Formen der regenerativen Primärenergie zusammengestellt werden und in ihrer Mächtigkeit abgeschätzt werden. Hier kann es sich nur um Schätzwerte handeln, die je nach Absicht des Schätzenden stark unterschiedlich ausfallen. Dennoch müssen die sich zum Teil widersprechenden Daten dargestellt werden, allein um das Bewusstsein zu schärfen, dass es sich nur um Schätzwerte handeln kann. Aufgrund der unbeständigen Darbietung der regenerativen Primärenergie kann eine zuverlässige Nutzung nur dann erfolgen, wenn kurz-, mittel- und langfristige Speichermöglichkeiten der regenerativen Primärenergie zur Verfügung stehen. Die Energiespeicher sowie die Stromverteilung rücken nun verstärkt ins Zentrum der Aufmerksamkeit. Dies prädestiniert die dezentrale Energieversorgung außerhalb der Ballungsgebiete, während in industriellen Schwerpunkten aber auch in Großstädte eine zentrale Versorgung unumgänglich sein wird.

Der in der Energieversorgung verwendete Sprachgebrauch wie beispielsweise der Energiequelle oder des Energieverbrauchs ist aus thermodynamischer Hinsicht nicht korrekt. Energie kann lediglich umgewandelt, nicht verbraucht werden. Die Ausgangszustände der Energie und die Wandlungsprodukte hingegen ändern sich aber tatsächlich.

So wird in einem thermischen Kraftwerk durch Verbrennung chemische Energie in elektrische Energie umgewandelt, also energieenthaltende Brennstoffe verbraucht und elektrische Energie bereitgestellt. Im Sprachgebrauch wird daraus der Verbrauch des Brennstoffes und die Quelle der elektrischen Energie. Im Folgenden soll der sich eingebürgerte Sprachgebrauch beibehalten werden, bewusst dass eigentlich der „elektrische" Energieverbrauch und die „fossile" Energiequelle gemeint sind.

Die Dokumentation der Umsetzung des Energiekonzepts sowie die dabei erzielten Fortschritte veröffentlicht die Bundesregierung im Spätherbst eines jeden Jahres in einem faktenbasierten Monitoring-Bericht und zudem alle drei Jahre in einem Fortschrittsbericht mit einer vertieften Analyse der Entwicklungen und Maßnahmen. Seit dem Jahr 2011 steht der Bundesregierung in diesem Prozess eine unabhängige Kommission aus vier Energieexperten beratend zur Seite. Die Expertenkommission zum Monitoring-Prozess „Energie der Zukunft" legt jährliche Stellungnahmen zum Fortschritt der Energiewende vor, die den Monitoring-Berichten der Bundesregierung zur Energiewende beigefügt und dem Kabinett sowie dem Bundestag zugeleitet werden. Diese Publikationen geben jeweils einen aktuellen Überblick über den Stand der Umsetzung der Energiewende.

Die vorliegende Publikation entstand aus meinem Skript der Vorlesung Regenerative Energie, die ich in den letzten Jahren an der Helmut-Schmidt-Universität Universität der Bundeswehr in Hamburg gehalten habe. Den interessierten Diskussionen mit den Studierenden ist die interdisziplinäre Breite des Stoffes geschuldet. Für die vielen fruchtbaren Anregungen möchte ich mich hiermit bei den Studierenden bedanken. Dem Springer-Vieweg Verlag danke ich für die Unterstützung und Möglichkeit der Publikation. Ebenso bedanke ich mich bei den Inhabern der Urheberrechte für die Genehmigung zur Übernahme ihrer Abbildungen. Für den unermüdlichen Einsatz bei der Erstellung der vorliegenden Publikation bin ich meiner Sekretärin, Frau Gerds zu besonderem Dank verpflichtet.

Hamburg, im Herbst 2018

Inhaltsverzeichnis

1 **Nachhaltige Energieversorgung** 1
  1.1 Energiebedarf 1
  1.2 Nachhaltigkeit 6
      1.2.1 Bedeutung, Grundlage und Reichweite von Nachhaltigkeit als Steuerungsintrument 6
      1.2.2 Nachhaltigkeitsmanagement 7
  1.3 Nachhaltigkeit unter dem Aspekt der Energieversorgung 9
  1.4 Die Energiewende 10
  Literatur 13

2 **Bewertungskriterien des Energieumsatzes** 15
  2.1 Wirkungsgrade, Nutzungsgrade 16
      2.1.1 Energieformen und deren Umwandlung 17
      2.1.2 Wirkungsgrad 21
      2.1.3 Nutzungsgrad und Deckungsgrad 25
  2.2 Ganzheitliche Bewertungsmethoden 29
      2.2.1 Kumulierter Energieaufwand (KEA) 30
      2.2.2 Ökobilanz 32
      2.2.3 Externe Kosten 37
      2.2.4 Der Erntefaktor, der Amortisationsfaktor 41
  Literatur 44

3 **Ethische Fragen zur Energieerzeugung** 45
  3.1 Einleitung 45
  3.2 Ethische Grundprinzipien 46
      3.2.1 Sozialverträglichkeit 46
      3.2.2 Umweltverträglichkeit 47
      3.2.3 Humanverträglichkeit 47

3.3	Ethische Vorzugsregeln	48
3.4	Konkretion für die Energieerzeugung und – nutzung	48
3.5	Fazit	49
	Literatur	49

4 Energieszenarien ... 51
4.1	Einleitung	51
4.2	Aktuelle Szenarien der deutschen Energieversorgung	52
4.3	Energieszenarien	56
4.4	Grundlegender Aufbau von Szenarien	57
4.5	Vorgehen bei der Formulierung	58
4.6	Modelle als Grundlagen von Szenarien	59
4.7	Aussagen eines Energieszenarios	60
4.8	Zusammenfassung	61
	Literatur	61

5 Die Energiewende – Handicap oder Chance? ... 63
5.1	Einleitung	64
5.2	Die jüngste Energiewende in Deutschland	70
5.3	Energieverbrauch und Importabhängigkeit	71
5.4	Kernenergie	74
5.5	Konventionelle Stromerzeugung als Brückentechnologie	77
5.6	Treibhausgase, Umwelt	88
5.7	Energieeffizienz	92
5.8	Verkehr	96
5.9	Regenerative Energien	99
5.10	Wende in der elektrischen Energieversorgung	103
5.11	Netzproblematik und Kraftwerkskapazitäten	108
	5.11.1 Netzausbau	117
	5.11.2 Flexible Erzeugung	118
	5.11.3 Flexibler Verbrauch durch steuerbare Lasten	118
	5.11.4 Energiespeicherung	119
5.12	Speicher	119
	5.12.1 Pumpspeicher	121
	5.12.2 Druckluftspeicher	122
	5.12.3 Wasserstoff-Speicher	123
	5.12.4 Redox-Flow Speicher	123
	5.12.5 Elektrische Batterien, Akkumulatoren	124
5.13	Sektorkopplung	125
	5.13.1 Sektor Stromerzeugung	126
	5.13.2 Sektor Wärme	126
	5.13.3 Sektor Verkehr	127
	5.13.4 Sektor Power to X	127

	5.14 Energiepreise	129
	5.15 Digitalisierung	136
	5.16 BMWi-Förderprogramm „Schaufenster intelligente Energie – Digitale Agenda für die Energiewende" (SINTEG)	139
	5.17 Gesellschaftliches Verhalten	142
	5.18 Flexibilitätskonzepte für die Stromversorgung	143
	5.19 Fazit	146
	5.20 Zusammenfassung	147
	Literatur	148
6	**Wie kann der Einzelne zum Gelingen der Energiewende beitragen?**	151
	6.1 Status	151
	6.2 Handlungsoptionen	152
	6.3 Optimierung des Energiebedarfs der privaten Haushalte	155
	6.4 Akzeptanz	156
	6.5 Fazit	158
	Literatur	158
7	**Resumee**	159
Sachwortverzeichnis		163

Abkürzungen

A	Anergie
AEE	Agentur Erneuerbare Energien e.V.
AGEB	Arbeitsgemeinschaft Energiebilanzen e.V.
AGEE-Stat	Arbeitsgruppe Erneuerbare Energien-Statistik
ASPO D e.V.	Association for the Study of Peak Oil and Gas, Deutschland
BBPIG	Gesetz über den Bundesbedarfsplan, Bundesbedarfsplangesetz
BDH	Bundesindustrieverband Deutschland Haus- Energie- und Umwelttechnik e.V.
BDSG	Bundesdatenschutzgesetz
BGBl	Bundesgesetzblatt
BHKW	Biomasseheizkraftwerk
BHKW	Blockheizkraftwerk
BLE	Bundesanstalt für Landwirtschaft und Ernährung
BMFT	Bundesministerium für Forschung und Technologie
BMU	Bundesumweltministerium
BMWI	Bundesministerium für Wirtschaft und Technologie
BNetzA	Bundesnetzagentur
BSP	Bruttosozialprodukt
BWE	Bundesverband Windenergie
BWP	Bundesverband Wärmepumpe
CCS	Carbon Dioxide Capture and Storage
CNG	Kryogenes Naturgas
DEA	Dezentrale Energieerzeugungsanlage
dena	Deutsche Energie-Agentur GmbH
DESERTEC	Nachfolgeorganisation der Trans-Mediteranean Renewable Energy Cooperation (TREC)
DEWI	Deutsches Windenergie Institut GmbH Wilhelmshafen
DII	Desertec Industrial Initiative
DIN	Deutsche Industrienorm
DLR	Deutsche Gesellschaft für Luft- und Raumfahrt

DSM	Demand-Side-Management
E	Exergie
EE	Erneuerbare Energien
EEA	Einheitliche Europäische Akte, ein EG-Vertrag zum Ausbau der politischen und ökonomischen Integration
EEE	European Energy Exchange, europ. Strombörse Leipzig
EEG	Erneuerbare Energien Gesetz
EEV	Endnenergieverbrauch
EEWärmeG	Erneuerbare Energien Wärmegesetz
EnLAG	Energieleitungsausbaugesetz
EnEV	Energieeinsparverordnung
EnWG	Energiewirtschaftsgesetz
EROJ, E_R	Energy returned on invested, Erntefaktor
ETS, EU ETS	EU-Emissionshandel, European Union Emissions Trading System
EWE	Energieversorgungsunternehmen, Ems-Weser-Elbe-Region, Bremen, Brandenburg, Ostseeinsel Rügen, Westpolen, Türkei
EWEA	European Wind Energy Association
FC	Brennstoffzelle, fuel cell
FCKW	Florchlorkohlenwasserstoffe
FEE	fluktuierende erneuerbare Energien
GuD	Gas- und Dampfturbinen Kombikraftwerk, Combined Cycle Sytem
HGÜ	Hochspannungsgleichstromübertragung
HS	(thermodynamischer) Hauptsatz
HT	Hochtemperatur
HVDC	High Voltage Direct Current, Hochspannungsgleichstromübertragung
IKT	Informations- und Kommunikationstechnologie
IoT	Internet der Dinge, Internet of Things
IPCC	Intergovernmental Panel on Climate Change, Weltklimarat
ISO	International Organization for Standardization
IT	Informationstechnologie
KEA	Kumulierter Energieaufwand
KfW	Kreditanstalt für Wiederaufbau
KNA	Kumulierter Nichtenergetischer Aufwand
KPEV	Kumulierter Prozessenergieverbrauch
KWK	Kraft-Wärme Kopplung, Stromerzeugungsanlagen mit Abwärmenutzung
LCA	Abschätzung des Lebensdauerzyklus, Life Cycle Assessment
LCI	Sachbilanz, Life Cycle Inventory
LED	Leuchtdiode, light-emitting diode
LNG	flüssiges Naturgas
MAP	Marktanreizprogramm, BMWi
NAPE	Nationaler Aktionsplan Energieeffizienz, BMWi

NEV	nichtenergetisch eingesetzte Energieträger
NMHC	Nicht-Methan Kohlenwasserstoffe
OECD	Organisation für wirtschaftliche Zusammenarbeit und Entwicklung
p	Druck
P	Leistung
PEB	Primärenergiebedarf
PEFC	Polymerelektrolytbrennstoffzelle
PEV	Primärenergieverbrauch
PME	Pflanzenmethylester
PROGNOS AG	Neben Studien und Untersuchungen aller Art gehören ökonometrische Analysen und Prognosen zu den Kerntätigkeiten der Prognos AG
PTL	Power to Liquid
Q	Wärme
S	Entropie
SEI	stoffgebundener Energieinhalt
SINTEG	Schaufenster intelligente Energie, BMWi-Programm
SOFC	Feststoffoxidbrennstoffzelle
STC	Standard Test Condition
T	Temperatur in /K/
t	Temperatur in /°C/ oder Zeit in /s/
THG	Treibhausgasemission
U	Innere Energie
UBA	Umweltbundesamt
UFA, URF	Ökologischer Bewertungsfaktor
ÜNB	Übertragungsnetzbetreiber
V	Volumen
VDI	Verein Deutscher Ingenieure
VKU	Verband kommunaler Unternehmen e.V.
WBGU	Wissenschaftlicher Beirat der Bundesregierung Globale Umweltveränderungen
WEA	Windenergieanlage
Wi	Energie
WKA	Windkraftanlage
WP	Wärmepumpe
WWF	World Wide Fund
δ	Deckungsgrad
ε	Exergiegehalt
η	Wirkungsgrad
ζ	Nutzungsgrad

Nachhaltige Energieversorgung

Nachhaltige Energieversorgung ist mit nachhaltiger Umweltpolitik untrennbar verbunden. Deshalb soll einleitend der umfassende Begriff der Nachhaltigkeit vergegenwärtigt werden. Umweltpolitik ist ein komplexer Aufgabenbereich. Ging es früher vor allem darum, Natur zu bewahren und Umweltschäden zu beheben, so ist heute das Spektrum erheblich erweitert. Es gilt vor allem, die Natur zu pflegen und Schäden gar nicht erst eintreten zu lassen.

Nachhaltigkeit betrifft alle Betrachtungsebenen, kann also lokal, regional, national oder global verwirklicht werden. Während aus ökologischer Perspektive zunehmend ein globaler Ansatz verfolgt wird, steht hinsichtlich der wirtschaftlichen und sozialen Nachhaltigkeit oft der nationale Blickwinkel im Vordergrund. Desgleichen wird für immer mehr Bereiche eine nachhaltige Entwicklung postuliert, sei es für den individuellen Lebensstil oder für ganze Sektoren wie Mobilität oder Energieversorgung.

Eine nachhaltige Handlungsweise ist aber nicht alleinige Aufgabe des Staates. Die nachhaltige Handlungsweise in einem freiheitlichen Staat kombiniert Eigenverantwortung von Wirtschaft und Bürgern, Markt und Wettbewerb mit verbindlichen Rechtsnormen und wirksamer Kontrolle.

1.1 Energiebedarf

Der Bedarf an Energie basiert auf verschiedenen Aspekten. Zum einen benötigen wir Energie zum Leben. Um zu leben, müssen wir chemische Energie in Form unserer Nahrung aufnehmen. Vom thermodynamischen Standpunkt ist der Grund dafür offensichtlich. Der Körper ist ein hochorganisiertes System mit niedriger Entropie, deren Wert nur auf Kosten einer Entropieerhöhung der Umgebung so niedrig gehalten werden kann. Dieser sogenannte Grundumsatz hängt davon ab, welche zusätzliche Arbeit der Mensch verrichtet. Ohne die Verrichtung von körperlicher Arbeit beträgt er im Mittel pro Kopf und Jahr etwa

$0{,}8 \cdot 10^3$ kWh/a. Verglichen mit dem zusätzlichen Energiebedarf der Menschheit, ist das vernachlässigbar wenig.

Wir benötigen zum anderen deutlich mehr Energie für ein angenehmes Leben. Die Frage, wann das Leben als angenehm zu bezeichnen ist, wird sicher von jedem Menschen verschieden beantwortet. Im Allgemeinen wird aber die Mehrzahl der Weltbewohner darin übereinstimmen, dass für die Allgemeinheit das Leben umso angenehmer ist, je höher der Lebensstandard eines Landes ist. Der Lebensstandard ist in diesem Sinn eine messbare Größe, denn sie wird von zwei anderen messbaren Größen bestimmt

1. dem Bruttosozialprodukt (BSP) eines Landes,
2. dem Primärenergiebedarf (PEB) eines Landes.

In Abb. 1.1 ist dargestellt, welche Faktoren das Bruttosozialprodukt bestimmen (links) und welche Faktoren den Primärenergiebedarf eines Landes (rechts). Die Liste dieser Faktoren ist keineswegs vollständig und ließe sich weiter ergänzen. Diese Faktoren sind letztlich mitbestimmend für den Lebensstandard, den die Bewohner eines Landes erreichen.

Es wäre sicherlich in unserem Zusammenhang sinnvoller, den Endenergiebedarf als die wichtige Größe anzusehen, denn dies ist die Energie, die wir letztendlich benötigen, um ein angenehmes Leben zu führen. Der Bedarf an Endenergie ist allerdings nicht so leicht messbar. Leichter ist zu bilanzieren, wie viel Primärenergie pro Jahr auf der Welt benötigt wurde. Am Ende des 20. Jahrhunderts bestand ein weltweiter Primärenergiebedarf von $1{,}4 \cdot 10^{14}$ kWh/a.

Der Bedarf an Energie pro Kopf ist aber nicht in allen Ländern dieser Erde gleich groß (Abb. 1.2).

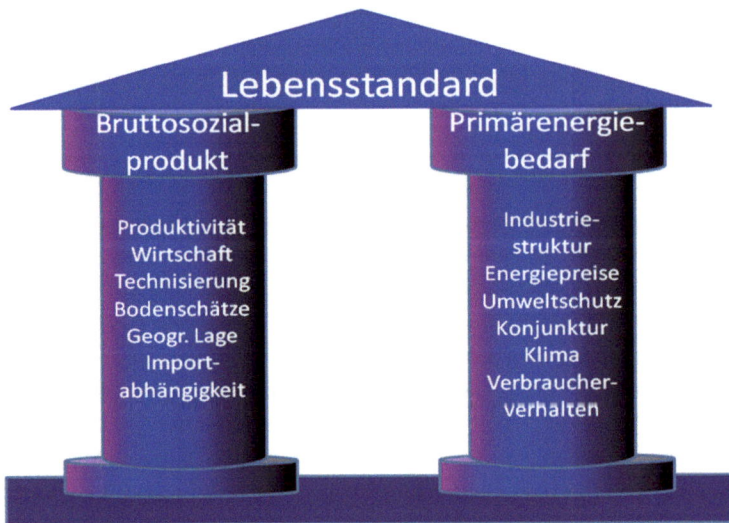

Abb. 1.1 Der Lebensstandard wird durch Bruttosozialprodukt und Primärenergiebedarf bestimmt

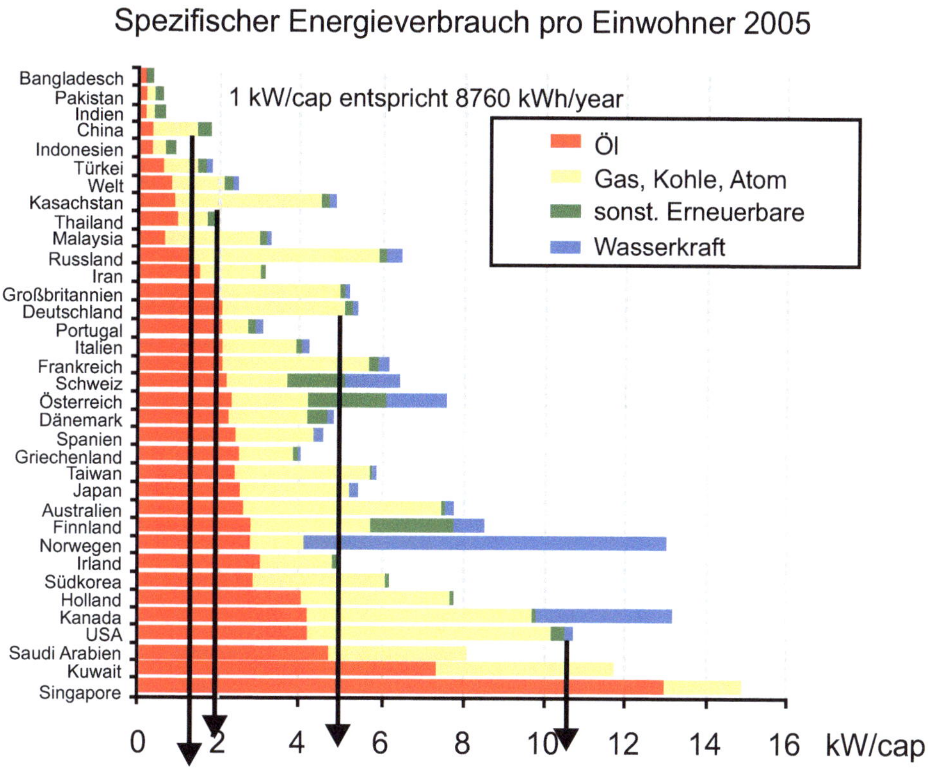

1.1 Energiebedarf

Abb. 1.2 Pro-Kopf Energieverbrauch verschiedener Länder. Der Verbrauch ist in kW pro Einwohner angegeben und entspricht der Jahresdauerleistung eines Bewohners (ASPO D e.V.)

Vielmehr ergibt sich eine Korrelation zwischen Primärenergiebedarf (PEB) und Bruttosozialprodukt (BSP) eines Landes: Je größer der Primärenergiebedarf pro Kopf eines Landes ist, umso höher ist auch sein Bruttosozialprodukt pro Kopf und damit der (messbare) Lebensstandard (Abb. 1.3).

Das Bruttosozialprodukt ist der Wert aller in einem Land hergestellten Güter und erbrachten Dienstleistungen in einem Jahr. Für die einzelnen Länder treten erhebliche Abweichungen von dem mittleren Verhalten auf. Die Schwankungen in dem Verhältnis Bruttinlandsprodukt und Energieverbrauch sind nicht überraschend, denn beide Größen hängen von vielen Faktoren ab, die in jedem Land verschieden sind. Außerdem verändern sich die Verhältnisse im Laufe der Zeit.

Seit etwa 1980 veränderte sich der Primärenergiebedarf in Deutschland nur noch wenig, während das Bruttosozialprodukt weiter angestiegen ist. Das bedeutet: Am Ende des 20. Jahrhunderts benötigten wir nur noch etwa 2/3 so viel Primärenergie, um den gleichen Lebensstandard zu gewährleisten, den wir 1970 besaßen. Dafür sind verschiedene Gründe verantwortlich. Bessere Techniken haben den Nutzungsgrad von der Primärenergie zur Nutzenergie erhöht, z. B. durch den Einbau neuer und besserer Heizungsanlagen. Es wurde

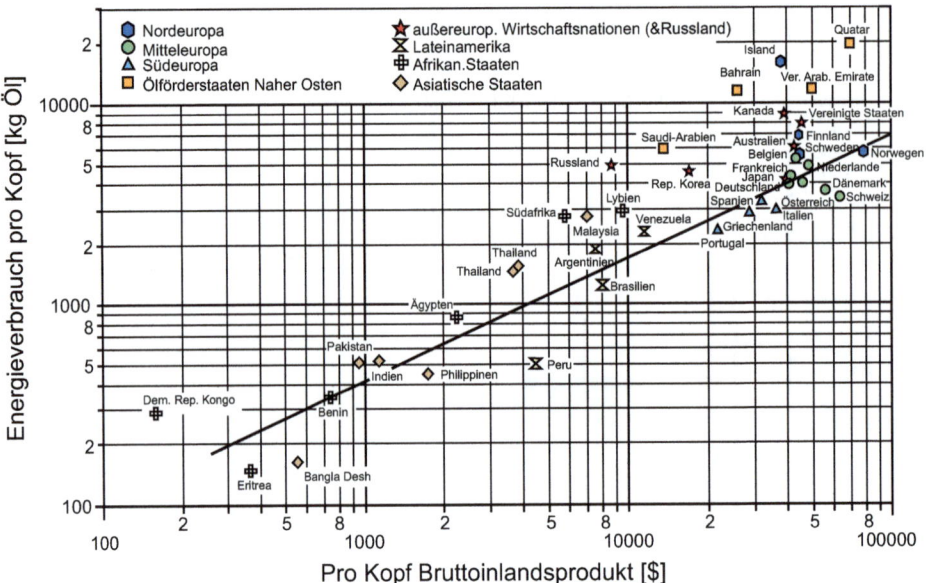

Abb. 1.3 Jährlicher pro Kopf Energieverbrauch in Kilogramm Öl als Funktion des Bruttosozialprodukts pro Kopf und Jahr in US-Dollar (US $) für verschiedene Länder (Weltbank 2009). Je weiter rechts von der Mittellinie ein Land eingetragen ist, umso effektiver wird die Energie eingesetzt [1]

Nutzenergie eingespart, z. B. durch eine bessere Wärmeisolation. Zum Anderen wurden aber auch energieintensive Prozesse zur Herstellung von Halbzeug vorwiegend in die Rohstoff exportierenden Länder verlagert.

Die Entkopplung des Bruttoinlandsprodukts vom Primärenergieverbrauch wird als Zeichen einer hoch industrialisierten Gesellschaft angesehen. Abb. 1.4 zeigt die Entwicklung dieses Zusammenhanges in Deutschland und das angestrebte Ziel für 2050 nach dem gültigen Energiekonzept im Vergleich mit dem Status anderer Staaten. Auffallend ist, dass sowohl Dänemark als auch die Schweiz sich diesem Ziel schon stärker angenähert haben als Deutschland. Ebenso sichtbar ist aber auch die Position von USA und Kanada, die einen weit überhöhten Primärenergieverbauch im Vergleich zum erwirtschafteten Bruttoinlandsprodukt aufweisen.

Im Folgenden soll ein grober Vergleich der benötigten Primärenergie mit der zur Verfügung stehenden regenerativen Primärenergie vorgenommen werden.

Der mittlere Erdradius beträgt $r_{Erde} = 6{,}37 \cdot 10^6$ m. Wenn wir vereinfachend annehmen, dass die Erde eine Kugel ist, dann ergibt sich für die Erdoberfläche $A_m = 510 \cdot 10^{12}$ m². Davon bedecken die Ozeane eine Fläche von $A_W = 361 \cdot 10^{12}$ m² (d. h. 71 % Wasseroberfläche), die Landfläche beträgt $A_L = 149 \cdot 10^{12}$ m² (d. h. 29 % Landoberfläche).

Wichtig für die weiteren Betrachtungen ist, welche Anteile dieser Landfläche für welche Zwecke genutzt werden (Tab. 1.1).

Für die Zukunft lässt sich voraussagen, dass der Anteil der genutzten Fläche stetig zu Gunsten der ungenutzten Fläche (Ausbreitung von Wüsten, Landverödung durch Erosion) und des Siedlungsraums (Bevölkerungswachstum) abnehmen wird. Dieser Verlust an

1.1 Energiebedarf

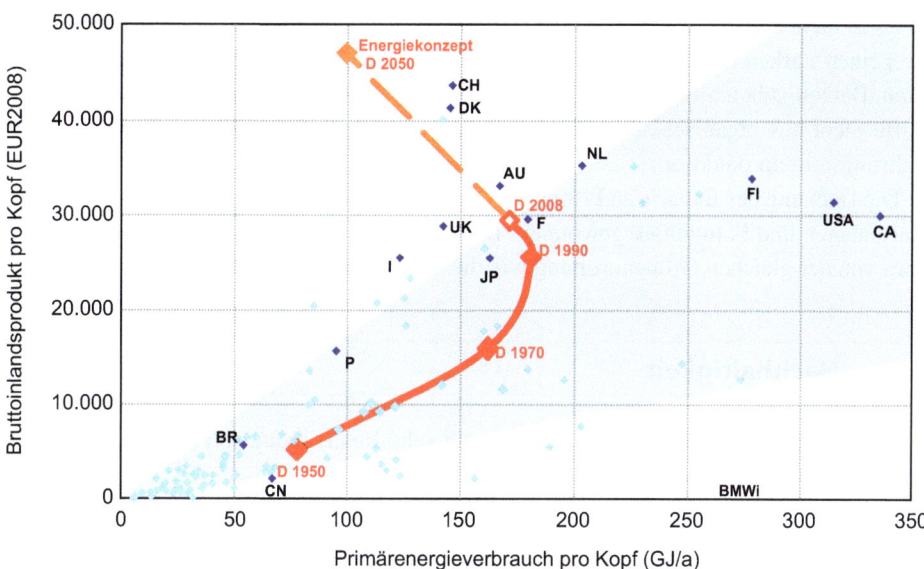

Abb. 1.4 Wirtschaftliche Entwicklung und Energieverbrauch in ausgewählten Ländern 2008 und der energiewirtschaftliche Kurs Deutschlands von 1950 bis 2050, (CA Kanada, CN China, FI Finnland); © BMWi 2017

Tab. 1.1 Aufteilung der Erdoberfläche (Land)

Genutzte Flächen (m²)			Ungenutzte Flächen (m²)			
Ackerland	Waldland	Grün-/ Weidland	Wüsten/ Gebirge	Flüsse/ Seen	Eisgebiete	Siedlungsraum
$41 \cdot 10^{12}$	$14 \cdot 10^{12}$	$31 \cdot 10^{12}$	$35 \cdot 10^{12}$	$3 \cdot 10^{12}$	$15 \cdot 10^{12}$	$41 \cdot 10^{12}$
(27,5 %)	(9,4 %)	(20,8 %)	(23,5 %)	(2,0 %)	(10,1 %)	(6,7 %)

nutzbarer Fläche beträgt etwa 0,5 % im Jahr. Er soll im Folgenden außer Acht gelassen werden. Die Frage stellt sich, ob mit den heute zur Verfügung stehenden Flächen die Bereitstellung der für die wachsende Erdbevölkerung benötigten Nahrungsmittel und die Bereitstellung des wachsenden Primärenergiebedarfs zu decken sind. Bei beiden Aufgabenstellungen handelt es sich um die Bereitstellung der notwendigen Energie. Allerdings sind die Größenordnungen dieser Anforderungen ganz unterschiedlich.

Bei der Verrichtung von Arbeit erhöht sich der Grundumsatz des Menschen durchschnittlich auf das Doppelte des Ruhewerts. Bei einer maximalen Bevölkerungszahl von $n = 10,5 \cdot 10^9$ ergibt sich daher ein Energiebedarf von $1,7 \cdot 10^{13}$ kWh a^{-1}, der durch Nahrungsmittel zu decken ist.

Der Primärenergiebedarf hingegen erreicht einen über zehnfachen Wert von $20 \cdot 10^{13}$ kWh a^{-1}. Er muss aus den sonstigen zur Verfügung stehenden Energiequellen gedeckt werden.

Aufgrund der niedrigen Leistungsdichte der Solarstrahlung von ca. $1,46 \cdot 10^3$ kWh/a m², ist die zum Anbau zur Verfügung stehende Fläche bei der Lösung der Energieversorgung von besonderer Bedeutung.

Es ist nicht zu erwarten, dass die Bioenergie (Biomasse, Biodiesel, Bioethanol, Biogas, etc.) einen starken Beitrag zur zukünftigen Versorgung der Erde mit Primärenergie liefern kann. Derzeit geht man von ca. 10 % der Primärenergie weltweit aus. Soweit die Biokraftstoffe nicht aus organischen Abfällen hergestellt werden, stehen sie in Konkurrenz zur Nahrungsmittelproduktion.

Die Deckung des Bedarfs an Primärenergie wird in Deutschland vorwiegend aus Windkraftanlagen und Fotovoltaik gewonnen. Die hierzu erforderliche Fläche ist immerhin in etwa von der gleichen Größenordnung wie die heute benötigte Siedlungsfläche.

1.2 Nachhaltigkeit

Der Begriff der Nachhaltigkeit und deren politische Realisierung soll im Folgenden dargestellt und verdeutlicht werden.

1.2.1 Bedeutung, Grundlage und Reichweite von Nachhaltigkeit als Steuerungsintrument

Nachhaltige Entwicklung (Nachhaltigkeit) ist inzwischen ein politisches Leitprinzip auf nationaler, europäischer und internationaler Ebene. Nachhaltigkeit zielt auf die Erreichung von Generationengerechtigkeit, sozialem Zusammenhalt, Lebensqualität und Wahrnehmung internationaler Verantwortung. Um eine Ressource nachhaltig zu bewirtschaften, darf sie nicht stärker beansprucht werden, als sie sich im Zeitrahmen einer Generation regenerieren kann. Dies betrifft sämtliche mit der Energienutzung verbundenen Schnittstellen zwischen der Zivilisation und der Natur, d. h. sowohl die Quellen als auch die Senken der vom Menschen kontrollierten Energie- und Stoffströme.

Besonders einsichtig ist der Prozess der Erneuerung bei Energie aus Biomasse. Für nahezu alle laufenden Prozesse in der irdischen Biosphäre ist die Sonne der ständige Energielieferant. Diese Prozesse können sogenannte nachwachsende Rohstoffe hervorbringen, deren forcierte Verbrennung, etwa zu Heiz- oder Antriebszwecken, an die Stelle natürlicher Verrottung tritt. Bei der Nutzung wird gerade so viel Kohlendioxid frei, wie die gewachsene Biomasse der Atmosphäre zuvor entnommen hat (CO_2-Neutralität). Jedoch wird für die Gewinnung oft zusätzliche Energie, beispielsweise durch die Düngemittel, durch Pestizide, durch die beim Anbau und Transport genutzten Maschinen, durch die Aufbereitung sowie durch die Bereitstellung der Nutzenergie aus Primärenergie, eingesetzt, die ebenfalls in die Betrachtung einbezogen werden muss, so dass, wie später noch dargestellt wird, die Treibhausgas-Bilanz nicht aufgeht, sondern auch bei der energetischen Nutzung von Biomasse zusätzlich eine nicht unbedeutende Menge von ursprünglich fossilem CO_2, sowie bedingt durch die Düngung, N_2O freigesetzt werden.

Summiert man alle zur Verfügung stehende regenerative Primärenergie, so beträgt die derzeit und in absehbarer Zukunft von der Menschheit benötigte Nutzenergiemenge lediglich ein kleiner Bruchteil der zur Verfügung stehenden Menge, selbst unter Berücksichtigung eines niedrigen Wirkungsgrades bei der Wandlung. So fassen Krewitt, Simon und Kronshage bereits in 2007 [2] ihre Untersuchungen zur Deckung des Energiebedarfs mittels regenerativer Energie zusammen:

> „Durch erneuerbare Energien und den intelligenten Einsatz von Energie lässt sich die Hälfte des globalen Energiebedarfs bis zum Jahr 2050 decken. Der Bericht „Energie[R]evolution – ein nachhaltiger Energieausblick" zeigt, dass es ökonomisch machbar ist, in den nächsten 43 Jahren die anthropogenen CO_2-Emissionen weltweit um fast 50 % zu senken. Der Bericht kommt auch zu dem Schluss, dass eine massive Zunahme erneuerbarer Energiequellen technisch möglich ist – alles was fehlt, ist die nötige politische Unterstützung."

Die Transformation der Energieversorgung hin zu nachhaltigen Energieträgern, die derzeit begonnen hat und durchaus Erfolge erkennen lässt, basiert auf den Zielvorstellungen:

- niedrige, stabile Kosten der Energiebereitstellung,
- niederes Konfliktpotenzial,
- basierend auf regenerativen Energien,
- internationale faire Zusammenarbeit, Verteilung und Zugriff zur Primärenergie,
- niederes Risiko und Schadensanfälligkeit,
- Verlängerung der Reichweite fossiler Ressourcen,
- verminderte Abhängigkeit von Energieimporten.

Die Untersuchung von zukünftigen Entwicklungen durch sogenannte Szenarien, selbst wenn sie mathematisch fundiert sind, ergibt Aussagen, die immer mit einem gewissen Fehler behaftet sind. Dies liegt daran, dass zur Lösung des mathematischen Problems Annahmen gemacht werden müssen, die mit Unsicherheiten behaftet sind. Die Problematik der Energieszenarien wird in Kap. 4 näher dargestellt. Das eigentliche Ziel dieser Betrachtung ist nicht das Ergebnis per se, sondern die Darstellung der Zusammenhänge, von denen die zukünftige Entwicklung der Ressource Energie abhängt. Ziel ist ein informierter und dadurch kritischer Bürger, der den Wahrheitsgehalt der heute immer häufiger veröffentlichten „Expertenaussagen" beurteilen kann.

In diesem Sinne sind wirtschaftliche Leistungsfähigkeit, der Schutz der natürlichen Lebensgrundlagen und soziale Verantwortung so zusammenzuführen, dass Entwicklungen dauerhaft tragfähig sind. Die nationale Nachhaltigkeitsstrategie beschreibt einen längerfristigen Prozess der Politikentwicklung und bietet hierfür Orientierung.

1.2.2 Nachhaltigkeitsmanagement

Nachhaltiges Wirtschaften unterliegt der Grundregel:

Jede Generation muss ihre Aufgaben selbst lösen und darf sie nicht den kommenden Generationen aufbürden. Zugleich muss sie Vorsorge für absehbare zukünftige Belastungen treffen.

Im Einzelnen ergeben sich Regeln für einzelne Handlungsbereiche.

- *Erneuerbare Naturgüter* (wie z. B. Wald oder Fischbestände) dürfen auf Dauer nur im Rahmen ihrer Fähigkeit zur Regeneration genutzt werden.
- *Nicht erneuerbare Naturgüter* (wie z. B. mineralische Rohstoffe oder fossile Energieträger) dürfen auf Dauer nur in dem Umfang genutzt werden, wie ihre Funktionen nicht durch andere Materialien oder durch andere Energieträger ersetzt werden können.
- Die *Freisetzung von Stoffen* darf auf Dauer nicht größer sein als die Anpassungsfähigkeit der natürlichen Systeme – z. B. des Klimas, der Wälder und der Ozeane. Gefahren und unvertretbare Risiken für die menschliche Gesundheit sind zu vermeiden.

Der durch technische Entwicklungen und den internationalen Wettbewerb ausgelöste Strukturwandel soll wirtschaftlich erfolgreich, sowie ökologisch und sozial verträglich gestaltet werden. Zu diesem Zweck sind die Politikfelder so zu integrieren, dass wirtschaftliches Wachstum, hohe Beschäftigung, sozialer Zusammenhalt und Umweltschutz Hand in Hand gehen.

Energie- und Ressourcenverbrauch sowie die Verkehrsleistung müssen vom Wirtschaftswachstum entkoppelt werden. Zugleich ist anzustreben, dass der wachstumsbedingte Anstieg der Nachfrage nach Energie, Ressourcen und Verkehrsleistungen durch Effizienzgewinne mehr als kompensiert wird. Dabei spielt die Schaffung von Wissen durch Forschung und Entwicklung sowie die Weitergabe des Wissens durch spezifische Bildungsmaßnahmen eine entscheidende Rolle.

Auch die öffentlichen Haushalte sind der Generationengerechtigkeit verpflichtet. Dies verlangt die Aufstellung ausgeglichener Haushalte durch Bund, Länder und Kommunen. In einem weiteren Schritt ist der Schuldenstand kontinuierlich abzubauen.

Die internationalen Rahmenbedingungen sind gemeinsam so zu gestalten, dass die Menschen in allen Ländern ein menschenwürdiges Leben nach ihren eigenen Vorstellungen und im Einklang mit ihrer regionalen Umwelt führen und an den wirtschaftlichen Entwicklungen teilhaben können.

Nachhaltiges globales Handeln orientiert sich an den Millenniumsentwicklungszielen der Vereinten Nationen. In einem integrierten Ansatz ist die Bekämpfung von Armut und Hunger mit

- der Achtung der Menschenrechte,
- wirtschaftlicher Entwicklung,
- dem Schutz der Umwelt sowie
- verantwortungsvollem Regierungshandeln

zu verknüpfen.

Die nachhaltige Entwicklung wird anhand von *Schlüsselindikatoren* gemessen, die quantitativ erfasst werden und mit Zielen versehen sind, siehe hierzu u. a. [3, 4]. Zu den Indikatoren gehören u. a.: Ressourcenschonung, Klimaschutz, Erneuerbare Energie,

Flächeninanspruchnahme, Artenvielfalt, Staatsverschuldung, wirtschaftliche Zukunftsvorsorge, Innovation, Bildung, wirtschaftlicher Wohlstand, Mobilität, Landbewirtschaftung, Luftqualität, Gesundheit und Ernährung, Kriminalität, Beschäftigung, Familienperspektive, Gleichberechtigung, Integration, Entwicklungszusammenarbeit, offene Märkte.

1.3 Nachhaltigkeit unter dem Aspekt der Energieversorgung

Eine auf Nachhaltigkeit abzielende Entwicklung heißt im Kern, den kommenden Generationen keine Lebens- und Entwicklungschancen vorzuenthalten. Dazu sind die Produktivität und der immaterielle Wert von Natur und Umwelt auf Dauer zu erhalten. Für die Energieversorgung sind die Ressourcen- und Senkenfunktionen von Umwelt und Natur die zentrale Dimension auf dem Weg zur Realisierung einer nachhaltigen Entwicklung. Dem durch Wissenszuwachs möglichen technischen Fortschritt kommt für eine nachhaltige Ausgestaltung der Energieversorgung eine Schlüsselrolle zu; er trägt einerseits bei zur Erweiterung der technisch-wirtschaftlich verfügbaren Rohstoffe und Energiebasis und ermöglicht andererseits eine zunehmende Entkopplung von wirtschaftlicher Entwicklung, Ressourcenverbrauch und Umweltinanspruchnahme.

Für eine praktisch tragfähige inhaltliche Konkretisierung des Leitbildes „nachhaltige Energie", die zudem dem Entropieprinzip des 2. Hauptsatzes der Thermodynamik gerecht wird, sind mit Blick auf die Energieversorgung einige Folgerungen zu ziehen. Diese betreffen Anforderungen der Umwelt an Nachhaltigkeit bezüglich der

- Generationengerechtigkeit sowie der
- Beurteilung der Inanspruchnahme einer Ressource nach Nachhaltigkeit durch beispielsweise
  - Lebenszyklusanalyse
  - Risikoquantifizierung sowie
  - externe Kosten.

Die Nutzung begrenzter Energievorräte ist mit dem Leitbild der Nachhaltigkeit solange vereinbar, solange es gelingt, den nachfolgenden Generationen eine mindestens gleich große technisch-wirtschaftlich nutzbare Energiebasis verfügbar zu machen.

Die Inanspruchnahme von knappen Ressourcen einschließlich der Ressource Umwelt ist entscheidend für die Beurteilung der Nachhaltigkeit von Energiesystemen. Mit der Lebenszyklusanalyse (Life Cycle Assessment) steht ein Instrument zur Verfügung, das es erlaubt, den Energie- und Materialaufwand, die Stofffreisetzungen (Emissionen) und auch die Risiken verschiedener Energiesysteme umfassend zu ermitteln. Dies ist eine wichtige Grundlage für die Bewertung der Nachhaltigkeit unterschiedlicher Energiebereitstellungsketten. Für die vergleichende Bewertung verschiedener Energieversorgungssysteme im Hinblick auf das Leitbild „nachhaltige Entwicklung" erscheint neben dem entscheidungsunterstützenden Bewertungsansatz insbesondere die ökonomische Bewertung in Form von Vollkosten, die die Inanspruchnahme aller knappen Ressourcen erfasst, praktikabel und geeignet. Die heute vorliegenden Ergebnisse von Energieszenarien, Lebenszyklusanalysen, Risikoquantifizierungen und Abschätzungen externer Kosten verschiedener Energieoptionen, sind sicher noch in vielen Teilaspekten verbesserungsbedürftig und abzusichern. Sie erlauben aber dennoch erste belastbare Orientierungen und Einordnungen der verschiedenen Energiesysteme für die Realisierung einer nachhaltigen Entwicklung.

Die einzelnen Aspekte werden in folgenden Kapiteln näher angesprochen werden. Die Herausforderung, die sich hinter dem Leitbild einer nachhaltigen Entwicklung verbirgt, wird letztlich wohl nur bewältigt werden können, wenn die Erkenntnis sich durchsetzt, dass, wie es Carl Friedrich von Weizsäcker einmal ausgedrückt hat, „*alle Gefahren, die wir vor uns sehen, keine technischen Auswegslosigkeiten (sind), sondern eher umgekehrt, die Unfähigkeit unserer Kultur, mit den Geschenken ihrer eigenen Erfindungskraft vernünftig umzugehen.*", d. h. wir müssen die Herausforderungen annehmen.

1.4 Die Energiewende

Es existieren seit Jahren die unterschiedlichsten Szenarien zur Abschätzung der zukünftigen Energiebereitstellungstechnologien [2]. Krewitt, Simon und Kronhage legten in ihrem Richtung weisenden Bericht über die Energie[R]evolution, der auch zur Initiierung des inzwischen stark reduzierten, ehrgeizigen Projektes DESERTEC führte und auch zur Diskussion der Machbarkeit der Energiewende in Deutschland richtungsweisend mit beitrug, folgende fünf Schlüsselprinzipien zugrunde. Sie können auch heute noch als Wegweiser dienen.

- Umsetzung sauberer, erneuerbarer Lösungen,
- Respektieren der natürlichen Grenzen unserer Umwelt,
- allmähliche Abschaffung der nicht nachhaltigen Energiequellen,
- Gleichberechtigung und Fairness,
- Entkopplung von Wachstum und der Verwendung fossiler Brennstoffe.

Das Projekt Desertec selbst wird inzwischen nicht mehr zentral und aktiv vorangetrieben. Als Hauptprobleme stellten sich heraus, dass durch die starke Verbilligung der Fotovoltaik die bei der Gründung als Stand der Technik ausgewählten Solarthermiekraftwerke wirtschaftlich nicht mehr konkurrenzfähig wurden. Zudem war die politische Abstimmung für die Durchleitungsrechte der Hochspannungsgleichstromleitungen durch Frankreich, die Schweiz und Italien nicht einfach. Die Turbulenzen des Arabischen Frühlings in Nordafrika gaben dann letztendlich den Anstoß zur Beendigung des ehrgeizigen Projektes. Der Grundstein für eine erfolgreiche Umsetzung der Stromgewinnung in Nordafrika und die zumindest teilweise Überführung des elektrischen Stroms nach Europa sind jedoch gelegt. Die aus Desertec entstandene Planungsgesellschaft DII (Desertec Industrial Initiative) ist aktuell und in Zukunft ausschließlich für Beratungsaufgaben zuständig. Das Unternehmen wird von RWE, ACWA Power (Saudi Arabien) und der State Grid Corporation (China)

1.4 Die Energiewende

geführt. Die bisher gewonnenen Erkenntnisse aus der Realisierung erster Großprojekte sollen genutzt werden, um die Länder im arabischen und nordafrikanischen Raum weiter beim Ausbau regenerativer Energien zu unterstützen.

Die Schlüsselprinzipien zur nachhaltigen Energieversorgung sind jedoch nach wie vor aktuell.

1. *Umsetzung sauberer, erneuerbarer Lösungen und Unterstützung durch Dezentralisierung des Energiesystems*

Es gibt keine Energieknappheit. Wir müssen lediglich vorhandene Technologien so einsetzen, dass Energie effektiv und effizient genutzt werden kann. Erneuerbare Energien und Maßnahmen zur Energieeffizienzsteigerung sind ausgereift, einsetzbar und zunehmend wettbewerbsfähig. Windkraft, Solar und andere Technologien aus dem Bereich der erneuerbaren Energien haben im vergangenen Jahrzehnt einen zweistelligen Marktzuwachs erfahren.

Nachhaltige dezentrale Energiesysteme produzieren weniger Kohlendioxidemissionen, sind billiger und bedeuten eine geringere Abhängigkeit von importierten Brennstoffen. Sie schaffen Arbeitsplätze und stärken kommunale Gemeinschaften. Dezentrale Systeme sind sowohl sicherer als auch effizienter. Dies muss die Energiewende zum Ziel haben.

2. *Respektieren natürlicher Grenzen*

Wir müssen lernen, natürliche Grenzen zu respektieren. Die Atmosphäre kann folgenlos nur eine gewisse Menge an umweltschädlichen Gasen aufnehmen. Kohleressourcen sowie die unterschiedlichen Naturgasressourcen könnten für einige hundert Jahre Energie liefern. Doch diese dürfen wir aufgrund des nachhaltigen Wirtschaftens nicht verbrennen. Die energetische Nutzung von Kohle, Gas und Öl muss daher mittelfristig aufhören. Mit zunehmendem Anteil an fluktuierender Stromerzeugung wird der Betrieb der Kohlekraftwerke unrentabel, da die Betriebszeiten stark abnehmen und die unrentablen Stand- sowie An- und Abfahrzeiten zunehmen.

Unser Ziel muss sein, dass die Menschen innerhalb der natürlichen Grenzen unseres kleinen Planeten leben.

3. *Allmähliche Abschaffung nicht nachhaltiger Energien*

Energiegewinnung aus Kohle und Atomkraft muss sukzessive abgeschafft werden. Wir dürfen nicht weiterhin Kohlekraftwerke bauen, obwohl ihre Emissionen eine reale und aktuelle Gefahr sowohl für Ökosysteme, als auch für Menschen darstellen. Und wir dürfen die unzähligen atomaren Risiken nicht weiterhin dadurch schüren, dass wir so tun, als könne Atomkraft irgendetwas gegen den Klimawandel ausrichten. In der Energiewende gibt es keinen Platz für Atomkraft. Die Kernkraft spielt allerdings global betrachtet derzeit und in naher Zukunft durchaus noch eine bedeutende Rolle, wie in Kap. 5 dargestellt wird.

Aufgrund fehlender Amortisation von Kernkraft- und Kohlekraftwerken mit zunehmendem Anteil an regenerativ erzeugter elektrischer Energie wird der Einsatz dieser Technologien in den nächsten Jahrzehnten zurückgehen.

4. *Gleichberechtigung und Fairness*

So lange es natürliche Beschränkungen gibt, müssen Kosten und Nutzen innerhalb von Gesellschaften, Staaten und den Generationen von heute und morgen gerecht verteilt werden. Im Extremfall hat derzeit ein Drittel der Weltbevölkerung keinen Zugang zu Elektrizität, während die am meisten entwickelten Industriestaaten wesentlich mehr als ihren gerechten Anteil verbrauchen.

Die Auswirkungen des Klimawandels auf die ärmsten Gesellschaften werden durch die extrem ungerechte Verteilung der Energie in der Welt noch verschlimmert. Wenn wir das Problem des Klimawandels angehen wollen, muss eines der Prinzipien Gleichberechtigung und Fairness lauten, sodass alle von den Vorteilen der Energie – Licht, Wärme, Strom und Verkehr – profitieren können: Nord wie Süd, Reich wie Arm. Nur so können wir echte Energiesicherheit und die Voraussetzung für das Wohl der Menschheit schaffen.

5. *Entkoppelung von Wachstum und der Verwendung fossiler Brennstoffe*

Beginnend in den Industriestaaten müssen Wachstum und fossile Brennstoffe vollständig voneinander entkoppelt werden. Es ist ein Trugschluss zu glauben, dass man wirtschaftliches Wachstum am Verbrauch von Brennstoffen ablesen kann. Wir müssen die erzeugte Energie effizienter nutzen und wir müssen den Übergang hin zu erneuerbaren Energien, weg von fossilen Brennstoffen, schnell vollziehen, um ein sauberes und nachhaltiges Wachstum zu gewährleisten.

Um eine wirtschaftliche Zunahme der Nutzung erneuerbarer Energiequellen zu erreichen, ist der ausgewogene und rechtzeitige Einsatz aller erneuerbaren Technologien von großer Bedeutung. Dieser hängt vom technischen Potenzial, den zukünftigen Kosten, den Einsparmöglichkeiten und der technologischen Reife ab.

Folgende Voraussetzungen nach Energie[R]evolution [2] müssen geschaffen werden, um die Energiewende Wirklichkeit werden zu lassen:

- Ausstieg aus allen Subventionen für fossile Brennstoffe und Atomkraft,
- Internationalisierung der externen Kosten,
- Verabschiedung rechtlich verbindlicher Ziele für erneuerbare Energien,
- Gewährung einer festgelegten und sicheren Rendite für Investoren,
- garantierter Zugang zum Stromversorgungsnetz für Stromerzeuger aus erneuerbaren Energien,
- strikte Effizienzstandards für alle stromverbrauchenden Geräte, Gebäude und Fahrzeuge.

Literatur

1. Stieglitz, R., Heinzel, V.: Thermische Solarenergie. Springer Vieweg, Heidelberg 2012.
2. Krewitt W, Simon S, Kronshage S: (2007) Globale Energie[R]evolution. Greenpeace International, EREC, Bericht DLR-S, 2007.
3. Fortschrittsbericht 2008: Für ein nachhaltiges Deutschland. Bundesregierung der Bundesrepublik Deutschland, 2008.
4. BMWi 2018, Die Energie der Zukunft, sechster Monitoring-Bericht der Bundesregierung für das Berichtsjahr 2016 Berlin Mannheim Stuttgart, Juni 2018, (Daten aus AGEE Stat. 2/18).

Bewertungskriterien des Energieumsatzes 2

In einigen Ländern (z. B. in Deutschland, Spanien, USA, aber auch in China) nimmt die regenerativ gewonnene Energiemenge derzeit rasch zu. Ein weltweites Wachstum wird jedoch noch durch im Vergleich zu konventionellen Energieträgern relativ hohe Investitionskosten und den notwendigen Technologietransfer erschwert.

Erneuerbare Energien werden fossile Energien und Kernenergie mittel- bis langfristig ersetzen, da letztere nur in begrenztem Umfang zur Verfügung stehen und ihr Einsatz ökologisch immer stärker problematisch wird. Insbesondere tragen erneuerbare Energien ganz wesentlich zur Ressourcenschonung und zur Verringerung der globalen Erwärmung bei. Die Klimafolgen bei der Nutzung von Biomasse, zum Beispiel durch unerwünscht entweichendes Methan (CH_4) und Lachgas (N_2O), sind deutlich geringer als bei fossilen Energieträgern.

Vor dem Hintergrund endlicher fossiler Ressourcen ist ein schneller Ausbau der erneuerbaren Energien erforderlich. Der durch das globale Ölfördermaximum (Peak Oil) bedingte Rückgang in der Ölförderung wird zu Preissteigerungen und ggf. Lieferengpässen führen.

Im Gegensatz zu fossilen Energieträgern wird bei der Nutzung der meisten erneuerbaren Energien weniger zusätzliches Kohlenstoffdioxid ausgestoßen. Lediglich bei der Herstellung der Kraftwerke wird zusätzlich CO_2 frei. Bei der Verbrennung von Biomasse wird CO_2 in die Umwelt emittiert, welches in etwa der Menge entspricht, welche die zur Herstellung der Biomasse nötigen Pflanzen der Atmosphäre beim Vorgang der Fotosynthese entzogen haben. Hierbei spricht man von CO_2-Neutralität. Allerdings hat eine geänderte Landnutzung, zum Beispiel durch Anbau von Energiepflanzen, weitere ökologische Auswirkungen. Diese folgen unter anderem aus der geänderten Menge an gebundenem CO_2 und dem notwendigen Einsatz von Düngemitteln. Bei einem hohen Angebot an Nitrat entsteht beim bakteriellen Abbau das sehr klimaschädliche Lachgas (N_2O). Es wirkt auf seine Masse bezogen 300-mal stärker als Treibhausgas im Vergleich zu Kohlendioxid. Außerdem entsteht bei der landwirtschaftlichen Produktion auch CO_2 aus fossilen Quellen, was die immer wieder dargestellte CO_2-Neutralität der Biomasse zu Recht bezweifeln lässt.

Die Biokraftstoff-Nachhaltigkeitsverordnung, vollständig „Verordnung über Anforderungen an eine nachhaltige Herstellung von Biokraftstoffen", ist am 30. September 2009 (BGBl. I 3182) erlassen worden. Die Verordnung dient gemeinsam mit der Biomassestrom-Nachhaltigkeitsverordnung der Umsetzung der Vorgaben der Erneuerbare-Energien-Richtlinie (EEG). Seit dem 1. Januar 2011 in Verkehr gebrachte Biokraftstoffe aus Biomasse müssen nachweislich die Nachhaltigkeitskriterien erfüllen. Für die Herstellung von Biokraftstoffen und flüssigen Biobrennstoffen werden unabhängig davon, ob die nachwachsenden Rohstoffe innerhalb oder außerhalb der europäischen Gemeinschaft angebaut werden, hieraus gewonnene Energien im Rahmen der Vorgaben und Anforderungen der Erneuerbare-Energien-Richtlinie nur berücksichtigt, wenn sie zu einer Minderung der Treibhausgasemissionen beitragen. Dies bedeutet, dass sie seit der letzten Anpassung 2018 weniger als 40 % der vergleichbaren Energieträger zum CO_2-Ausstoß beitragen (§ 8 Abs. 1). Die Verordnung sieht vor, dass für in Verkehr gebrachte Biokraftstoffe von akkreditierten Stellen ausgestellte Nachhaltigkeitsnachweise (§ 15) vorgelegt werden müssen, die bestätigen, dass die Anforderungen während ihres gesamten Herstellungsprozesses eingehalten wurden. Für die Anerkennung von Zertifizierungssystemen und -stellen ist in Deutschland nach § 66 die Bundesanstalt für Landwirtschaft und Ernährung (BLE) zuständig.

Ob die ökologischen Vorteile im Einzelfall realistisch sind, muss durch eine Ökobilanz festgestellt werden. So müssen bei der Biomasse-Nutzung u. a. Landverbrauch, chemischer Pflanzenschutz und Reduzierung der Artenvielfalt der erwünschten CO_2-Reduzierung gegenübergestellt werden. Die Abschätzung wirtschaftlicher Nebeneffekte ist jedoch mit erheblichen Unsicherheiten behaftet.

Dies ist auch bei der stark propagierten Elektromobilität zu fordern. Sowohl die Emissionen bei Fertigung und Entsorgung der Batterien als auch bei der Bereitstellung der elektrischen Energie sind zu berücksichtigen. Hierbei kann durchaus zwischen dem Status quo und zukünftigen, wie beispielsweise einer Lernkurve der Batterieerzeugung und die Gewinnung von 80 % der elektrischen Energie über nachhaltige Energieträger, unterschieden werden.

2.1 Wirkungsgrade, Nutzungsgrade

Die Nutzung von Primärenergie erfordert immer eine Umwandlung in die Nutzenergie, die mit Verlusten gekoppelt ist. Lediglich ein Teil der zur Verfügung stehenden Primärenergie kann in die benötigte Nutzenergie umgewandelt werden, der Rest fällt auf einem Niveau an, das kaum nutzbar ist. Außer diesen direkten Verlusten, die thermodynamisch durch Wirkungsgrade beschrieben werden, ist zur Beurteilung der Nachhaltigkeit der untersuchten Energieform und der Wandlung auch die gesamte Wandlungskette von der Gewinnung der Primärenergie und der Bereitstellung des Wandlers bis zur Entsorgung sowie die Umweltverträglichkeit zu bilanzieren. Hierfür wurden je nach Gesichtspunkt unterschiedliche Verfahren entwickelt. Im Folgenden soll neben dem Wirkungsgrad kurz auf die Energieeffizienz, die Ökobilanz, den Erntefaktor sowie die externen Kosten eingegangen werden. Zur Beurteilung und zum Vergleich der Energienutzung unterschiedlicher Primärenergien und Wandlungsprozesse ist eine ganzheitliche Betrachtung erforderlich (Abb. 2.1).

2.1 Wirkungsgrade, Nutzungsgrade

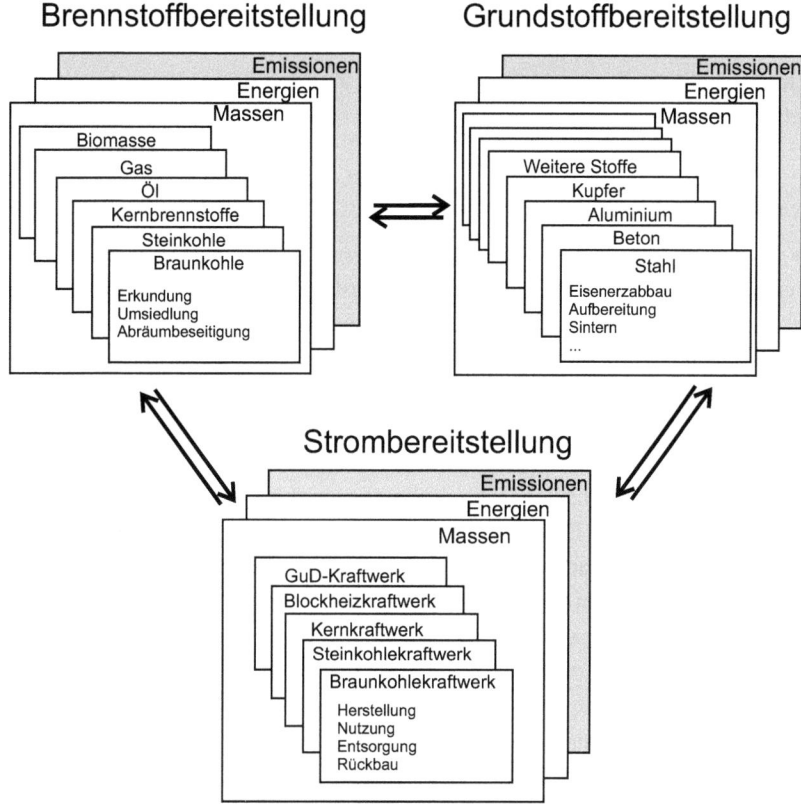

Abb. 2.1 Die ganzheitliche energetische Bilanzierung der Energiebereitstellung

Die im folgende Darstellung des thermodynamischen Wirkungsgrades sowie des Nutzungsgrades des Abschn. 2.1 soll mit den zugrunde liegenden Beziehungen die Wandlungsverluste von Primär- zur Nutzenergie beschreiben. Für das weitere Verständnis ist die Darstellung jedoch nicht unbedingt erforderlich und könnte übergangen werden.

2.1.1 Energieformen und deren Umwandlung

Die Energie kann in vielen Formen auftreten, beispielsweise:

- Chemische Energie (z. B. die Energie von fossilen Brennstoffen, die deren Heizwert bestimmt).
- Elektrische Energie (z. B. die Energie einer Spule oder eines Kondensators; diese Energieform ist für uns von besonderer Bedeutung, da sie sich leicht bereit stellen (elektrischer Dynamo), speichern (elektrische Batterie) und transportieren lässt (elektrische Leitung)).
- Potentielle Energie (z. B. die gespeicherte Energie des Wassers in einer Talsperre).
- Kinetische Energie (z. B. die Bewegungsenergie des Windes).
- Wärmeenergie (z. B. die Energie, die von der Sonne kommend, die Erde erreicht).

Für alle diese Energieformen W_i gilt das Erhaltungsgesetz (1. Hauptsatz (HS) der Thermodynamik):

In einem abgeschlossenen System bleibt bei Zustandsänderungen die Summe aller Energieformen konstant:

$$\sum_i W_i = konst., \quad (2.1)$$

z. B. $W_{\text{solar ein}} = W_{\text{Wärme ab}}$. Das bedeutet, dass Energie in einem abgeschlossenen System weder erzeugt noch vernichtet werden kann, insbesondere kann sie auch nicht „verbraucht" werden. Allerdings ist die Erde im strengen Sinn kein abgeschlossenes System. Sie empfängt Energie von der Sonne und gibt sie wieder an den Weltraum ab. Die aufgenommene Energie ist etwa so groß wie die abgegebene Energie. Daher kann die Erde in erster Näherung auch bezüglich der Energieerhaltung (1. HS) quasi als abgeschlossenes System betrachtet werden. Hierbei ist jedoch zu beachten, dass die eingestrahlte höherwertige Energie als entwertete Wärmeenergie abgestrahlt wird. Bezüglich des 2. Hauptsatzes wird also die auf der Erde entwertete Energie als Entropie abgeführt.

Das Problem liegt nicht am Mangel an Energie, sondern in der Notwendigkeit, die vorhandene Energie in eine von uns gewünschte Energieform umzuwandeln. Dabei wird ein Teil der vorhandenen Energie immer auch in nicht erwünschte Energieformen umgewandelt. Der jeweilige Energieumwandlungsprozess ist von fundamentaler Bedeutung.

Man stelle sich vor, dass eine gewisse Energie W benötigt werde, und zu diesem Zweck in einem System eine Zustandsänderung durchgeführt wird. Am Anfang des Prozesses ist das System durch eine Anzahl von Zustandsgrößen Temperatur T, innere Energie U, Entropie S, Druck p, Volumen V beschrieben.

Das System ist eingebettet in seine Umgebung, z. B. die Atmosphäre (Abb. 2.2) und steht mit dieser Umgebung im thermischen Kontakt. Auch die Umgebung ist gekennzeichnet durch Zustandsgrößen, die im Unterschied zu denen des Systems mit dem Index 0 versehen werden, z. B. die Umgebungstemperatur T_0 oder den Umgebungsdruck p_0. Die Zustandsänderung soll jetzt so durchgeführt werden, dass nach der Änderung das System im thermodynamischen Gleichgewicht mit seiner Umgebung ist, das heißt, es besitzt dann die Temperatur T_0, den Druck p_0, etc.

Während der Zustandsänderung kann das System nicht nur die benötigte Energie W abgeben, sondern wird auch die Energie $W' = p_0 (V_0 - V)$ aufgrund der Volumenänderung und die Wärme Q' an die Umgebung verlieren ((') Energieaustausch mit der Umgebung (0)).

Nach dem 1. Hauptsatz der Thermodynamik (Energieerhaltung) muss für alle diese Energieformen gelten

$$\Delta U = W + W' + Q' \text{ mit } \Delta U = U - U_0 \quad (2.2)$$

mit dem Index 0 als dem Umgebungszustand. Nach der thermodynamischen Konvention wird die vom System aufgenommene Energie mit einem positiven Vorzeichen versehen. Entsprechend ist die gewonnene Arbeit mit einem negativen Vorzeichen behaftet.

Abb. 2.2 Die Umwandlung der Energie in eine andere Energieform (*i*: Anfangszustand; *f*: Endzustand; (′) Austausch mit der Umgebung, 0 Umgebung)

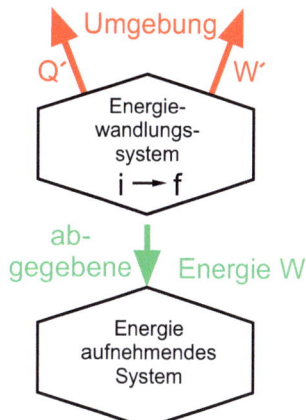

Die umgewandelte Energie wird von einem anderen System aufgenommen. Allerdings wird bei dem Wandlungsprozess nicht nur eine neue Energieform geschaffen, sondern es wird ein Teil der Energie auch an die Umgebung abgegeben. Diese Energie geht dem aufnehmenden System verloren.

Während der Zustandsänderung ändert sich nicht nur die innere Energie U des Systems, sondern auch seine Entropie um den Wert

$$\Delta S = S - S_0, \tag{2.3}$$

und darüber hinaus auch die Entropie der Umgebung um $\Delta S'$. Letztere ist verknüpft mit der an die Umgebung abgegebenen Wärme Q':

$$\Delta S' = \frac{Q'}{T_0}. \tag{2.4}$$

Die totale Entropieänderung ist daher

$$\Delta S_{\text{tot}} = \Delta S + \Delta S' = S - S_0 + \frac{Q'}{T_0} \tag{2.5}$$

oder

$$Q' = T_0 \left(\Delta S_{\text{tot}} - \Delta S \right) \tag{2.6}$$

Daher folgt aus dem 1. Hauptsatz $\delta W + \delta Q = dU$

$$W + T_0 \Delta S_{\text{tot}} = \Delta U + W' + T_0 \Delta S = (U - U_0) - p_0 (V - V_0) + T_0 (S - S_0). \tag{2.7}$$

Auf der rechten Seite steht die Energie, d. h. die innere Energie abzüglich des an die Umgebung abgegebenen Anteils, die das System maximal abgeben könnte, d. h. in eine andere Energieform verwandeln könnte, wenn sich die totale Entropie von System und Umgebung nicht ändert. Diese Form der Energie, die sich vollständig umwandeln lässt, wird als Exergie E bezeichnet. Zusammengefasst besaß das System am Anfang (i) die Exergie

$$E_i = (U - U_0) - p_0(V - V_0) + T_0(S - S_0). \qquad (2.8)$$

Von dieser Exergie wurde aber nur der Anteil $W = E_f$ in Exergie des Endzustands (f) verwandelt, d. h. es gilt

$$E_f + T_0 \Delta S_{tot} = E_i. \qquad (2.9)$$

Den Term $\Delta A = T_0 \Delta S_{tot}$ bezeichnet man als die Änderung der Anergie A, die bei der Energieumwandlung auftritt. Energie setzt sich daher zusammen aus Exergie und Anergie

$$W = E + A, \qquad (2.10)$$
$$\text{Energie} = \text{Exergie} + \text{Anergie}. \qquad (2.11)$$

Die Anergie A gibt den Teil der Energie W an, der nicht in die gewünschte Energieform verwandelt werden kann. Die Anergieänderung ist offensichtlich eng verknüpft mit der Änderung der totalen Entropie. Für die Energieumwandlung ist die Entropieänderung die entscheidende Größe, denn es gilt der 2. Hauptsatz der Thermodynamik:

In einem abgeschlossenem System kann bei Zustandsänderungen die totale Entropie nur gleich bleiben, $\Delta S = 0$ (reversible Zustandsänderung), oder zunehmen, $\Delta S > 0$ (irreversible Zustandsänderung). Dies bedeutet, dass es kein Erhaltungsgesetz für die Entropie gibt, sondern die Entropie kann innerhalb eines Systems erzeugt, aber nie vernichtet werden.

In der Natur sind Zustandsänderungen immer irreversibel. Daher hat der Exergiegehalt nach einer Energiewandlung immer abgenommen. Ein Teil der Exergie ist in Anergie verwandelt worden. Darüber hinaus kann Energie nicht vollständig in Exergie umgewandelt werden, wenn die Energie bereits einen Anteil von Anergie enthält. Der entscheidende Parameter bei Energiewandlungen ist also der

$$\text{Exergiegehalt } \varepsilon = \frac{E}{W} \qquad (2.12)$$

vor und nach der Wandlung. Bei vielen Energieformen, z. B. bei allen mechanischen Energien und der elektrischen Energie, ist $E_i = W_i$, d. h. $\varepsilon_i = 1$, aber sehr oft $E_f < W_f$. Die Anfangsexergie E_i lässt sich nur vollständig in Endexergie E_f verwandeln, wenn der Umwandlungsprozess reversibel geführt werden kann und daher bei der Umwandlung keine Anergie produziert wurde.

Dieses fundamentale Verhalten jedes thermodynamischen Systems lässt sich zusammenfassen:

- Bei allen irreversiblen Prozessen verwandelt sich ein Teil der Exergie in Anergie.
- Nur bei reversiblen Prozessen bleibt die Exergie erhalten.
- Es ist unmöglich, Anergie in Exergie zu verwandeln.

2.1 Wirkungsgrade, Nutzungsgrade

Exergie und Anergie der Wärme

Eine besondere Stellung nimmt die Wärmeenergie ein, deren Exergiegehalt sowohl von der Arbeitstemperatur T des Systems als auch der seiner Umgebung T_0 abhängt

$$E = Q \cdot \left(1 - \frac{T_0}{T}\right). \tag{2.13}$$

Somit ergibt sich als Anergie der Wärme

$$A = Q \cdot \frac{T_0}{T}. \tag{2.14}$$

In diesem Fall gilt für endliche Systemtemperaturen immer $E < W = Q$, und es ist deshalb gerechtfertigt, dass der Wärmeenergie ein eigenes Symbol Q zugeschrieben wird. Der Wert in der Klammer der Exergie entspricht dem bekannten Carnot-Faktor, der in Abhängigkeit des Temperaturverhältnisses angibt, wieviel nutzbare Exergie auf einem Temperaturniveau T in einer Umgebung der Temperatur T_0 erhalten werden kann.

In Abb. 2.3 ist dargestellt, wie sich der Exergiewert der Wärme mit der Temperatur verändert, wenn die Umgebung eine Temperatur $T_0 = 273$ K besitzt. Auf der Sonne herrscht eine Oberflächentemperatur von ca. 5800 K, d. h. die Energie von der Sonne, die uns in Form von Strahlung erreicht, besitzt einen hohen Exergiewert.

2.1.2 Wirkungsgrad

Zur Kennzeichnung des Anteils der ursprünglich vorhandenen Energie W_i, der in die gewünschte Energieform W_f umgewandelt werden konnte, ist der Begriff des Energiewirkungsgrads $\eta^{(W)}$ eingeführt worden. Da es für die Energie ein Erhaltungsgesetz gibt, könnte man vermuten, dass immer gilt

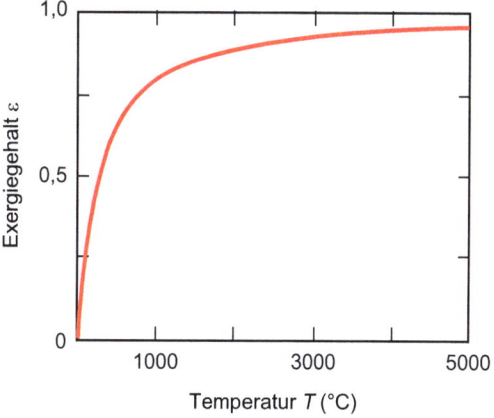

Abb. 2.3 Exergiegehalt der Wärme in Abhängigkeit von der Temperatur (Umgebungstemperatur $T_0 = 0\,°\text{C}$)

$$\eta^{(w)} = \frac{\text{Nutzen}}{\text{Aufwand}} = \frac{W_\text{f}}{W_\text{i}} \approx 1 \qquad (2.15)$$

i Ausgangszustand; f Endzustand.

Das ist auch der Fall, so lange

a) bei der Energieumwandlung keine Anergie entsteht,
b) W_i einen großen Exergieanteil E_i besitzt.

Zum Beispiel ist die Umwandlung von potenzieller Energie in elektrische Energie in einem Wasserkraftwerk ein fast idealer Wandlungsprozess mit $\eta^{(W)} \approx 1$.

Die Bedeutung der obigen Bedingung (b) liegt darin, dass nur die Exergie verlustlos in eine andere Energieform verwandelt werden kann. Daher ist ein Energiewirkungsgrad $\eta^{(W)} < 1$ nicht immer ein Kriterium dafür, ob der Wandlungsprozess ineffizient ist.

Wichtig ist vielmehr, dass bei der Wandlung möglichst viel der ursprünglich vorhandenen Exergie erhalten bleibt, denn dann kann diese Energie in nachfolgenden Prozessen weiter in andere Energieformen verwandelt werden. Man führt dafür einen weiteren Wirkungsgrad ein, den Exergiewirkungsgrad

$$\eta^{(E)} = \frac{E_\text{f}}{E_\text{i}} = \eta^{(W)} \frac{\varepsilon_\text{f}}{\varepsilon_\text{i}}, \quad \varepsilon = \frac{E}{W} \qquad (2.16)$$

mit dem Exergiegehalt ε.

Der Wert von $\eta^{(E)}$ lässt sich zur Bewertung von alternativen Prozessen, die alle zur gleichen Endenergie W_f führen, verwenden.

Zur Verdeutlichung diene folgendes Beispiel:

Beispiel

Ein Raum der Temperatur $t_\text{R} = 20\ °C$ soll in einer Umgebung der Temperatur $t_0 = 0\ °C$ geheizt werden.

Heizen mit Hilfe *elektrischer Energie* $W_\text{i} = E_\text{i}$ ergibt:

$$E_\text{f} = Q\left(1 - \frac{T_0}{T_\text{R}}\right) = 0{,}068\ Q$$

$$W_\text{f} = W_\text{i} = Q;$$

Daher wird

$$\eta^{(W)} = \frac{W_\text{f}}{W_\text{i}} = 1$$

sowie

2.1 Wirkungsgrade, Nutzungsgrade

$$\eta^{(E)} = \frac{E_f}{E_i} = \frac{0,068 \cdot Q}{Q} = 0,068.$$

Die der Exergie vorliegende elektrische Energie kann vollständig in Wärme umgewandelt werden ($\eta^{(W)} = 1,0$). Da nach der Umwandlung kaum mehr Exergie sondern hauptsächlich Anergie vorhanden ist, wird der exergetische Wirkungsgrad ($\eta^{(E)}$) sehr niedrig.

Heizen mit Hilfe von *Heißwasser* ($t_H = 300\ °C$) aus einer geothermischen Quelle ergibt:

$$W_i = Q;\quad E_i = Q\left(1 - \frac{T_0}{T_H}\right) = 0,524\ Q,$$

$$W_f = Q;\quad E_f = Q\left(1 - \frac{T_0}{T_R}\right) = 0,068\ Q.$$

Daher ergeben sich wieder $\eta^{(W)} = 1$, aber $\eta^{(E)} = 0,068/0,524 = 0,13$.

Der zweite Prozess muss besser bewertet werden, denn er besitzt einen fast doppelt so großen Exergiewirkungsgrad, da er Wärme mit niedriger Temperatur verwertet anstelle der hochwertigen elektrischen Energie.

In dem letzten Beispiel wird bereits deutlich, dass Prozesse mit Wärme als Ausgangsenergie zu relativ großen Exergiewirkungsgraden führen können, besonders dann, wenn die Wärmeenergie bei hohen Temperaturen vorliegt. Zum Beispiel hat eine moderne Dampfturbine inklusive des Kondensators, die Wärmeenergie in elektrische Energie umwandelt, einen

$$\text{Energiewirkungsgrad } \eta^{(W)} \approx 0,5 \tag{2.17}$$

sowie einen

$$\text{Exergiewirkungsgrad } \eta^{(E)} \approx 0,8. \tag{2.18}$$

Die Wärmeenergie muss allerdings in den meisten Fällen erst aus einer anderen Energieform durch Umwandlung bereitgestellt werden. Darüber hinaus verlaufen die meisten Energiewandlungsprozesse derart, dass zusätzliche und meist unerwünschte Wärmeenergie bei Umgebungstemperatur T_0 erzeugt wird. Dies reduziert die Wirkungsgrade ganz erheblich. Zum Beispiel hat ein modernes Dampfkraftwerk mit Dampfturbine Wirkungsgrade von

$$\eta^{(W)} = \eta^{(E)} \approx 0,3 \text{ bis } 0,45. \tag{2.19}$$

Viele Energieumwandlungsprozesse bestehen nicht aus einer einzelnen Stufe, sondern sind mehrstufig. Zum Beispiel bestehen die Stufen beim Dampfkraftwerk aus

Chemische Energie→Wärmeenergie→Bewegungsenergie→elektrische Energie.

Dieser Prozess besteht aus vier Stufen, und die Wirkungsgrade des Gesamtprozesses ergeben sich aus den Produkten der Wirkungsgrade aller Einzelprozesse:

$$\eta^{(W)} = \prod_i \eta_i^{(W)}, \eta^{(E)} = \prod_i \eta_i^{(E)}. \tag{2.20}$$

Um die Unterschiede deutlicher zu machen, sollen unter diesem Aspekt noch einmal die beiden alternativen Möglichkeiten einen Raum zu heizen, betrachtet werden.

Mit Hilfe von Heißwasser aus einer geothermischen Quelle:

$$\eta^{(W)} = 1, \eta^{(E)} = 0{,}13, \tag{2.21}$$

mit Hilfe elektrischer Energie aus einem Dampfkraftwerk mit einem Wirkungsgrad von 30 %:

$$\eta^{(W)} = 0{,}3, \quad \eta^{(E)} = 0{,}068 \cdot 0{,}3 = 0{,}020. \tag{2.22}$$

Gemäß der Beziehungen (2.20) nehmen die Wirkungsgrade von mehrstufigen Prozessen mit der Anzahl der Stufen rasch ab. Das gilt besonders, wenn in einer Stufe die Energie mit großem Exergiegehalt in Wärme umgewandelt wird, und in der folgenden Stufe die Wärme wieder in Energie mit großem Exergiegehalt rückgewandelt wird.

Viele der heute üblichen Wandlungsprozesse benutzen diese Technik, z. B. die Dampfmaschine oder der Otto-Motor. In diesen Fällen besteht ein Teil der umgewandelten Energie u. U. auch aus nutzbarer Wärme, die in der Definition des Energiewirkungsgrads $\eta^{(W)}$ enthalten ist, aber oft nicht genutzt wird. Daher wird der Begriff des Nutzungsgrads $\zeta \leq \eta^{(W)}$ (Gl. 2.25) eingeführt. Er berücksichtigt, wie viel der umgewandelten Energie wirklich genutzt wird.

Zum Beispiel hat eine Anlage mit Kraft-Wärme Kopplung einen durch die Anlage gegebenen festen Energiewirkungsgrad, aber einen zeitlich veränderlichen Nutzungsgrad, je nachdem, ob die bei Temperaturen $T > T_0$ anfallenden Abwärme viel (Winter) oder wenig (Sommer) zu Heizzwecken genutzt wird.

Es sollte erwähnt werden, dass die Energiewirkungsgrade vieler Prozesse in der Vergangenheit laufend verbessert wurden. Dies geschah z. B. durch eine Verbesserung der Prozesstechnik oder durch eine Verbesserung der benutzten Materialien, die eine Erhöhung der Arbeitstemperatur T erlaubten. Diesen Verbesserungen sind allerdings durch die Thermodynamik Grenzen gesetzt. Jeder Prozess besitzt demnach einen maximalen Energiewirkungsgrad $\eta_{max}^{(W)}$, dessen Wert in keinem Fall und mit keiner Technik überschritten werden kann.

Die zurückliegenden Verbesserungen des Energiewirkungsgrades können an zwei Beispielen veranschaulicht werden. Hatten die ersten Kolbendampfmaschinen von Savery noch einen thermischen Wirkungsgrad unter 15 %, so erreicht man mit heutigen Dampfturbinenkraftwerken Wirkungsgrade um die 45 %. Bei Leuchtmitteln ist die Wirkungsgradverbesserung in den letzten 100 Jahren noch erheblich höher. Hatten Paraffinkerzen Wirkungsgrade um 0,1 %, so liegen die Werte moderne LED-Leuchte bei über 90 %.

Die Werte von $\eta^{(\mathrm{W})}$ haben sich in den letzten 300 Jahren um fast einen Faktor 100 verbessert. Aber es ist vollkommen sicher, dass sie sich in den nächsten 300 Jahren nicht noch einmal um den Faktor 100 verbessern werden, denn es gilt

$$\eta^{(\mathrm{W})} \leq \eta^{(\mathrm{W})}_{\max}, \tag{2.23}$$

wobei $\eta^{(\mathrm{W})}_{\max}$ durch die Arbeitstemperatur T gegeben ist. Die Werte des Energiewirkungsgrads liegen heute schon nahe an der maximal erzielbaren Grenze.

2.1.3 Nutzungsgrad und Deckungsgrad

Die Überlegungen zum Wirkungsgrad einer Energiewandlungsanlage genügen noch nicht, um den tatsächlichen Weg der Energie von ihrem Anfangszustand bis zu ihrem Endzustand, d. h. bis zum Abnehmer bzw. Nutzer der Energie, zu beschreiben. Dieser Weg besteht nämlich aus einer ganzen Prozesskette, in der viele, meist mehrstufige Wandlungsprozesse miteinander verbunden sind. Dies soll am Beispiel eines fahrenden Kraftwagens, mit der Wandlung der Primärenergie in Sekundär- und Endenergie bis zum Nutzen der Nutzenergie verdeutlicht werden.

1. *Gewinnung des Erdöls (Primärenergie)*

Es entsteht zusätzlicher Energiebedarf durch

- Bau der Förderanlage,
- Betrieb der Förderanlage,
- Bau der Transportanlage zum Transport des Erdöls (Rohrleitung oder Tankschiff)

2. *Raffinieren des Erdöls (Sekundärenergie)*

Umwandlungsprozess chemische Energie → chemische Energie
  Es entsteht zusätzlicher Energiebedarf durch

- Bau der Raffinerie,
- Betrieb der Raffinerie,
- Bau der Transportanlage zum Transport des Kraftstoffs (Tankwagen),
- Betrieb der Transportanlage.

3. *Verteilungsanlage des Kraftstoffs (Endenergie)*

Es entsteht zusätzlicher Energiebedarf durch

- Bau der Verteilungsanlage,
- Betrieb der Verteilungsanlage,
- Zufahrt des Kraftwagens zur Verteilungsanlage.

4. *Bewegung des Kraftwagens (Nutzenergie)*

Umwandlungsprozess chemische Energie → Wärmeenergie → Bewegungsenergie
Es entsteht zusätzlicher Energiebedarf durch

- Bau des Kraftwagens,
- Transport des Kraftstoffs.

5. *Entsorgung*

- Für eine tatsächlich nachhaltige Nutzung müsste als zusätzlicher Punkt auch noch die Entsorgung der Anlagen und des Fahrzeugs berücksichtigt werden.

Nur in den Schritten 2) und 4) dieser speziellen Prozesskette finden überhaupt Energiewandlungsprozesse statt, deren Energieverluste als Wärmeenergie letztendlich durch den Wirkungsgrad $\eta^{(W)}$ beschrieben werden. Aber weitere Energieverluste auf dem Weg von der Primärenergie zur Nutzenergie treten auch in jedem anderen Prozessschritt auf, z. B. durch den Transport der Energie, etc. Alle diese Verlustfaktoren werden in einem Faktor, dem *Nutzungsgrad* ζ, zusammengefasst. So ergibt sich als Nutzungsgrad

$$\zeta_{ij} = \frac{W_j}{W_i} \quad (2.24)$$

für den Prozessschritt von *i* nach *j* in der Kette. Der Nutzungsgrad berücksichtigt, wie viel der vorliegenden Energie für den nächsten Prozessschritt noch zur Verfügung steht, d. h. die Höhe des Verlustes an nutzbarer Energie während eines Prozessschrittes. Dieser Prozessschritt muss nicht notwendigerweise eine Energiewandlung beinhalten, wie sie bei der Definition des Wirkungsgrades vorausgesetzt wird.

Im allgemeinen Fall lässt sich die Prozesskette mit Hilfe eines Flussdiagramms darstellen, Abb. 2.4. Die einzelnen Glieder in dieser Kette haben folgende Bedeutung:

Primärenergie
Als Primärenergie werden die Energie der Energieträger, die direkt der Umwelt entnommen werden, bezeichnet. Dies waren bisher überwiegend fossile Brennstoffe (Kohle, Erdöl, Erdgas) oder fossile Mineralien (Uranerz). Inzwischen gehören auch die alternativen Energieträger (Sonnenenergie, Windenergie, Geowärme, Biomasse, Wasserenergie) dazu.

Sekundärenergie
Die Sekundärenergie entsteht durch Umwandlung in einem ersten Schritt aus der Primärenergie. Dieser Schritt ist meist notwendig, um die Energie in eine Form zu bringen, in der sie leicht verteilt werden kann. Dieser Schritt erübrigt sich, wenn nach der Wandlung die neue Energieform direkt zum Energieabnehmer transportiert werden kann, wie z. B. die elektrische Energie aus einem Dampfkraftwerk auf Kohlebasis.

2.1 Wirkungsgrade, Nutzungsgrade

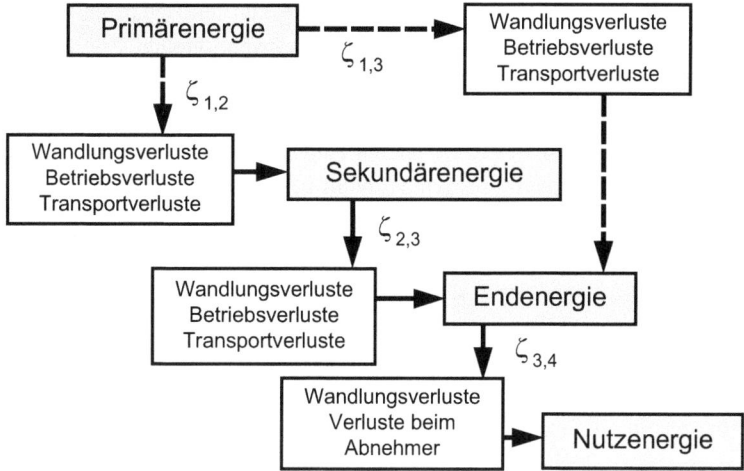

Abb. 2.4 Prozesskette die von der Primärenergie zur Nutzenergie führt

Endenergie

Unter Endenergie versteht man die Energieform, die der Energieabnehmer direkt bezieht. Das ist z. B. elektrische Energie oder chemische Energie in Form von Heizöl oder Heizgas.

Nutzenergie

Die Nutzenergie ist die Energieform, die der Energieabnehmer für die gestellte Aufgabe letztlich benötigt, z. B. zur Beleuchtung oder Heizung eines Raums oder zur Bewegung eines Fahrzeugs. Dies verlangt fast immer einen letzten Wandlungsprozess, bei dem aus der Endenergie die benötigte Energieform entsteht.

Nutzungsgrad

Der *Gesamtnutzungsgrad* der Prozesskette mit $n = 2$ bzw. $n = 3$ Gliedern ergibt sich gemäß der Produktregel zu

$$\zeta = \prod_{i=1}^{n-1} \zeta_{i,i+1}. \tag{2.25}$$

Die Werte für die einzelnen ζ_{ij} werden sicherlich durch die technische Entwicklung bestimmt. Am Anfang des 21. Jahrhunderts ergeben sich als typische Mittelwerte über alle möglichen Prozessketten

$$\begin{aligned}
\zeta_{1,2} &\approx 0{,}78 \\
\zeta_{2,3} &\approx 0{,}92 \\
\zeta_{3,4} &\approx 0{,}41 \\
&\to \\
\zeta &\approx 0{,}29.
\end{aligned} \tag{2.26}$$

Das heißt, es muss etwa 3-mal mehr Primärenergie für den Bedarf an Nutzenergie zur Verfügung gestellt werden. Die Umwandlung der konventionellen Primärenergie in die vom Abnehmer verlangte Nutzenergie geschieht in einer Prozesskette mit einem Nutzungsgrad von ungefähr 0,3.

Dies erscheint, gemessen an den im letzten Kapitel diskutierten oberen Grenzen $\eta_{max}^{(W)}$ für die Wirkungsgrade jedes Teilprozesses, nicht besonders groß. Eine wesentliche Verbesserung der Nutzungsgrade erscheint daher nur möglich, wenn die zurzeit benutzten Techniken zur Bereitstellung der Nutzenergie durch völlig neue Techniken ersetzt werden. Eine deutlich bessere Aussicht zur Verringerung des Bedarfs an Primärenergie bietet eine Nutzenergiereduktion, d. h. das Einsparen von Nutzenergie.

Deckungsgrad
Bei der Möglichkeit, die derzeitigen Träger der Primärenergie durch alternative Energien zu ersetzen, spielt der *Deckungsgrad*

$$\delta = \frac{W^{alt}}{W} \qquad (2.27)$$

eine wichtige Rolle.

Der Deckungsgrad δ mit $0 \leq \delta \leq 1$ gibt an, mit welchem relativen Anteil die Nutzenergie aus konventioneller Primärenergie W durch solche aus alternativen Energiequellen W_{alt} ersetzt werden kann.

Der Einsatz von alternativen Energien wird den Nutzungsgrad der Prozesskette verändern, und zwar in Abhängigkeit vom Deckungsgrad δ. Dafür gibt es zwei Gründe:

- Der Nutzungsgrad von rein konventionellen Energieträgern ist verschieden von dem, der sich für den Einsatz von rein alternativen Energieträgern ergibt.
- Unter dem Begriff „alternative Energie" werden i. A. die erneuerbaren Energien verstanden. Bei erneuerbaren Energieträgern muss zusätzlich berücksichtigt werden, dass diese sehr oft nicht in einer speicherbaren Form vorliegen, im Gegensatz zu den konventionellen Energieträgern, die bereits alle gespeichert in der Natur vorhanden sind und für die daher zu jedem Zeitpunkt ein Umwandlungsprozess ablaufen kann, zu dem sich ein Bedarf an Nutzenergie ergibt.

Da die Verfügung über erneuerbare Energien meist sehr zeitabhängig ist, entsteht die Notwendigkeit, an irgendeiner Stelle in der Prozesskette die aus erneuerbaren Energien gewandelten Energien zu speichern, wenn Nutzenergie zu jeder Zeit zur Verfügung stehen soll. Die Umwandlung in die speicherfähige Energieform und die Speicherung selbst sind durch Wirkungsgrade der Energiewandlung $\eta^{(W)} \leq 1$ und der Energieeinspeicherung bis zur Energieentnahme $\eta^{(Sp)} \leq 1$ gekennzeichnet, die den Nutzungsgrad erneuerbarer Energien i. A. verringern. Besonders dann, wenn der Speicherprozess verlangt, ein weiteres

Glied in die Prozesskette einzufügen. Für den *Nutzungsgrad erneuerbarer Energie* ζ^{alt} kann daher unter den einfachsten Annahmen folgender Ansatz gebildet werden:

$$\begin{aligned}\zeta^{alt} &= (1-\delta)\eta^{(W)} + \delta\eta^{(W)}\eta^{(Sp)} \\ &= \eta^{(W)}\left(1+\left(\eta^{(Sp)}-1\right)\delta\right).\end{aligned} \quad (2.28)$$

Der Ansatz entspricht dem Wirkungsgrad mit zusätzlicher Nutzung der Wärme. Er geht davon aus, dass bei nur geringem Deckungsgrad, d. h. bei niedrigem Anteil an alternativer Energie, die alternative Energie immer sofort in Nutzenergie verwandelt werden kann. In den Zeiten, in denen alternative Energie nicht zur Verfügung steht, übernehmen dann konventionelle Energieträger die Grundlast. Wird der Deckungsgrad grösser, d. h. der Anteil alternativer Energie an der Gesamtversorgung, muss in jedem Fall ein Speicherprozess zwischengeschaltet werden.

Wird ein Teil der konventionellen Primärenergie durch erneuerbare Energien (Sonnenenergie) ersetzt, so wird sich der Nutzungsgrad der Energiewandlungskette, abhängig vom Deckungsgrad, aufgrund des Wirkungsgrades der Fotovoltaikanlage (s. o. $\eta_1^{(W)} \approx 0{,}10$) um einen Faktor von bis zu 10 verringern.

Er ergibt sich aus den mit der heutigen Technik erzielbaren Wirkungsgraden der Speicherung, dass diese wesentlich verbessert werden müssen. Je höher der geforderte Deckungsgrad ist, desto mehr volatiler Energie muss mit dem entsprechenden Wirkungsgradverlust gespeichert werden. In der abstrakten Sprache der Thermodynamik lässt sich klar sagen, welche Eigenschaften neue und bessere Techniken besitzen müssen. Sie müssen auf reversiblen Prozessen aufbauen, d. h. die Produktion von Anergie in diesen Prozessen muss vermieden werden. Zurzeit gibt es eigentlich nur ein Wandlungsverfahren, das diese Forderung in fast idealer Weise erfüllt. Die Umwandlung in und Speicherung von mechanischer Energie in einem Wasserspeicherkraftwerk.

Auch die Speichertechnologie kann nicht als unbegrenzte Abhilfe angesehen werden. Grundsätzlich müssen alle Möglichkeiten vom Erzeuger und Verbraucher, bis zur Effizienzerhöhung und Einsparung, Speicherung und Sektorkopplung sinnvoll kombiniert werden.

2.2 Ganzheitliche Bewertungsmethoden

Eine umfassende Aussage der Relevanz eines Produktes auf die Umwelt und auf die Ressourcennutzung ist nur möglich, wenn man alle Auswirkungen von der Erzeugung, über den Gebrauch bis zur Entsorgung berücksichtigt. Die Ganzheitliche Bilanzierung (engl. LCE – Life Cycle Engineering) analysiert den potenziellen ökonomischen, ökologischen, technischen und sozialen Einfluss von Produkten, Verfahren und Dienstleistungen über den Lebensweg. Diese mehrdimensionale Betrachtungsweise stellt sicher, dass alle wesentlichen Faktoren innerhalb einer nachhaltigen Entscheidungsfindung betrachtet werden. Durch die übersichtliche Darstellung der Ergebnisse garantiert die Methodik der ganzheitlichen Bilanzierung maximale Transparenz und damit eine gute Basis für die betreffenden Entscheidungsträger. Derartige ganzheitliche Bilanzen stellen die Ökobilanz, die externe Kostenanalyse und der Erntefaktor dar. Bei der vergleichenden Bewertung der eingesetzten Energie werden zwei Vorgehensweisen unterschieden: die Wirkungsgradmethode und die Substitutionsmethode.

Die *Wirkungsgradmethode* ist die international angewandte Methode zur Bestimmung des Primärenergieverbrauchs von Strom. Bei Strom aus Energieträgern, deren Heizwert bekannt ist (fossile Energieträger), wird der jeweilige Heizwert mit der jeweils eingesetzten Menge multipliziert. Bei Strom aus Energieträgern, denen kein Heizwert zugerechnet werden kann, wie bei den erneuerbaren Energieträgern Wasserkraft, Windenergie und Fotovoltaik, wird von der Endenergie mit Hilfe eines Wirkungsgrades von 100 % auf die Primärenergie geschlossen. Es entspricht somit z. B. 1 kWh Strom aus Wasserkraft einem Primärenergieäquivalent von 1 kWh. Diese Methode führt dazu, dass die Energieträger Wasser, Wind und Fotovoltaik gegenüber Energieträgern, bei deren Umsetzung ein geringerer Wirkungsgrad angesetzt wird, bei der Definition des Primärenergieverbrauchs stark unterrepräsentiert sind. Diese Methode ist demnach am ehesten für die Bewertung der Wärmeerzeugung angebracht.

Eine alternative Bewertungsmethode stellt die Substitutionsmethode dar. Bei der Berechnung des Primärenergieverbrauchs nach der *Substitutionsmethode* wird angenommen, dass der Strom aus Wasserkraft, Windenergie und Fotovoltaik, der eine entsprechende Menge Strom in konventionellen Kraftwerken ersetzt, auch deren Brennstoff substituiert. Die Menge des ersetzten Brennstoffs wird im Allgemeinen mittels eines Substitutionsfaktors berechnet, der dem Verbrauch an fossilen Brennstoffen zur Stromerzeugung aus diesen Brennstoffen entspricht. Nach der Substitutionsmethode beträgt der Anteil der erneuerbaren Energien in Deutschland nach Angaben des Fraunhofer-Instituts für Solare Energiesysteme ISE im Jahr 2017 bereits 38,3 %, in der ersten Hälfte von 2018 sogar 41 %. Bei der Ermittlung der Klimarelevanz der EE ist es daher zielführend, die durch die EE jeweils substituierten konventionellen Energieträger zu ermitteln und mit Hilfe deren Emissionsfaktoren auf die Klimaentlastung zu schließen. Diese Methode eignet sich am ehesten für die Bewertung der Stromerzeugung.

2.2.1 Kumulierter Energieaufwand (KEA)

Die Definitionen zum Kumulierten Energieaufwand entsprechen der VDI-Richtlinie 4600 „Kumulierter Energieaufwand – Begriffe, Definitionen, Berechnungsmethoden" (/VDI/).

Der kumulierte Energieaufwand gibt die Gesamtheit des primärenergetisch bewerteten Aufwandes an, der im Zusammenhang mit der Herstellung, Nutzung und Beseitigung eines ökonomischen Gutes (Produkt oder Dienstleistung) entsteht bzw. diesem ursächlich

2.2 Ganzheitliche Bewertungsmethoden

zugewiesen werden kann [1]. Dieser Energieaufwand stellt die Summe der kumulierten Energieaufwendungen für die Herstellung (KEA_H), die Nutzung (KEA_N) und die Entsorgung (KEA_E) des ökonomischen Gutes dar, wobei für diese Teilsummen anzugeben ist, welche Vor- und Nebenstufen mit einbezogen sind.

$$KEA = KEA_H + KEA_N + KEA_E. \quad (2.29)$$

- Als kumulierter Energieaufwand zur Herstellung (KEA_H) wird die Summe der primärenergetisch bewerteten Energieaufwendungen genannt, die sich bei der Herstellung selbst sowie bei der Gewinnung, Verarbeitung, Herstellung und Entsorgung der Fertigungs-, Hilfs- und Betriebsstoffe und Betriebsmittel einschließlich der Transportaufwendungen für einen Gegenstand oder eine Dienstleistung ergeben.
- Als kumulierter Energieaufwand für die Nutzung (KEA_N) wird die Summe der primärenergetisch bewerteten Energieaufwendungen bezeichnet, die sich für den Betrieb oder die Nutzung eines Gegenstandes oder einer Dienstleistung ergeben. Diese Summe beinhaltet neben dem Betriebsenergieverbrauch den kumulierten Energieaufwand für die Herstellung und Entsorgung von Ersatzteilen, von Hilfs- und Betriebsstoffen sowie von Betriebsmitteln, die für Betrieb und Wartung erforderlich sind. Die zugrunde gelegten Betriebs- und Nutzungszeiten sind stets anzugeben. Der Energieaufwand für Transporte ist mit einzuschließen.
- Als kumulierter Energieaufwand für die Entsorgung (KEA_E) wird die Summe der primärenergetisch bewerteten Energieaufwendungen definiert, die sich bei der Entsorgung eines Gegenstandes oder Teilen des Gegenstandes, d. h. dem endgültigen Ausschleusen aus dem Nutzungskreislauf, ergeben. Diese Summe beinhaltet neben dem Energieaufwand für die Entsorgung selbst den kumulierten Energieaufwand für die Herstellung und Entsorgung von Hilfs- und Betriebsstoffen sowie von Betriebsmitteln, die für die Entsorgung erforderlich sind. Der Energieaufwand für Transporte ist hier ebenfalls zu bilanzieren.

Eine andere Aufteilung des KEA unterscheidet zwischen dem kumulierten Prozessenergieverbrauch (KPE_V) und dem kumulierten nichtenergetischen Aufwand (KN_A)

$$KEA = KPE_V + KN_A. \quad (2.30)$$

Der kumulierte Prozessenergieverbrauch (KPE_V) umfasst allen gehandelten, primärenergetisch über Bereitstellungsnutzungsgrade bewerteten Endenergieverbrauch (EEV) für Wärme, Kraft, Licht und sonstige Nutzelektrizitätserzeugung.

Der kumulierte nichtenergetische Aufwand (KN_A) ist die Summe des primärenergetisch bewerteten Energieinhalts aller nichtenergetisch eingesetzten Energieträger (NE_V) und des Stoffgebundenen Energieinhaltes (SEI).

$$KN_A = NE_V + SEI. \quad (2.31)$$

Der nichtenergetische Verbrauch (*NEV*) erfasst den primärenergetisch bewerteten stofflichen Verbrauch an Energieträgern, die in der nationalen Energiestatistik als Energieträger ausgewiesen sind, d. h. im wesentlichen fossilen Rohstoffe.

Im stoffgebundenen Energieinhalt (*SEI*) werden die primärenergetisch bewerteten Energieinhalte aller anderen brennbaren Stoffe erfasst, d. h. die Energieinhalte aller über den Heizwert bewertbaren Stoffe, die nicht in den nationalen Energiestatistiken als Energieträger ausgewiesen sind, z. B. als Werkstoff verarbeitete Biomasse.

2.2.2 Ökobilanz

Für die Umweltverträglichkeit eines Produktes oder von Materialien spielen eine Vielzahl von Faktoren eine Rolle: der Schadstoff-, Abfall- und Abwasseranfall sowie Menge und Art des Energieverbrauchs bei der Rohstoffgewinnung, Vorproduktion und Produktion, bei Transport und Verteilung, bei Ge- und Verbrauch und Entsorgung. Auch die Lebensdauer oder die Mehrfachnutzbarkeit kann wie etwa beim Vergleich von Papier- oder Plastiktüten wichtig sein. Alle diese Faktoren sollen bei der Erstellung von Ökobilanzen (engl. auch LCA – Life Cycle Assessment) berücksichtigt werden (Abb. 2.5).

Ökobilanzen haben alle Glieder der Energiewandlungskette eines Versorgungs-Systems zu berücksichtigen, von der Herstellung über den Betrieb bis zur Außerbetriebnahme und Entsorgung. Die Ökobilanz ist ein Teilaspekt der ganzheitlichen Bilanzierung.

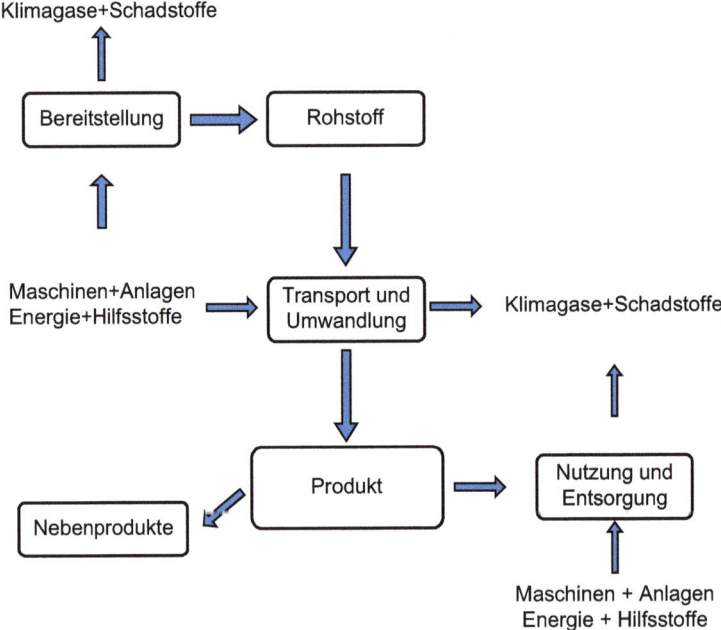

Abb. 2.5 Ökobilanz für den Lebensdauerzyklus eines Produktes

2.2 Ganzheitliche Bewertungsmethoden

Das prinzipielle Vorgehen bei der Durchführung einer Ökobilanz kann wie folgt beschrieben werden:

- Entlang des Lebensweges eines Produktes werden die Stoff- und Energieströme des gesamten Produktsystems, also aller beteiligten Prozesse, analysiert.
- Emissionen in Luft, Wasser und Boden sowie der Natur entnommene Ressourcen – werden systematisch erfasst und in der sogenannten „Sachbilanz" abgelegt.
- Die potenziellen Umwelteffekte wie Treibhauseffekt, Sommersmog, Versauerung, Überdüngung etc. werden anschließend im Rahmen der „Wirkungsabschätzung" ausgewertet.

Schwierigkeiten liegen jedoch darin, dass manche Produktionsverfahren nicht öffentlich zugänglich sind, so dass keine Daten über Nebenprodukte o. ä. zur Verfügung stehen. Auch die Detaillierung der einzubeziehenden Prozesse ist teilweise schwierig und kann je nach Interessenlage unterschiedlich vorgenommen werden. Sollte man beispielsweise bei der Ökobilanz eines Autos auch die Treibstoffgewinnung und damit Tankerunfälle und die davon ausgehenden Umweltbelastungen mit einbeziehen? Beim Vergleich verschiedener Ökobilanzen muss deshalb darauf geachtet werden, welche Faktoren mit in die Bewertung einbezogen wurden.

Eine Ökobilanz ist nach (DIN EN 14040) bzw. nach (ISO 14040 bis ISO 14043) festgelegt und in vier Schritte untergliedert (Abb. 2.6):

1. *Festlegung des Ziels und Untersuchungsrahmens*

Der erste Schritt der Ökobilanz legt das Ziel und den Untersuchungsrahmen fest. Dies beinhaltet z. B. die Definition der Systemgrenzen, die Funktion des Systems, die Anforderungen an die Datenqualität etc.

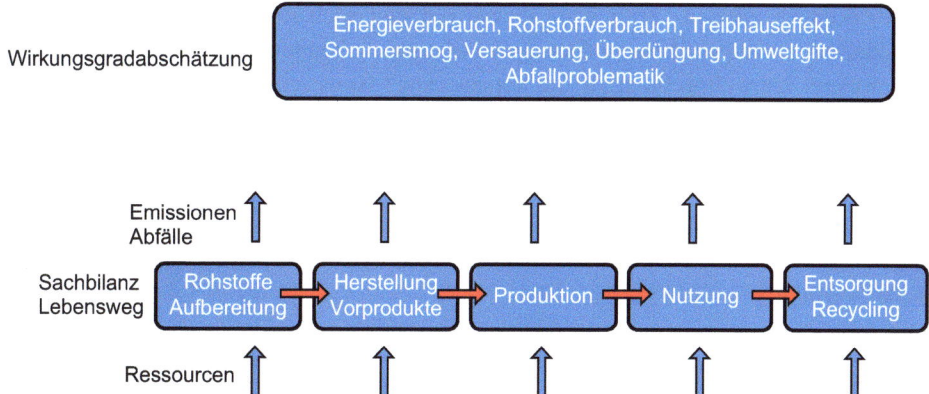

Abb. 2.6 Ablauf der Ökobilanz nach DIN EN 14040

2. *Sachbilanz (engl. LCI – Life Cycle Inventory)*

Die Sachbilanz beinhaltet die Datensammlung aller benötigten Eingangsgrößen (Ressourcen, Vorprodukte) und Resultate (Emissionen, Abfälle) und das Aufstellen einer Bilanz. Die derzeit in den Ökobilanzen des Umweltbundesamtes benutzten Wirkungskategorien sind:

- Treibhauseffekt,
- Abbau des stratosphärischen Ozons (Stichwort: Ozonloch),
- Eutrophierung (Überdüngung in Gewässern und der Böden),
- Versauerung,
- Beanspruchung fossiler Ressourcen (z. B. von Rohstoffen und fossilen Energieträgern),
- Naturraumbeanspruchung,
- direkte Gesundheitsschädigung (durch gesundheitsgefährdende Stoffe oder Lärm),
- direkte Schädigung von Ökosystemen.

Jede dieser Wirkungskategorien ist durch einen oder mehrere quantifizierbare Wirkungsindikatoren charakterisiert. So wird beispielsweise die Wirkungskategorie „Treibhauseffekt" charakterisiert durch den Wirkungsindikator „Kohlendioxid (CO_2)-Äquivalente". Die Ergebnisse der Sachbilanz werden in Wirkungsindikatoren umgerechnet, die jede für sich wiederum eine Wirkungskategorie charakterisieren.

3. *Wirkungsabschätzung (engl. Life Cycle Impact Assessment)*

Bei der Wirkungsabschätzung werden die potenziellen Umweltwirkungen, Einflüsse auf die menschliche Gesundheit und Ressourcenverfügbarkeit mit Hilfe der Ergebnisse der Sachbilanz abgeschätzt.

Von zentraler Bedeutung bei der Wirkungsabschätzung ist die Bewertung der Wichtigkeit der einzelnen Wirkungskategorien untereinander. Die unterschiedlichen Umweltwirkungen müssen verglichen, abgewogen und nach ihrer Wichtigkeit geordnet werden, um zu vergleichenden Aussagen kommen zu können. Ist der Treibhauseffekt ein größeres Umweltproblem als die Versauerung? Ist es schädlicher für die Umwelt, wenn Naturfläche versiegelt oder wenn Gewässer überdüngt werden? Aus rein naturwissenschaftlicher Sicht lassen sich diese Fragen nicht beantworten. Natürlich basieren solche Bewertungen auch auf fachlichen Grundlagen. Doch spielen Werturteile die Hauptrolle.

4. *Auswertung*

Bei der Auswertung werden die Ergebnisse der Sachbilanz und Wirkungsabschätzung in Bezug auf das Ziel der Ökobilanzstudie interpretiert. Daraus werden dann Schlussfolgerungen und Empfehlungen für die Politik, die Produzenten und andere Beteiligte abgeleitet.

2.2 Ganzheitliche Bewertungsmethoden

Die Ökobilanzen bilden die durch die untersuchten Produkte, Verfahren und Dienstleistungen verursachten Umweltbeeinflussungen ab. Ihre wichtigsten Funktionen sind:

- Sie können von den Herstellern zur Entwicklung von umweltverträglichen Produkten genutzt werden.
- Sie sind eine Hilfe für politische Entscheidungsprozesse, so zum Beispiel bei der Diskussion über die Verpackungsverordnung und die Mehrwegquote, bei der die Ökobilanz für Getränkeverpackungen eine Rolle spielt.
- Sie können auch das Marketing von Unternehmen beeinflussen, zum Beispiel in dem Unternehmen durch eine Ökobilanz die Umweltverträglichkeit ihrer Produkte bewerten und mit den Ergebnissen der Ökobilanz werben.

Die Ökobilanz wird a priori ohne Abwägung mit ökonomischen und sozialen Auswirkungen erstellt. Es ist aber klar, dass die Ergebnisse von Ökobilanzen nur ein Aspekt im Rahmen der komplexen Entscheidungsprozesse in Staat, Wirtschaft und Gesellschaft sein können. Die Ökobilanz-Ergebnisse müssen zusätzlich mit ökonomischen und sozialen Faktoren zusammengefügt werden.

Zur Bewertung werden die einzelnen Wirkungsindikatoren und damit die Wirkungskategorien nach bestimmten Kriterien in eine Rangfolge gebracht. Es gilt:

- Eine Wirkungskategorie ist umso umweltschädigender, ihr wird also eine umso höhere Priorität beigemessen, je größer die ökologische Gefährdung der zu schützenden Güter „menschliche Gesundheit", „Struktur und Funktion von Ökosystemen" und „natürliche Ressourcen" in der Wirkungskategorie ist. Eine Umweltwirkung, die den ganzen Globus betrifft und zu irreversiblen Schädigungen führt, wie z. B. die Zerstörung der Ozonschicht, ist demnach als schwerwiegender anzusehen als eine zeitlich und räumlich begrenzte Wirkung, wie etwa der Sommersmog.
- Eine Wirkungskategorie ist umso schädlicher, je weiter der derzeitige Umweltzustand in dieser Wirkungskategorie von einem Zustand der ökologischen Nachhaltigkeit oder einem anderen angestrebten Umweltzustand entfernt ist. Mit diesem Kriterium wird gewissermaßen dem „Handlungsdruck" für ein Umweltproblem Rechnung getragen. Ist der aktuelle Zustand in diesem Umweltbereich eher bedrohlich oder befinden wir uns bereits nahe am erwünschten Umweltziel? Erscheint das Umweltzielvergleichsweise einfach zu erreichen oder bedarf es hierzu grundlegender (wirtschaftlicher odergesellschaftlicher) Veränderungen?
- Eine Wirkungsgradkategorie ist umso schädlicher, je größer der spezifische Beitrag der einzelnen Wirkungsindikatoren an der jeweiligen Gesamtbelastung in Deutschland ist. Die Beurteilung und Bewertung der Wirkungskategorien reicht in einer fünfstufigen Skala von A (höchste Priorität) bis E (niedrigste Priorität). Diese Rangbildung ist kein absolutes Urteil. Wird beispielsweise die Wirkungskategorie „Treibhauseffekt" auf der Skala unter E eingeordnet, bedeutet dies, dass für das in der Ökobilanz untersuchte Produkt die Wirkungskategorie im Vergleich zu den anderen Wirkungskategorien nachrangig ist. Es besagt nicht, dass der Treibhauseffekt insgesamt ein Problem mit niedriger Priorität ist.

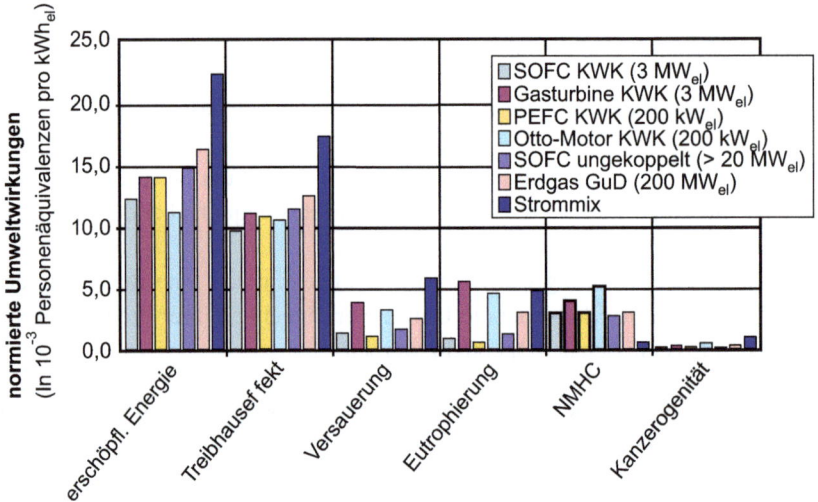

KWK: Kraft-Wärme-Kopplung GuD: Gas und Dampfkraftwerk NMHC: Nichtmethan-Kohlenwasserstoffe
10×10^{-3} Personenäquivalenzen entsprechen: erschöpf. Energie: 4,93 MJ; Treibhauseffekt: 361 g CO_2-Äquivalente; Versauerung: 1,46 g SO_2-Äquivalnte; Eutrophierung: 0,153 g Po_4^{-3} Äquivalente; NMHC: 0,625 g; Kanzerogenität: 2,54 e^{-8} g (URF-gewichtet)

Abb. 2.7 Normierte Umweltbelastung unterschiedlicher Energiewandlungsketten [2]

Die Grafik des Abb. 2.7 zeigt beispielsweise den jeweiligen Umwelt- und Klimaökologieindikator in Personenäquivalenzen pro kWh_{el} für verschiedene Brennstoffzellensysteme, für konventionelle thermische Energiewandler und für den deutschen Strom-Mix. Es werden chemoelektrische und thermoelektrische Energiewandlungssysteme miteinander verglichen.

Ein Ökosystem, von kleinen Subsystemen bis hin zum Lebensraum Erde, stellt sich als stark vernetztes nicht lineares Populationssystem dar, in dem die Reaktion auf eine Änderung stark verfälscht erfolgt. Manche Reaktionen scheinen bis zu einer Grenzkonzentration schwach zu sein, um dann aber verstärkt das System zu destabilisieren. Aus dieser Erkenntnis heraus ist es schwer, Ökosysteme gezielt zu beeinflussen. Will man in etwa das System erhalten, so ist die einzige Möglichkeit, a priori möglichst wenig einzugreifen, eine nachträgliche Korrektur scheint unmöglich. Jegliche Ressourcennutzung, sei es die Ausbeutung der fossilen aber auch der regenerativen Vorkommen, wie auch die Nutzung des Reservoirs der Umwelt für die Abfallstoffe und Abwärme muss möglichst unter Beachtung der Ökobilanzen und unter nachhaltigen Gesichtspunkten erfolgen.

Neben der Ökobilanz (produktbezogene Ökobilanz, Produktökobilanz) kann eine *Stoffstromanalyse* der Bestimmung weiterer Stoff- und Energiebilanzen dienen, wie beispielsweise betriebliche Umweltbilanzen und Prozessökobilanzen. Diese unterscheiden sich von der Ökobilanz dadurch, dass sie einen Periodenbezug haben, oft Bilanzjahr genannt, und dass ihnen das Verursachungsprinzip nicht zugrunde liegt. Die betriebliche Umweltbilanz findet sich beispielsweise oft in Umwelt- und Nachhaltigkeitsberichten von Unternehmen.

2.2 Ganzheitliche Bewertungsmethoden

Mit der Norm ISO 14040 ist der Begriff Ökobilanz zwar ausschließlich auf produktbezogene Ökobilanzen anwendbar. Allerdings definiert diese Norm „Product" als „any goods or services" und beinhaltet ausdrücklich auch Dinge wie Transporte, die Reparatur eines Fahrzeuges oder die Bereitstellung von Information im Kontext von Wissensvermittlung. Damit ist die Methodik einer Ökobilanz auch für die ökologische Untersuchung von Verfahren und Prozessen anwendbar und wird dafür auch genutzt.

2.2.3 Externe Kosten

Als externe Kosten werden Kosten der Energieerzeugung bezeichnet, die nicht in den Marktpreisen enthalten sind, da sie nicht vom eigentlichen Verursacher getragen werden. Mögliche externe Kosten sind in (Tab. 2.1) zusammengestellt.

Hierzu gehören beispielsweise die Kosten für das immissionsbedingte Waldsterben. Es tritt seit der Errichtung größerer Industrien verstärkt auf, wurde aber auch früher schon beobachtet. Durch die zunehmende Industrialisierung und den Bau hoher Schornsteine, die die Schadstoffe großräumig verteilten, trat das Waldsterben dann seit Beginn der 1970er-Jahre großflächig auf. Waldsterben, Gesundheitsschäden, Bau- und Materialschäden, Klimaveränderung etc. infolge der Emission von Luftschadstoffen. Derartige Kosten sind volkswirtschaftlich kontraproduktiv, obwohl sie zu einer Steigerung des Bruttosozialproduktes beitragen. Der Begriff externe Kosten wurde mit Beginn der staatlichen Umweltpolitik ca. 1970 geprägt für Maßnahmen zum Schutz der Umwelt und damit der Lebensgrundlagen von Organismen einschließlich des Menschen, wobei bedingt durch die anthropozentrische Sichtweise die Eigenrechte der Natur zu wenig Berücksichtigung finden.

Tab. 2.1 Externe Kosten der Energiebereitstellung

Gesellschaftliche Kosten (in den externen Kosten berücksichtigt)
• Krankheiten (u. a. durch Luft- und Wasserverschmutzung)
• Schäden an Material und Gebäuden (u. a. durch sauren Regen)
• Schäden an der Ernte (u. a durch Überdüngung oder sauren Regen),
Umweltkosten (in den externen Kosten berücksichtigt)
• Schäden am Ökosystem (u. a. durch Überdüngung oder sauren Regen)
• Treibhauseffekt (u. a. durch Desertification, Wetterextreme, globale Klimaänderung)
• übermäßiger Umweltverbrauch (u. a. durch Entforstung)
• Smog
Politische Kosten (nicht in den externen Kosten berücksichtigt)
• Politische und militärische Präsenz, um Energieressourcen zu sichern (z. B. USA in Saudi-Arabien)
• Krieg um Ressourcen (z. B. der persische Golfkrieg)
• durch die Abhängigkeit vom Weltmarkt abhängige politische Beschlüsse
Nukleare Kosten (in den externen Kosten teilweise berücksichtigt)
• Nukleare Abfallentsorgung für die nächsten 25.000 Jahre (noch ungelöst)
• Schutzmaßnahmen der Nuklearmaterialtransporte (z. B. Castor Transporte)
• Auswirkungen von nuklearen Unfällen (z. B. Tschernobyl, das Risiko ist nicht versicherbar)
• Verbreitung von nuklearem Material (z. B. Gefahr der schmutzigen Plutonium-Bombe)

In der Regel betragen die externen Kosten deutlich mehr als das zehnfache der Ausgaben für den Umweltschutz. Den Fehlbetrag werden kommende Generationen zu tragen haben. Dies zeigt die Notwendigkeit der Weiterentwicklung unserer Wirtschaftsordnung hin zu einer ökologischen Marktwirtschaft ist. Nur eine Internalisierung der externen Kosten, d. h. einer Zurechnung der externen Kosten zu dem jeweiligen Produkt, z. B. durch eine Ökosteuer oder entsprechende Abgaben, würde sicherstellen, dass der größte Vorteil der Marktwirtschaft, nämlich die Tendenz, sich quasi selbststeuernd auf wirtschaftliche Optima zu zubewegen, erhalten bleibt.

Die methodischen Grundlagen für die Berechnung der externen Kosten bauen auf den Arbeiten von [3] auf, die für 2006 bereits die vermiedenen externen Kosten durch Nutzung erneuerbarer Energien im Strombereich ermittelt hatten.

Externe Effekte sind unmittelbare Auswirkungen der ökonomischen Aktivitäten eines Wirtschaftssubjektes, z. B. Unternehmen, private und öffentliche Haushalte, auf die Produktions- oder Konsummöglichkeiten anderer Wirtschaftssubjekte, ohne dass eine adäquate Kompensation erfolgt.

Die toxische Verschmutzung eines Gewässers durch einen Produktionsbetrieb beispielsweise führt zu einem Rückgang des Fischbestandes. Dies führt in der Folge dazu, dass ein Fischereibetrieb weniger Erträge erzielen kann bzw. in seiner Existenz bedroht ist, d. h. er trägt die Kosten der Verschmutzung.

Durch eine Verpflichtung zur Wasserreinigung entstehen beim Verschmutzer selbst Kosten. Der Fischereibetrieb ist durch das wieder saubere Wasser nicht mehr in seiner Existenz bedroht und muss somit auch nicht mehr die externen Kosten als Betroffener tragen. Das einfache Beispiel gilt im komplexen Ökosystem nicht unbeschränkt. So wurde festgestellt, dass ein gewisser Verschmutzungsgrad sogar den Fischbestand erhöht. Im inzwischen wieder sauberen Bodensee ist der Fischbestand aufgrund der zufließenden gereinigten Abwässer gesunken, da hier die Verschmutzung als Dünger wirkte und nun weniger Nährstoffe zur Verfügung stehen.

Nach Angaben des Umweltbundesamtes wurden in Deutschland 2017 insgesamt 904,7 Millionen Tonnen Treibhausgase freigesetzt, 4,7 Millionen Tonnen weniger als 2016. Die Entwicklung der vermiedenen Treibhausgas-Emissionen durch die Nutzung erneuerbarer Energien in Deutschland wird durch die Arbeitsgemeinschaft Erneuerbare Energien (AGEE) verfolgt und publiziert (Abb. 2.8). Sie betrugen im Jahr 2017 178,6 Mio. t CO_2-Äquivalente. Damit konnten die CO_2-Emissionen 2017 um 16,5 % auf 905 Mio. t CO_2-Äquivalente abgesenkt werden.

Der höchste Beitrag der vermiedenen CO_2-Emissionen liefert die Strombereitstellung. Hier wiederum ist der Beitrag der Windenergie neben dem Beitrag von Wasserkraft und Fotovoltaik am höchsten (Abb. 2.9).

2.2 Ganzheitliche Bewertungsmethoden

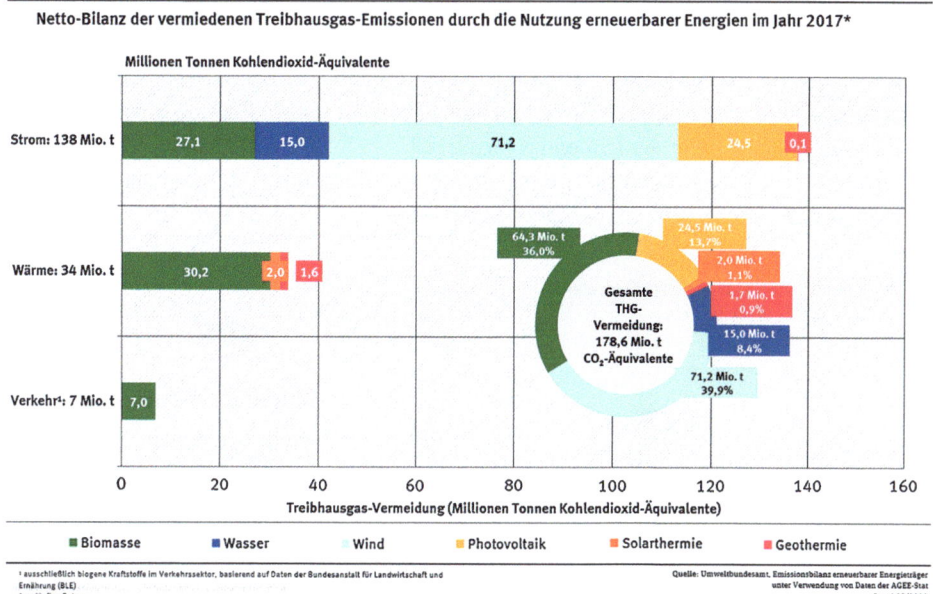

Abb. 2.8 Netto-Bilanz der vermiedenen Treibhausgas-Emissionen durch die Nutzung erneuerbarer Energien im Jahr 2017 in Deutschland. (Quelle: AGEE Arbeitsgemeinschaft Erneuerbare Energien)

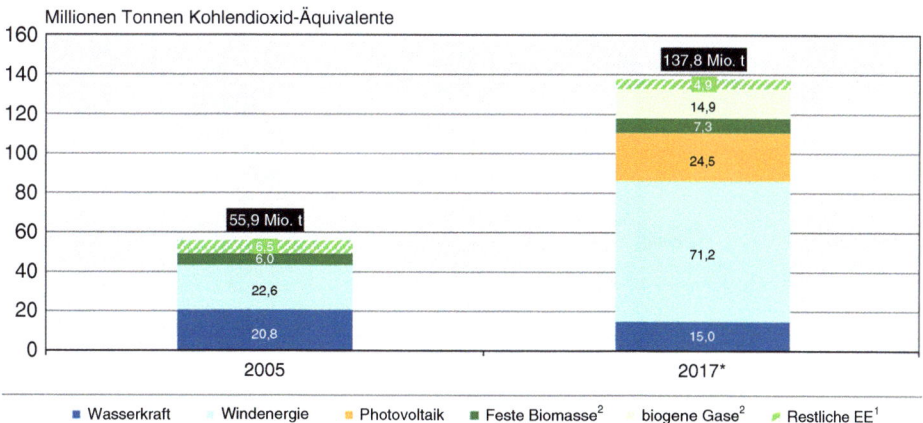

Abb. 2.9 Vermiedene Treibhausgas-Emissionen im Strombereich durch die Nutzung erneuerbarer Energien in Deutschland. (Quelle: Arbeitsgemeinschaft Erneuerbare Energien

Im Wärmebereich trägt die Verwendung von Biomasse erheblich zu den Einsparungen der Treibhausgasemissionen bei (Abb. 2.10), wobei berücksichtigt werden muss, dass die Verbrennung von Biomasse per Definitionem emissionsfrei erfolgt. Hierbei wird vernachlässigt, dass zur Erzeugung, zur Ernte und zum Transport fossile Energie eingesetzt wird, so dass die Biomasse per se nicht emissionsfrei ist.

Im Verkehr konnten durch die Beimischung von Biodiesel bzw. Bioethanol lediglich 7,0 Mio. t CO_2-Äquivalente eingespart werden, Abb. 2.11.

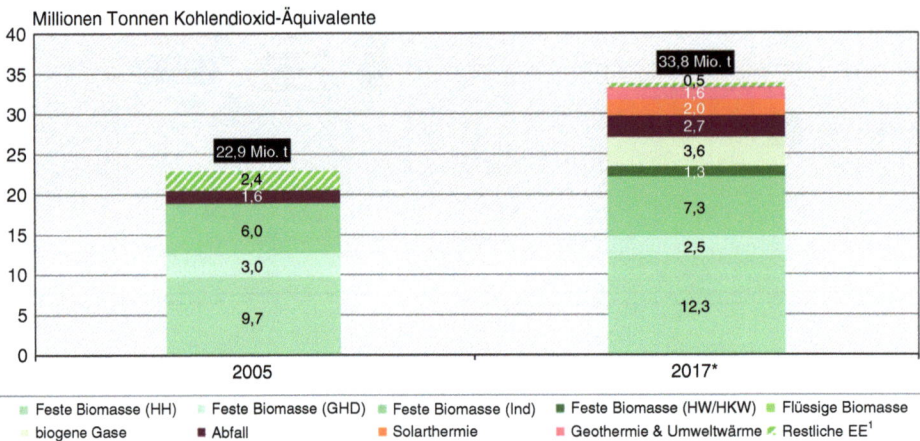

Abb. 2.10 Vermiedene Treibhausgas-Emissionen im Wärmesektor durch die Nutzung erneuerbarer Energien in Deutschland. (Quelle: Arbeitsgemeinschaft Erneuerbare Energien [4])

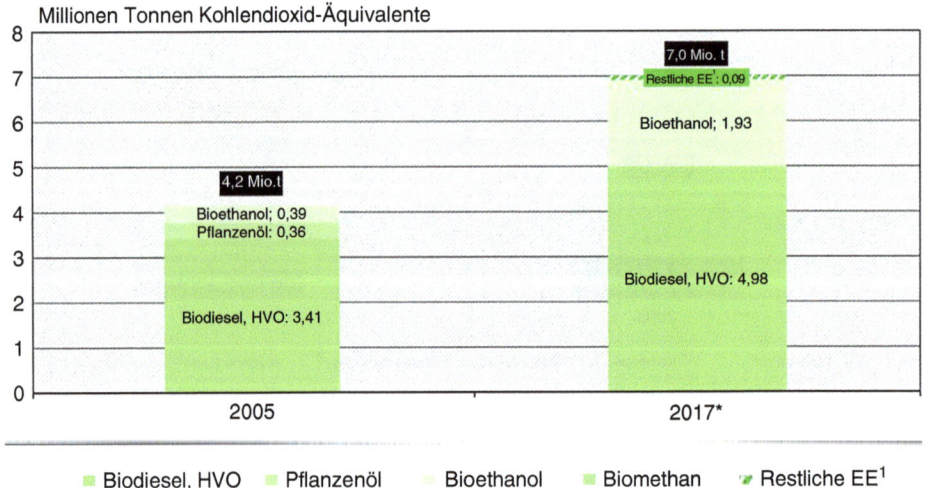

Abb. 2.11 Vermiedene Treibhausgas-Emissionen im Verkehrssektor durch die Nutzung erneuerbarer Energien in Deutschland. (Quelle: Arbeitsgemeinschaft Erneuerbare Energien)

2.2.4 Der Erntefaktor, der Amortisationsfaktor

Der *Erntefaktor auch als EROJ (energy returned on invested)* bezeichnet, gibt in der Energiewirtschaft wieder, um wie viele Male die Erzeugung einer Energieanlage während ihrer Lebensdauer die zur Herstellung der Anlage benötigte Energiemenge übertrifft. Die übliche Definition lautet:

Der *Erntefaktor* ist der Quotient aus der Netto-Energieerzeugung während der geplanten Lebensdauer einer energieerzeugenden Anlage und dem kumulierten Energieverbrauch für die Herstellung der Anlage, der Betriebsmittel und der Betriebsstoffe.

Der Erntefaktor E_F beschreibt also das Verhältnis der genutzten Energie E_R zur investierten Energie E_I. Im Falle von Kraftwerken ist E_R meist Elektrizität (allgemein Exergie), während E_I die im Anlagenlebenszyklus aufgewandte „Graue Energie" beschreibt, die im Idealfall auch als Exergie angegeben werden sollte. E_I wird auch als kumulierter Energieaufwand bezeichnet

$$E_F = \frac{E_R}{E_I}. \tag{2.32}$$

Je höher dieser Wert, desto effizienter ist die Energiequelle. Er beantwortet also die Frage: „Wie oft bekommt man die hineingesteckte Energie wieder heraus?" Werte über Eins bedeuten dabei eine positive Gesamtenergiebilanz.

Der kumulierte Energieaufwand E_I setzt sich zusammen aus einem festen Anteil E_{fix} (Anlagenbau, Abbau, u. a.) und einem variablen Teil $P_I \cdot t$ (Wartung, Brennstoffbeschaffung), der mit der Zeit t zunimmt:

$$E_I(t) = E_{fix} + P_I \cdot t. \tag{2.33}$$

Die genutzte Energie $E_R(t)$ nach einer Zeit t berechnet sich aus der mittleren Nettoleistung P zu

$$E_R(t) = P \cdot t. \tag{2.34}$$

Der Erntefaktor für eine Anlage mit der Lebensdauer T wäre demnach

$$E_F(T) = \frac{E_R(T)}{E_I(T)} = \frac{P \cdot T}{E_{fix} + P_I \cdot T}. \tag{2.35}$$

Die Lebensdauer ist also eine entscheidende Komponente für den Erntefaktor.

Der Begriff ist insbesondere sinnvoll im Zusammenhang mit der Nutzung regenerativer Energiequellen. Der Erntefaktor wurde vor allem für Stromerzeugungsanlagen in verschiedenen Studien ermittelt. Vereinzelte Daten liegen aber auch vor für Solar-Kollektoren, Wärmepumpen, Fernwärme-Systeme und Wärmedämmungs-Maßnahmen.

Die *energetische Amortisationszeit* T_a ist als diejenige Zeit definiert, nach der der kumulierte Energieaufwand gleich der genutzten Energie ist, also $E_R(T_a) = E_I(T_a)$.
Daraus ergibt sich

$$T_a = \frac{E_{\text{fix}}}{P - P_I}. \tag{2.36}$$

Im Gegensatz zum Erntefaktor sagt die energetische Amortisationszeit wenig über die gesamte Effizienz eines Kraftwerks aus, da sie nicht die Lebensdauer enthält. Zum Beispiel, kann der Energieaufwand für die Brennstoffbeschaffung sehr hoch oder die Lebensdauer der Anlage nicht viel größer als die Amortisationszeit sein.

In der abweichenden Definition des *primärenergetisch bewerteten Erntefaktors* bzw. der primärenergetisch bewerteten Amortisationszeit wird die genutzte Energie E_R in diejenige Primärenergie umgerechnet, die ein hypothetisches Kraftwerk zur Bereitstellung der gleichen Energie benötigen würde. Dabei geht man von einem festen Wirkungsgrad dieses hypothetischen Kraftwerks aus, der üblicherweise mit $\eta = 34\,\%$ veranschlagt wird. Die genutzte Energie wird also einfach ersetzt durch E_R/η. Zur Unterscheidung vom Erntefaktor sei dieser „primärenergetisch bewertete" Erntefaktor hier mit $E_{F,P}$ bezeichnet. Der Zusammenhang mit dem Erntefaktor ist dann einfach

$$E_{F,P} = \frac{E_F}{\eta} \approx 3 \cdot E_F. \tag{2.37}$$

Er beantwortet also die Frage „Wie viel mehr Elektrizität erhält man, wenn der Primärbrennstoff in Bau, Betrieb, Nutzung und Brennstoffbeschaffung dieses Kraftwerks gesteckt wird, anstatt in einem bereits bestehenden Kraftwerk mit 34 % Wirkungsgrad in Elektrizität gewandelt zu werden".

Der energetischen Amortisationszeit T_a entspricht hier die „primärenergetisch bewertete Amortisationszeit" $T_{a,P}$. Der Zusammenhang zwischen beiden Größen ist:

$$T_{a,P} = \frac{P - P_I}{P/\eta - P_I} \cdot T_a \approx \frac{P - P_I}{3 \cdot P - P_I} \cdot T_a. \tag{2.38}$$

Zur Umrechnung in die energetische Amortisationszeit benötigt man also die Angabe des relativen Nutzungsaufwands P_I/P.

Man beachte, dass $E_{F,P}$ gelegentlich als „Erntefaktor" und $T_{a,P}$ als „Amortisationszeit" bezeichnet wird. Dies entspricht aber nicht der üblichen Definition und der internationalen Definition des ERoEI. Auch wird hier nicht mehr der Output („Ernte") mit Input („Saat") verglichen, sondern ein hypothetischer Input mit einem tatsächlichen Input. Es handelt sich also um einen „Ersetzungsfaktor".

In der Fachliteratur nicht einheitlich gehandhabt werden die Berücksichtigung der Energieaufwendungen für den Betrieb der Anlage wie z. B. für Wartungsarbeiten oder für

2.2 Ganzheitliche Bewertungsmethoden

den Brennstoff, sowie für Abriss und Entsorgung der Anlage und die Umrechnung von Energiemengen in eine andere Form, z. B. von Sekundär- in Primärenergie. Leider werden in vielen Veröffentlichungen hierüber nur sehr oberflächliche Angaben gemacht. Darüber hinaus haben auch unterschiedlichen Annahmen z. B. hinsichtlich Lebensdauer, Lastfaktor, Stand der Technik usw. einen wesentlichen Einfluss auf das Ergebnis. Dementsprechend schwanken die Angaben über die Höhe des Erntefaktors für die einzelnen Energieerzeugungs-Techniken stark (Tab. 2.2).

Teilweise wird für fossile Kraftwerke definitionsgemäß neben dem energetischen Aufwand für die Errichtung und Betrieb des Kraftwerks auch der eingesetzte Brennstoff mit in die Rechnung des Erntefaktors einbezogen, da dieser zur Stromerzeugung unwiderruflich verbrannt wird. Dadurch haben fossile Kraftwerke immer einen Erntefaktor kleiner Eins. Erneuerbare Energien können als einzige Kraftwerkstypen Erntefaktoren größer Eins haben, da deren Energiequellen wie etwa Wind, Wasser oder Sonne nach menschlichen Zeitmaßstäben von Generationen nicht endlich sind bzw. sich bei nachhaltiger Nutzung etwa von Waldbeständen regenerieren. Ein Vergleich zwischen fossilen und nichtfossilen Kraftwerken ist aber nach dieser Definition nicht mehr möglich, da sie für beide Kraftwerkstypen unterschiedlich ist.

Normalerweise wird deshalb in der Fachliteratur der Brennstoff bei der Berechnung des Erntefaktors nicht berücksichtigt und nur die zu Bau und Wartung benötigte Energie mit der produzierten Energie verglichen. Dadurch können verschiedene Anlagenformen unabhängig vom Brennstoff, ob fossil, nuklear oder solar, miteinander verglichen werden.

Bei den Ergebnissen der verschiedenen Untersuchungen gibt es allerdings gewisse Unterschiede. Dies hängt zum einen mit den stark unterschiedlichen, standortabhängigen Energieerträgen von Windkraftanlagen zusammen, zum anderen mit dem betrachteten Lebenszyklus. Zudem unterscheiden sich oft auch die Bilanzierungsmethoden. Teilweise wird nur die Herstellung der Anlage betrachtet (alte Untersuchungen), teilweise der Energieaufwand für Transport, Wartung über die Lebenszeit und Rückbau mit hinzugerechnet

Tab. 2.2 Zusammenstellung einiger Erntefaktoren

	Erntefaktor		Amortisationszeit	
	Ohne Energiespeicher	Mit* Energiespeicher	Ohne Energiespeicher	Mit* Energiespeicher
Gaskraftwerk (820 MW)	28		9 Tage	
Fotovoltaik, Poly-Si	4,0 – 3,8	2,3	6 Jahre	16 Jahre
Fotovoltaik, amorphes Si	2,3 – 2,1	1,6 – 1,5		
Solarthermie CSPParabolrinnen	21	9,6	1 Jahr	3,5 Jahre
Windrad (1,5 MW) E-66	16	4	1 Jahr	5 Jahre
Wasserkraftwerk (90 MW)	50	35	2 Jahre	3 Jahre
Braunkohlekraftwerk (509MW)	29 – 31		2 Monate	

*Einsatz eines Energiepeichers, um den Nutzungsgrad zu erhöhen

(neuere Untersuchungen). Hybride Analysen auf Basis von Prozessdaten und eines Input-Output-Ansatzes erfassen zudem auch die energetische Investition in den Maschinenpark beim Hersteller und den Zulieferern. Dabei ergibt sich eine energetische Amortisationszeit von weniger als einem Jahr.

Ähnlich gelagert ist die Problematik bei Fotovoltaikanlagen. Für die Herstellung, den Transport, die Wartung etc. wird Energie benötigt – unter anderem in Form von elektrischem Strom und Wärme. Diese kann man berechnen – zum Beispiel anhand der Stromrechnung der involvierten Fabriken, des Kraftstoffverbrauchs der LKW etc. Wenn die Anlage fertig gebaut ist, produziert sie Strom. Der Erntefaktor gibt dann an, wie viel mehr (elektrische) Energie die Anlage im Laufe ihres Lebens produziert als insgesamt Energie für ihre Herstellung sowie Auf- und Abbau am Lebensende benötigt wird.

Literatur

1. Schwaiger K.: Ganzheitliche energetische Bilanzierung der Energiebereitstellung (GaBiE) Teil I Allgemeiner Teil, im Auftrag der Bayerischen Forschungsstiftung FfE-Auftragsnummer: 065.1, München 1996.
2. Nitsch J.: E&M 01.11.2001.
3. Krewitt W., Schlomann, B.: External costs of electricity generation from renewable energies compared to electricity generation from fossil energy sources, German Federal Ministry for the Environment, Nature Conservation and Nuclear Safety, Berlin, 2006. sowie in Krewitt, W., Schlomann, B.: Externe Kosten der Stromerzeugung aus erneuerbaren Energien im Vergleich zur Stromerzeugung aus fossilen Energieträgern. Stuttgart/Karlsruhe 2006, Ergänzung 2007.

Ethische Fragen zur Energieerzeugung 3

Die Energieversorgung berührt Fragen des Lebensstils des Menschen sowie des Umgangs mit den natürlichen Ressourcen. Die Ethik beschäftigt sich mit derartigen Fragestellungen. Welche ethischen Fragen sich dabei stellen und welchen Beitrag die Ethik hierzu leisten kann, wird im Folgenden nach [1] aufgezeigt.

3.1 Einleitung

Befasste sich die Ethik in den 70er- und 80er-Jahren des 20. Jahrhunderts, was die Frage der Energienutzung betrifft, vor allem mit der Kernenergie, so wandte sie sich ab den 90er-Jahren im Zuge der Diskussionen um den Klimawandel dem Gesamtkomplex der Energieversorgung zu. Die Komplexität des Themas erlaubt es nicht, hier ein umfassendes Bild der Diskussionen zur Energienutzung in der Ethik wiederzugeben, statt dessen werden die ethischen Kriterien und Prinzipien dargestellt und die praktischen Konsequenzen für die Energieversorgung lediglich angedeutet.

Der Report des World Wide Fund (WWF) von 2014 [2] kommt zu dem Ergebnis, dass die Menschheit momentan jedes Jahr ca. 50 % mehr an Ressourcen verbraucht, als die Erde in derselben Zeit regenerieren und damit nachhaltig zur Verfügung stellen kann. Doch ist dies nur ein Durchschnittswert. Tendenziell gilt: je reicher und wohlstandsträchtiger die Länder, desto mehr an Ressourcen verbrauchen sie. Würde die Menschheit pro Kopf so viel verbrauchen wie ein US-Amerikaner, bräuchte man laut WWF-Studie vier Planeten Erde, bei den Deutschen wären es immerhin noch 2,6 Planeten. Auch in den bevölkerungsreichen Ländern wie China, Indien oder Südafrika geht der Trend des Ressourcenverbrauchs stark nach oben. Seit 1961 hat sich bei ihnen der Pro-Kopf-Verbrauch um ca. 65 % erhöht. Hierbei spielt der Energieverbrauch, vor allem die dabei entstehenden Abfallprodukte in der Atmosphäre u. a. durch den Klimawandel eine zentrale Rolle.

Angesichts des Ausmaßes sowie der weitreichenden Folgen, die der nicht-nachhaltige Ressourcen- und Energieverbrauch der Menschheit darstellt, ist es nicht verwunderlich, dass sich seit einigen Jahrzehnten auch die Ethik verstärkt mit dieser Problematik befasst. Dabei gibt es einen gewissen Konsens über die grundlegenden ethischen Kriterien und Prinzipien, die im Zusammenhang des Ressourcenverbrauchs und der Energienutzung von Bedeutung sind.

3.2 Ethische Grundprinzipien

In den ethischen Diskussionen stehen vor allem drei Grundprinzipien im Vordergrund: Sozialverträglichkeit, Umweltverträglichkeit und Humanverträglichkeit.

3.2.1 Sozialverträglichkeit

Damit ist gemeint, dass die Mittel zum Leben – einschließlich der dafür erforderlichen technischen Mittel, wie z. B. die Energieerzeugung –*möglichst allen Menschen* zur Verfügung stehen sollen. Allen Menschen ist eine menschenwürdige Existenz zu ermöglichen. Dies bedeutet nicht, dass jeder Mensch die gleiche Energiemenge zur Verfügung haben müsste. Es besagt aber: Der Verbrauch an Mitteln zum Leben eines Teils der Menschheit darf nicht auf Kosten des anderen Teils der Menschheit erfolgen. Technik soll demnach *sozial- und gemeinschaftsdienlich* sein.

Darin enthalten ist eine zeitliche sowie eine räumliche Dimension. Die räumliche besteht im ethischen Prinzip der *intragenerationellen oder globalen Gerechtigkeit*. Wenn – wie gegenwärtig – etwa 20–25 % der Menschheit ca. 80 % der (Energie-)Ressourcen verbrauchen, dann besteht hier aus ethischer Sicht ein Gerechtigkeitsproblem. Der „Wissenschaftliche Beirat der Bundesregierung Globale Umweltveränderungen" (WBGU) [3] legt dieses Prinzip der globalen Gerechtigkeit zugrunde und folgert daraus beispielsweise die gleiche Pro-Kopf-Verteilung an CO_2-Emissionen weltweit. Die faktisch bestehende extreme Ungleichverteilung dieser Emissionen sollen dann durch Transferleistungen – z. B. durch Hilfeleistungen in Energietechnik – bzw. Ausgleichsmaßnahmen kompensiert werden.

Die zeitliche Dimension betrifft die Auswirkungen auf die künftigen Generationen. Wenn wir, wie oben dargelegt, weit über unsere Verhältnisse leben, so dass wir nicht mehr von den Erträgen, sondern von der Substanz unseres Planeten leben, dann werden dafür vor allem die künftigen Generationen den Preis zu zahlen haben. In der Ethik wird dieses Prinzip als *intergenerationelle bzw. generative Gerechtigkeit* bezeichnet. Es besagt, dass künftigen Generationen gleiche oder zumindest ähnliche Lebensmöglichkeiten durch die lebenden Generationen hinterlassen werden sollten. Auch hier bietet der gegenwärtige Energieverbrauch – sowohl was dessen Nutzungsrate als auch dessen klimatologische Auswirkungen betrifft – Anlass zur Sorge.

3.2.2 Umweltverträglichkeit

Das Prinzip der Umweltverträglichkeit – auch Nachhhaltigkeit genannt – besagt, dass die *natürlichen Lebensgrundlagen* des Menschen – letztlich aller Lebewesen – nicht gefährdet werden dürfen. Der Verbrauch an natürlichen Ressourcen bzw. technische Eingriffe in die Natur dürfen diese nicht auf Dauer überlasten, schädigen oder gar zerstören. Eine Konkretisierung der Umweltverträglichkeit stellt das Prinzip der *Reversibilität* dar. Eingriffe des Menschen in der Natur sollen möglichst so gestaltet sein, dass sie nicht zu irreversiblen Entwicklungen bzw. Schädigungen der Natur führen. Infolgedessen sollten menschliche Eingriffe soweit wie möglich rückgängig gemacht werden können, vor allem dann, wenn sich gravierende negative Auswirkungen zeigen. Umgekehrt formuliert:

▶ *„Unterlasse alles, von dem du aufgrund deiner Folgenabschätzung nicht sicher sein kannst, ob du die erwarteten Folgen wollen kannst oder nicht."* [4]

Positiv formuliert: Um irreversible Entwicklungen möglichst zu vermeiden, bedarf es der *Optionalität bzw. Optionenvielfalt,* d. h. der Regel, bei der Entscheidung für eine bestimmte Option, z. B. eine bestimmte Form der Energietechnik, parallel dazu alternative Möglichkeiten zu entwickeln. Auf diese Weise kann ein Umsteuern bzw. ein Umstieg auf alternative Energieformen eher erfolgen, als wenn man nur auf ein Energiesystem, z. B. fossile Energieträger, setzt.

3.2.3 Humanverträglichkeit

Mit Humanverträglichkeit ist vor allem gemeint, dass das Handeln des Menschen seinen *menschlichen Möglichkeiten und Fähigkeiten* entsprechen sollte. Da der Mensch ein endliches und begrenztes Wesen ist, ist seine Unvollkommenheit und Fehlbarkeit mit zu berücksichtigen. Menschliches Handeln, das auf Vollkommenheit und Perfektheit des Handelnden zielt oder dieses voraussetzt, ist in diesem Sinne nicht humanverträglich. Dies beinhaltet, dass ein bestimmtes technisches System oder Mittel den Menschen nicht überfordern darf. Da stets damit zu rechnen ist, dass menschliches Handeln unvollkommen und fehlerhaft ist, sollte jede Art von Technik möglichst so konstruiert sein, dass menschliche Fehler möglich sein müssen, ohne dass es zu Katastrophen größeren Ausmaßes kommt. Dies wird auch als Fehlerfreundlichkeit bezeichnet:

Fehler in einem technischen System – seien sie auf technisches oder menschliches Versagen zurückzuführen – müssen möglich sein, ohne dass sie zu Katastrophen mit irreversiblen Schäden für Mensch und Umwelt führen.

Oder anders formuliert:

▶ *„Unterlasse alles, was einen unannehmbaren Schaden für die Menschheit zur Folge haben könnte, auch wenn die zu erwartende Eintrittswahrscheinlichkeit noch so gering ist."* [5]

Neben der Fehlerfreundlichkeit beinhaltet die Humanverträglichkeit das Kriterium der Partizipation: Entscheidungen, die weitreichende Folgen für das Leben des einzelnen haben und von denen sehr viele betroffen sind, setzen die Mitsprache bzw. Mitentscheidung der Betroffenen voraus, z. B. durch öffentliche Meinungsbildungsprozesse bzw. falls die Betroffenen noch gar nicht existieren, wie bei den künftigen Generationen, auch advokatorisch. Hier geht es vor allem um soziale Akzeptanz, aber auch um den Schutz der Interessen von Minderheiten und Schwächeren.

3.3 Ethische Vorzugsregeln

Da die vorgestellten ethischen Prinzipien allgemeine Messlatten und Orientierungsmaßstäbe sind, werden in der Ethik Vorzugsregeln diskutiert, um auf die konkret-praktische Ebene bezogen werden zu können.

Eine dieser Vorzugsregeln ist die Risikoregel. Sie besagt, größte Risiken, die die Lebensgrundlagen und Lebensqualität einer Region, eines Landes oder gar der Menschheit insgesamt gefährden, sollten möglichst nicht eingegangen werden. Für Risiken unterhalb der Größtrisiken gilt die Risikominierungsregel, sie besagt:

▶ *„Tue alles dafür, bestehende oder künftige Risiken soweit wie möglich zu minimieren."*

Komplementär zur Risikoregel steht die *Vorsichtsregel*. Diese lässt sich so formulieren:

▶ *„Gehe bei der Einführung einer neuen Technologie mit der größtmöglichen Vorsicht und in kleinen Schritten vor."*

Auf diese Weise können auftretende negative Begleiterscheinungen so rechtzeitig erkannt werden, dass sie korrigierbar sind oder durch alternative Maßnahmen ersetzt werden können. Die Vorsichtsregel beinhaltet eine prinzipielle Bevorzugung von vielen kleineren und dezentralen gegenüber wenigen großen und zentralen Technologien.

3.4 Konkretion für die Energieerzeugung und – nutzung

Diese drei ethischen Regeln sind nicht die einzigen, die in der ethischen Diskussion aufgestellt werden. Aber sie sind zentral und von Relevanz für die Frage der Energienutzung.

Die Ethik kann mittels ihrer Prinzipien und Kriterien keine eigenen Lösungswege für die Energieerzeugung generieren, da ihr das nötige technische Sachwissen fehlt. Aber sie kann Konvergenzkriterien angeben, in welche Richtung sich Lösungsmodelle bewegen sollten bzw. in welche nicht. Dabei wird die Ethik solche Modelle favorisieren, die auf

- einen sorgsamen, weniger verschwenderischen Umgang mit Energie-Ressourcen setzt,
- nicht-erneuerbare durch erneuerbare Energieträger und -systeme ersetzt,

- Systeme mit hohem Risikopotenzial durch solche mit niedrigem Risikopotenzial kompensiert,
- die möglichen Auswirkungen auf Menschen in ärmeren Ländern sowie auf die künftigen Generationen mit bedenkt,
- sich für einen „neuen Lebensstil" stark macht, der anstelle von immer mehr materiellem Wohlstand die Frage der Lebensqualität ins Zentrum rückt, der Frage sowohl individuell als auch gesellschaftlich Raum gibt, was wir wirklich für ein „gutes Leben" brauchen und was nicht.

Es existiert inzwischen eine Vielzahl an Konzepten und Modellen, wie die Menschheit die für ihr Leben und Überleben erforderlichen Ressourcen und Energieträger akquirieren kann, ohne den Planeten Erde und dessen Atmosphäre zu übernutzen oder zu schädigen. Hier wären z. B. das Faktor 4- bzw. Faktor 10-Konzept des Wuppertal Instituts für Klima, Umwelt, Energie [6] zu nennen, das die Senkung des Energieverbrauchs in den Industriestaaten auf ein Zehntel des gegenwärtigen Verbrauchs für bereits jetzt technisch realisierbar halten, oder das Modell des WBGU [3], der eine Reduktion der CO_2-Emissionen und des entsprechenden Verbrauchs an fossilen Energieträgern um 80–90 % des gegenwärtigen Standes in den Industriestaaten für möglich hält. Alle diese Konzepte kulminieren in der Forderung nach einer weitgehenden „Dematerialisierung" der gegenwärtigen Lebens- und Wirtschaftsweise in den Industrieländern. Selbst Manager von Energiekonzernen betonen inzwischen die Chancen, die eine Energiewende hin zu mehr Nachhaltigkeit hat. So sagt jüngst Heinz Rosenbaum, Geschäftsführer von Eon Energie Deutschland: „Für Unternehmen kann die Energiewende gute und nachhaltige Perspektiven eröffnen. Denn langfristig können sich gerade die deutschen Unternehmen durch den intelligenten Einsatz von Energie, innovative Produkte und dezentrale Erzeugung Vorteile auf dem Weltmarkt sichern." [7]

3.5 Fazit

Da die Ethik, wie bereits angedeutet, keine eigenen Lösungskonzepte bieten kann, jedoch Konvergenzkriterien angeben kann, ist das Überschreiten der disziplinären Grenzen der Einzelwissenschaften unerlässlich. Ohne interdisziplinäre Verständigung und Austausch wird die Herkulesaufgabe der Sicherung der Ressourcen- und Energieversorgung der Menschheit heute und in der Zukunft nicht gelingen.

Literatur

1. Stübinger, E.: Ethische Fragen der Energieerzeugung. In: Joos, F. (Hrsg.) Energiewende quo – vadis? Springer-Vieweg 2016.
2. World Wide Fund: „Living Planet Report 2014", nach: Frankfurter Rundschau Nr. 228 vom 1. Oktober 2014, S. 29.
3. Wissenschaftlicher Beirat der Bundesregierung Globale Umweltveränderungen: Kassensturz für den Weltklimavertrag – Der Budgetansatz. Sondergutachten, Berlin 2009, S. 22 ff.

4. Zimmerli, W. Ch.: Prognose und Wert: Grenzen einer Philosophie des „Technology Assessment", in: F. Rapp/P.T. Durbin (Hg.): Technikphilosophie in der Diskussion, Braunschweig/Wiesbaden 1982, 139–156; hier: 152.
5. Ropohl, G.: Ob man die Amivalenzen des technischen Fortschritts mit einer neuen Ethik meistern kann, in: Technikverantwortung: Güterabwägung – Risikobewertung – Verhaltenskodizes, hg. von H. Lenk, M. Maring, Frankfurt a. M.; New York 1991, 47–78; hier: 67.
6. Schmidt-Bleek, F.: Das MIPS-Konzept: weniger Naturverbrauch – mehr Lebensqualität durch Faktor 10. München 2000.
7. Frankfurter Allgemeine Zeitung: Verlagsspezial Energie, vom 23. September 2014, V3.

Energieszenarien

4

„Energieszenarien spielen in der gegenwärtigen energiepolitischen Diskussion im Rahmen der „Energiewende" eine wichtige Rolle. Sie sollen Entscheidungen unterstützen und Orientierung bieten. Ihre Vielzahl, Heterogenität und teilweise auch die Intransparenz hinsichtlich der getroffenen Annahmen und Modellstruktur erschweren jedoch ihr Verständnis und ihre angemessene Verwendung" schreiben [1] und [2] in Ihrer Analyse zur Interpretation von Energieszenarien, die den Abschn. 4.3 bis 4.7 zugrunde liegt. Grundsätzlich trifft dies auch in der Diskussion der Klimaveränderung zu, deren Diskussion über die Ursachen und Auswirkungen stark durch die unterschiedlichsten Szenarien beherrscht wird.

4.1 Einleitung

Szenarien können bei richtiger Interpretation vielfachen Nutzen stiften und werden deshalb unter vielen Aspekten von unterschiedlichen Interessenten erstellt und publiziert:

- Sie können zeigen, dass oder unter welchen Umständen gewünschte oder befürchtete zukünftige Entwicklungen eintreffen könnten.
- Sie dienen als Mittel, um über die Energiezukunft zu diskutieren.
- Sie können Sichtweisen aus vielen Disziplinen und von vielen Akteuren integrieren.
- Sie können helfen, politische Handlungsalternativen zu bewerten.

Mit Szenarien können Wissensbestände und Überzeugungen unterschiedlicher Akteure integriert werden. Insbesondere können Szenarien ein wichtiges Medium der gesellschaftlichen Aushandlung über gewünschte zukünftige Entwicklungen sein und Handlungsoptionen aufzeigen. Eine breite Beteiligung der Öffentlichkeit bei der Erstellung von Szenarien und ihre transparente Darstellung sind wichtige Voraussetzungen hierfür.

Einführend sollen zwei aktuelle Szenarien zur Energieversorgung in Deutschland, die im Rahmen einer Kurzstudie für den Bundesverband Erneuerbare Energien e.V. von [3] untersucht wurden, vorgestellt werden.

4.2 Aktuelle Szenarien der deutschen Energieversorgung

Die Studie von [3] basiert auf dem Szenario SZEN-16 „TREND" als Referenz, das ausgehend vom Status am Jahresende 2015 die Wirkungen der derzeit von der Bundesregierung formulierten energiepolitischen Aktionsprogramme und Planungen zugrunde legt. Ausgangsbasis sind das Erreichen der Zielsetzungen des Energie- und Klimaschutzkonzepts aus dem Jahr 2011 für die Stromerzeugung aus erneuerbaren Energien ergänzt um die Zielvorgaben des EEG 2014.

In der Studie wird der Status Quo analysiert. Die Projektion auf das Jahr 2050 führt auf den Schluss, dass die aktuell angestrebten Maßnahmen nicht ausreichen werden, das gesetzte Ziel zu erreichen. Deswegen wird normativ ein Zielszenarium SZEN-16 „KLIMA 2050" unter Berücksichtigung entsprechender Maßnahmen formuliert. Das obere Reduktionsziel des Energiekonzepts 2011 für die Treibhausgasemissionen (THG) von − 95 % soll im revidierten Vorschlag der Studie mittels einer ausgewogenen Kombination von Effizienzsteigerungen und EE-Ausbau in allen Sektoren bis 2050 erreicht werden. Dazu ist ausgehend vom derzeitigen Stand eine praktisch 100 %ige EE-Energieversorgung erforderlich. Das untere THG-Reduktionsziel von − 80 % im Jahr 2050 reicht nach den Erkenntnissen der Pariser Klimakonferenz (COP 21) vom Dezember 2015 nicht mehr aus, wenn ein Industrieland wie Deutschland seinen angemessenen Beitrag zur Sicherstellung des globalen 2°C-Ziels bis 2050 leisten soll. Um deutlich unter der 2 °C Marke zu bleiben, müsste Deutschland bereits bis 2040 eine praktisch 100 %ig dekarbonisierte Energieversorgung schaffen. Die dazu erforderliche erhebliche Umstrukturierungsdynamik bis 2040 wird beispielhaft im Szenario SZEN-16 „KLIMA 2040" dargestellt. Auch in den Klimaschutzszenarien SZEN-2016 „KLIMA 2050" und „KLIMA 2040" wird diese Zielmarke knapp verfehlt, bzw. erst zwei Jahre später erreicht (Abb. 4.1).

In den Szenarien zeigt sich, dass ein Aufholen des Effizienzbeitrags (EFF) zur Treibhausgasminderung eintreten muss, damit die Klimaschutzziele erreicht werden können. Er muss bereits innerhalb des nächsten Jahrzehnts eine ähnliche Wirkung erreichen, wie die CO_2-Minderung durch den Ausbau der EE.

Abb. 4.2 zeigt, dass die Abweichungen zwischen einer Trendentwicklung und dem anzustreben Klimaschutzpfad rasch erhebliche Ausmaße annehmen. Bereits in 2030 „fehlen" rund 800 PJ/a er, d. h. zusätzlicher EE-Endenergie und es werden rund 1250 PJ/a zu viel Primärenergie verbraucht. Ändern sich daher die energiepolitischen Rahmenbedingungen in nächster Zeit nicht erheblich, insbesondere hinsichtlich wesentlich deutlicher Anreize für Effizienzsteigerungen im Wärme- und im Verkehrssektor sowie hinsichtlich

4.2 Aktuelle Szenarien der deutschen Energieversorgung

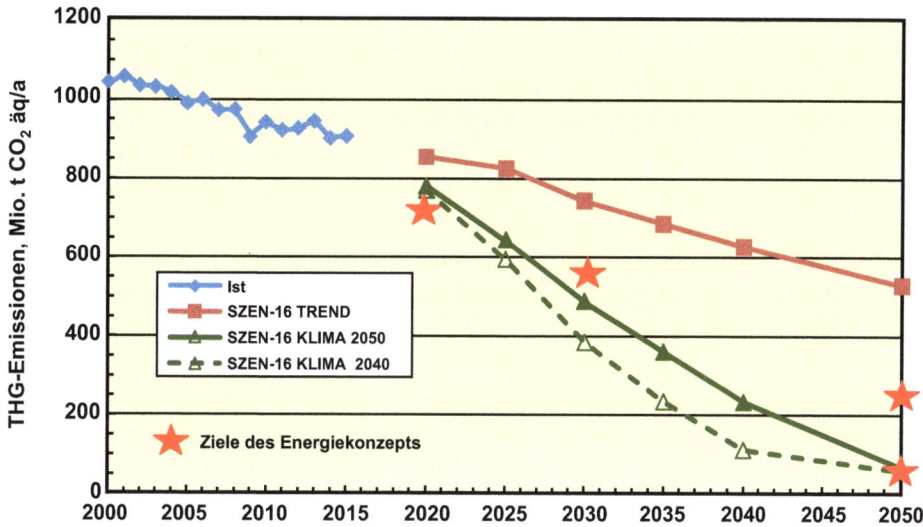

Abb. 4.1 Bisheriger Verlauf der gesamten nationalen Treibhausgas (THG)-Emissionen und Entwicklung in den Szenarien SZEN-16 „TREND", SZEN-16 „KLIMA 2050" und SZEN-16 „KLIMA 2040" im Vergleich zu den Zielen des Energiekonzepts. (Quelle für Ist: UBA 2016, [3])

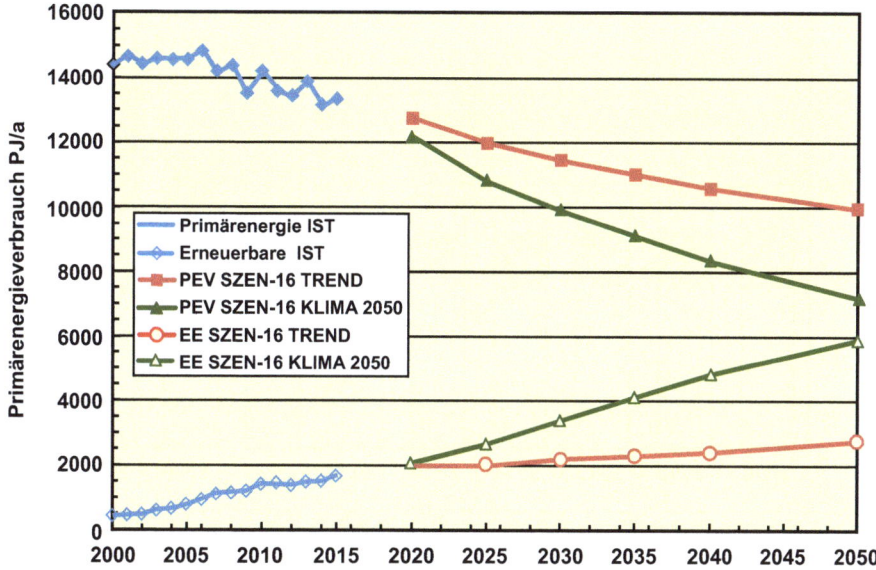

Abb. 4.2 Zusammenwirken von Effizienzstrategie und EE-Ausbau zur Erreichung des Klimaschutzziels [3]

eines erheblich stärkeren Ausbaus von EE-Wärme, so werden im nächsten Jahrzehnt gravierende Kursänderungen erforderlich, wenn das angestrebte längerfristige Klimaschutzziel noch rechtzeitig erreicht werden soll.

Um die Klimaziele bei einem sinkenden Primärenergieverbrauch zu erreichen, müssen vermehrt nachhaltige Energiequellen genutzt werden, die nach derzeitigem Stand der Technik über Windenergie und Fotovoltaik elektrischen Strom liefern. Das hier entstehende Überangebot unter Spitzenzeiten muss Wärmetechnisch genutzt werden. SZEN-16 „KLIMA 2050" geht somit von einem steigenden Strombedarf aus.

Die Ursache für den steigenden Strombedarf zeigt Abb. 4.3. Zwar sinkt durch Effizienzmaßnahmen der Stromverbrauch für die konventionelle Stromnutzung, im Beispiel des Szenarios SZEN-16 „KLIMA2050" um 12 % bis 2050. EE-Strom als die zukünftige Hauptenergiequelle erschließt jedoch andere Nutzungsbereiche. Dies sind bereits kurz- bis mittelfristig neben Wärmepumpen für Heizzwecke und Elektromobilität auch ein verstärkter Einsatz von EE-Strom für industrielle Prozesswärme und die Einspeisung von EE-Überschussstrom in Wärmenetze (Power to Heat). Längerfristig ist die Überführung eines Teils des fluktuierenden EE-Stroms in eine chemisch speicherbare Form (Power to Gas) unerlässlich. Im Szenario ist dies direkt als EE-Wasserstoff berücksichtigt. Es kommen

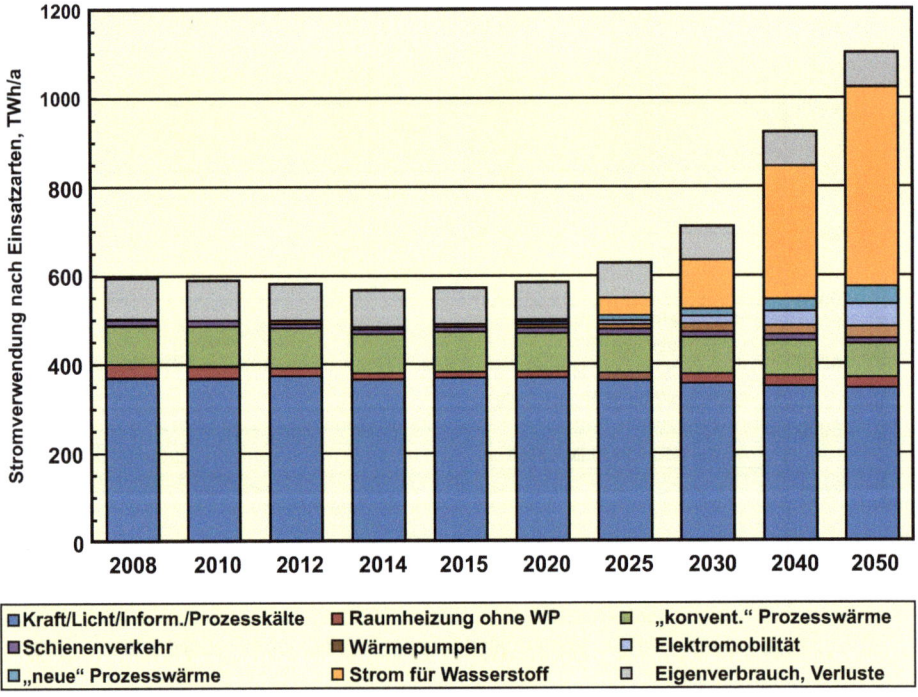

Abb. 4.3 Bruttostromerzeugung für „konventionelle" und „neue" Stromverwendungen in SZEN-16 „KLIMA 2050". „Neue" Stromverwendungen sind: Wärmepumpen, Elektromobilität, „Power to Heat" für Prozesswärme und Wärmenetze; „Power to Gas" (Wasserstoff) für KWK, Prozesswärme und chemische Industrie sowie Kraftstoffe [3]

aber gegebenenfalls auch EE-Methan oder synthetische flüssige Energieträger für den Verkehrssektor (z. B. Flugverkehr) infrage. Diese auf EE-Strom basierenden Energieträger können in einer 100 % EE-Versorgung in allen Nutzungsbereichen (Stromerzeugung mittels KWK, HT-Wärme, Verkehr, Chemie) die Rolle der heutigen fossilen Energieträger ersetzten.

Die Klimaschutzziele des Energiekonzepts erfordern bis 2050 einen völligen Umbau der Wärmeversorgung. Die dafür erforderlichen Strukturveränderungen werden im Szenario SZEN-16 „KLIMA 2050" abgebildet. Der gesamte Wärmeverbrauch (Raumheizung, Warmwasser, Prozesswärme) wird um mehr als die Hälfte reduziert, am deutlichsten im Bereich der Gebäudewärme. Die Einzelversorgungen mit Heizöl und Gas verschwinden vollständig. Der Anteil von Einzelheizungen als Wärmepumpen oder Biomasse, geht erheblich zurück, EE-Wärme wird überwiegend basierend auf Biomasse, Solarkollektoren, Umweltwärme und Geothermie, längerfristig auch EE-Wasserstoff via KWK und HT-Wärme, mittels Netzen bereitgestellt.

Neben einem erheblich stärkeren Wachstum von Solarwärme und Umweltwärme bzw. Geothermie ist auch die weitere Ausschöpfung des restlichen Biomassepotenzial für Wärmezwecke von derzeit 140 TWh/a auf 160 TWh/a erforderlich. Diese Ausschöpfung ist aber eng an den weiteren Ausbau von KWK-Anlagen als die effizienteste Nutzung geknüpft. Damit kommt der weiteren Entwicklung der Biomasse im Rahmen des EEG auch für den Wärmebereich eine erhebliche Bedeutung zu. Ab dem Jahr 2025 werden im SZEN-16 „KLIMA2050" die Primärenergieträger EE-Wasserstoff, tiefe Geothermie, Umweltwärme Solarthermie und Biomasse den Wärmebedarf abdecken.

Im Verkehrssektor ist bisher noch nichts von der Energiewende bemerkbar. Seit 2003 ist sein Energieverbrauch praktisch nicht mehr gesunken, der Verbrauch des Jahres 2015 liegt mit 2656 PJ/a sogar leicht über dem für das Energiekonzept gewählten Bezugswert des Jahres 2008. Mit 185 Mio. t CO_2/a stammen 23 % der nationalen CO_2-Emissionen aus dem Verkehr. Auch der EE-Anteil am gesamten Endenergieverbrauch des Verkehrs ist mit knapp 5 % noch gering. Aus heutiger Sicht ist das Effizienzziel im Verkehr für das Jahr 2020 (−10 % Minderung gegenüber 2008 nicht mehr erreichbar [3].

Der Verkehrssektor bietet derzeit große Effizienzpotenziale [3], wenn die technischen Effizienzgewinne mit einem „Downsizing" der PKW-Flotte, unterstützt durch eine allgemeine Geschwindigkeitsbegrenzung und weitere Anreize für kleinere PKW, verknüpft werden. Eine weitere Steigerung des öffentlichen Nahverkehrs bei gleichzeitiger Einschränkungen für den motorisierten Individualverkehr in Ballungsräumen (u. a. „City Maut": Anpassung Steuer für Dieselkraftstoff) ist ebenfalls notwendig. Im Güterverkehr ist insbesondere eine deutliche Verlagerung von Güterverkehr auf die Schiene von großer Bedeutung und längst überfällig. Diese und weitere Strukturveränderungen werden im Szenario SZEN-16 KLIMA 2050 unterstellt und können bis 2050 zu einer Halbierung des Endenergieverbrauchs im Verkehr führen. Zudem sollen fossile Kraftstoffe durch EE-Wasserstoff, Elektrizität und Biokraftstoffe ersetzt werden.

Die derzeitigen energiepolitischen Aktivitäten (Aktionsprogramm „Klimaschutz"; NAPE; Strommarkt 2.0; neues KWK-G) zeigen, dass die Politik das Problem zwar erkannt hat, aber bei der wirksamen Umsetzung im Verzug ist, [3]. Um die Klimaziele einzuhalten, ist eine starke Reduktion der Primärenergie sowie eine völlige Vermeidung fossiler Energieträger notwendig. Trotz dieser Maßnahmen ergibt sich selbst bei einer Einsparung von Primärenergie eine Deckungslücke in Höhe des Beitrags der Solarenergie, der nach derzeitigem Stand durch Stromimporte zu decken wäre. Das SZEN-2016 „KLIMA 2050" berücksichtigt demgegenüber zur CO_2-neutralen Deckung sogar Kernenergie, wodurch die gravierende Bedeutung der Deckungslücke erkennbar wird.

4.3 Energieszenarien

Wie vorangehend gezeigt, haben sich Szenarien in vielen Bereichen als Standardkonzept für das systematische „Nachdenken über die Zukunft" etabliert. Besonders häufig sind sie dort anzutreffen, wo ein Bedarf nach Orientierung besteht, weil Problemstellungen von übergreifender, gesellschaftlicher Bedeutung sind. Auch bestehen große Unsicherheiten über die Ausprägung wesentlicher Einflussgrößen, so dass unterschiedliches Wissen, verschiedene Meinungen und Ansichten über Szenarien zu integrieren sind.

Dies trifft auch auf die zukünftige Energieversorgung zu. So sind Entscheidungen zur Ausgestaltung des Energiesystems mit weit in die Zukunft reichenden Festlegungen sowie erheblichen ökonomischen, ökologischen und sozialen Konsequenzen verbunden. Dies betrifft nicht nur Entscheidungen über die Erforschung und Entwicklung neuer Technologien, sondern gerade auch Entscheidungen über den Ausbau konkreter Technologien, wie etwa die Errichtung bestimmter Kraftwerke, den Ausbau von Übertragungsleitungen, von Speichern aber auch der Unterstützung der Sektorkopplung. Schließlich geht es dabei nicht nur um Investitionen, die sich erst nach Jahrzehnten amortisieren, sondern unter Umständen auch um langfristige Konsequenzen, die weit über die Betriebsdauer der Anlage hinausreichen, man denke etwa an die Lagerung des radioaktiven Abfalls aus Kernkraftwerken.

Vor diesem Hintergrund sind Energieszenarien zu einem zentralen Element der gesellschaftlichen Auseinandersetzung über die Gestaltung der zukünftigen Energieversorgung geworden. Sie werden jährlich in großer Zahl veröffentlicht, meist als Gutachten, die von wissenschaftlichen Instituten im Auftrag staatlicher Institutionen, Unternehmen oder zivilgesellschaftlicher Organisationen erstellt werden. Abb. 4.4 illustriert die Unterschiedlichkeit und Bandbreite verfügbarer Energieszenarien anhand der in ihnen berechneten CO_2-Emissionsverläufe.

Energieszenarien werden zu unterschiedlichen Zwecken veröffentlicht und an unterschiedlichen Stellen in der Gesellschaft rezipiert und verwendet. Einerseits sollen sie das verfügbare Wissen über bestimmte Aspekte von Energiesystemen erfassen sowie die dabei bestehenden Unsicherheiten und Handlungsoptionen in Form alternativer zukünftiger Entwicklungen beschreiben. Hier wird mit ihnen vor allem die Hoffnung verbunden, auf ihrer Grundlage rationale, reflektierte oder doch zumindest gut informierte Entscheidungen treffen zu können. Andererseits transportieren Energieszenarien auch politische

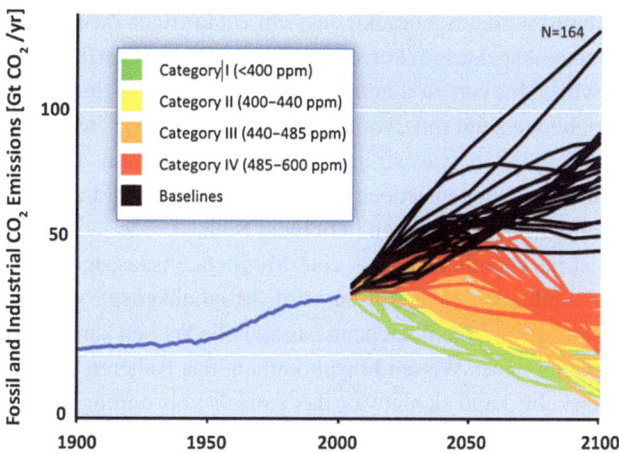

Abb. 4.4 Entwicklung der globalen anthropogenen CO_2-Emissionen und Projektionen von 164 Langfrist-Szenarien basierend u. a. auf IPCC AR4, WGIII [1]

Zielsetzungen und Möglichkeiten ihrer Erreichung, Weltanschauungen sowie sonstige normative Überzeugungen. Durch die Veröffentlichung der Szenarien werden diese zumindest teilweise für eine kritische Auseinandersetzung zugänglich gemacht. Gerade durch ihre Vielgestaltigkeit können Energieszenarien so zu einem wichtigen Medium der gesellschaftlichen Aushandlung über die Gestaltung der zukünftigen Energieversorgung werden.

4.4 Grundlegender Aufbau von Szenarien

Ein Szenario beschreibt eine aus aktuellem Wissen für möglich gehaltene zukünftige Entwicklung. Da sich das aktuelle Wissen verändert, können bisher als unmöglich eingeschätzte zukünftige Entwicklungen möglich werden und umgekehrt. Um systematisch über die Zukunft nachdenken sowie Vorstellungen über sie strukturiert entwickeln und artikulieren zu können, hat sich eine Reihe von Konzepten herausgebildet.

Die Grenzen zwischen Szenarien, Prognosen, Visionen oder auch Roadmaps sind zwar fließend und auch der Begriff des Szenarios selbst wird nicht einheitlich verwendet. Im Kern lassen sich Szenarien jedoch dadurch charakterisieren, dass mit ihnen die Zukunft gleichzeitig als analysierbar, unsicher und zumindest in Teilen gestaltbar, begriffen wird. Das sprachliche Mittel, mit dem in Szenarien üblicherweise versucht wird, Unsicherheiten und Gestaltbarkeit sichtbar zu machen, sind Möglichkeitsaussagen.

Gerade im Energiebereich wird außerdem angenommen, dass die Zukunft mit wissenschaftlichen Mitteln, insbesondere mit Computermodellen, zumindest teilweise systematisch analysierbar ist. Daher basieren die meisten Energieszenarien im Kern auf Computerberechnungen.

Mit einem Szenario wird ausgedrückt, dass ein zukünftiger Zustand oder eine zukünftige Entwicklung eines Aspektes für konsistent mit dem aktuell verfügbaren und relevanten Wissen gehalten wird. Hiervon zu unterscheiden ist das allgemeine Verständnis, wonach „möglich" als gleichbedeutend mit „vorstellbar" oder „denkbar" angesehen wird. In diesem Fall wäre all das möglich, was wir uns mit unseren Begriffen vorstellen können. Falls diese allgemeinen Vorstellungen jedoch unserem Wissen über die Welt widersprechen, handelt es sich nicht um Möglichkeiten in obigem Sinn.

Des Weiteren ist hervorzuheben, dass eine Möglichkeitsaussage immer nur in Bezug auf das jeweils aktuelle Wissen getroffen wird. Möglichkeitsaussagen und damit auch Szenarien sind also prinzipiell fehlbar, denn das aktuelle Wissen kann sich später als falsch erweisen, oder es kann neues Wissen hinzukommen, das früheren Möglichkeitsaussagen widerspricht. Umgekehrt kann sich etwas, das zunächst als unmöglich angesehen wurde, später doch noch als möglich erweisen. Damit wird auch deutlich: Wenn über einen Gegenstand wenig gewusst wird, ist relativ viel möglich. Schließlich ist ja alles möglich, was nicht im Widerspruch zum relevanten Wissen steht.

Per se sind Szenarien weder deterministische Prognosen noch Wahrscheinlichkeitsprognosen. Mit einer deterministischen Prognose wird behauptet, dass etwas mit Sicherheit der Fall sein wird. Eine Wahrscheinlichkeitsprognose drückt aus, dass etwas mit einer bestimmten Wahrscheinlichkeit der Fall sein wird.

4.5 Vorgehen bei der Formulierung

Die Erstellungsprozesse von Szenarien insbesondere auch von Energieszenarien sind äußerst unterschiedlich. Zwei grundlegende Ansätze sind zu unterscheiden. Einerseits handelt es sich um das meist als Forecasting bezeichnete Vorgehen, in dem sogenannte explorative Szenarien erstellt werden, und andererseits das als Backcasting bezeichnete Vorgehen, in dem sogenannte Zielszenarien erstellt werden, Abb. 4.5.

Explorative Szenarien werden gelegentlich auch als „deskriptive" oder als „indikative Szenarien" bezeichnet. Die Grundidee besteht darin, dass von der Gegenwart aus mögliche zukünftige Entwicklungen eines Systems ergebnisoffen erdacht, identifiziert oder berechnet werden, unabhängig davon, ob diese zukünftigen Entwicklungen gewünscht sind oder nicht.

Zielszenarien werden gelegentlich auch als „normative Szenarien" bezeichnet, wobei dies verwirrend sein kann, da normative Kriterien auch bei der Auswahl und Analyse explorativer Szenarien relevant sein können. Die Grundidee bei Zielszenarien ist, dass zunächst gewünschte zukünftige Zielzustände des interessierenden Systems definiert werden und dann gewissermaßen „rückwärts" mögliche Entwicklungen identifiziert werden, mit denen diese von der Gegenwart aus erreicht werden können. Dabei müssen die so identifizierten Szenarien offenkundig weiterhin die Anforderung der Konsistenz mit dem aktuellen Wissen erfüllen. Andernfalls würden sie zwar gewünschte Zustände beschreiben, aber es wäre unklar, ob sie auch möglich sind.

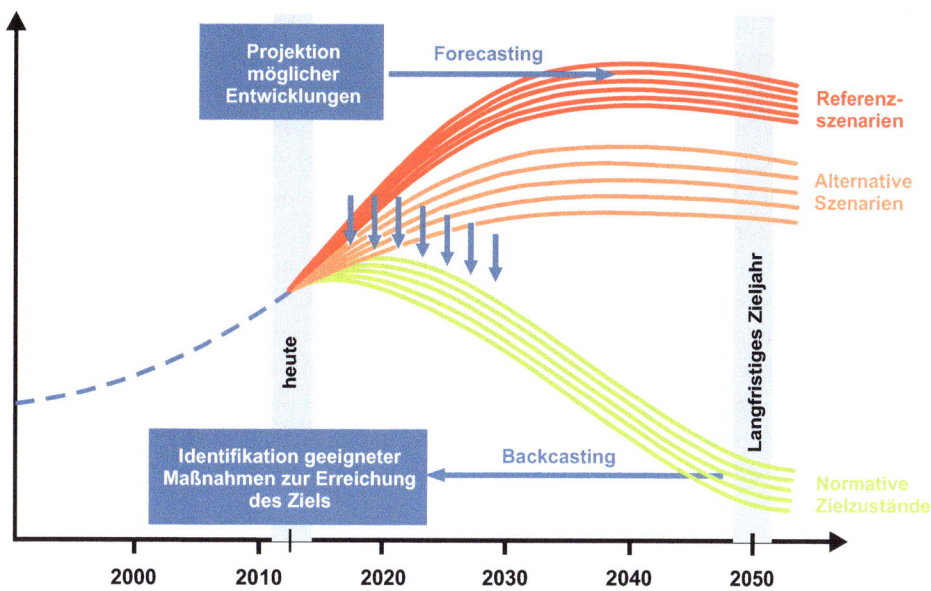

Abb. 4.5 Illustration der Vorgehensweisen Forecasting und Backcasting [1]

4.6 Modelle als Grundlagen von Szenarien

Wird versucht, mit Szenarien wissenschaftliche Fragestellungen zu beantworten, sind meist keine einzelnen Größen eines Gegenstandsbereiches von Interesse, sondern Systeme zu betrachten, die durch eine Vielzahl von Größen beschrieben werden und die zudem noch miteinander in Wechselwirkung stehen. Dies gilt auch im Themenbereich von Energieszenarien, in denen das Energiesystem anhand technischer, ökonomischer, sozialer und anderer Größen und Wechselwirkungen betrachtet wird. Um diese Komplexität handhabbar zu machen, werden oft idealisierte Computermodelle erstellt, die den Gegenstandsbereich angemessen repräsentieren sollen und mit deren Hilfe dann Szenarien berechnet werden können.

Zur Erstellung eines solchen Modells müssen grundlegende Entscheidungen getroffen werden, die unmittelbar für das Verständnis der mit ihnen erzeugten Szenarien relevant sind. Dies betrifft insbesondere die Festlegung des zu betrachtenden Systems und seiner Grenzen. Zum anderen muss aber auch festgelegt werden, in welcher Hinsicht dieses System untersucht werden soll. So könnte sich eine Analyse etwa auf technisch-physikalische Aspekte beschränken und hierzu Stoff- und Energieströme betrachten. Eine andere Analyse könnte dagegen die ökonomische Interaktion von Agenten oder Sektoren im betreffenden System betrachten und hierzu Güter und Kapitalströme in monetären Einheiten untersuchen. Eng hiermit verbunden ist die Festlegung darauf, welche Wechselwirkungen innerhalb des Systems sowie des Systems mit seiner Umwelt untersucht werden und welche Annahmen hierbei getroffen werden.

Die Eigenschaften der unterschiedlichen Modelle wirken sich stark auf die Eigenschaften der mit ihnen generierten Szenarien aus. Die Modelle enthalten in der Regel Vereinfachungen und Idealisierungen, deren Status teilweise umstritten sein kann. So werden manche dieser Annahmen als unrealistisch diskutiert und es ist in der aktuellen wissenschafts- und erkenntnistheoretischen Debatte umstritten, welche Aussagen mit Modellen begründet werden können, die solche Modellannahmen enthalten. Stehen diese im Widerspruch zum Wissen über den Gegenstand, ist es sogar fraglich, ob es mit solchen Modellen überhaupt gelingt, Möglichkeitsaussagen zu verifizieren. Denn wenn das Modell Annahmen enthält, die im Widerspruch zum Wissen über den modellierten Gegenstand stehen, scheint nicht einmal das Modell selbst möglich im zuvor eingeführten Sinne zu sein.

Modell und Szenario hängen grundlegend zusammen. Die Redeweise, ein Szenario mit einem Modell zu berechnen, ist somit irreführend. Denn es wird ja nur ein Teil des Szenarios unter dem Aspekt der getroffenen Idealisierung und Annahmen mit ihm berechnet und dementsprechend mit dem Modell selbst auch nur deren Aussagen extrapoliert.

4.7 Aussagen eines Energieszenarios

Mit einem Szenario können neue Möglichkeiten, genauer gesagt, neue Möglichkeitshypothesen artikuliert werden. Da beim Formulieren einer Möglichkeitshypothese noch nicht nachgewiesen werden muss, dass sie konsistent mit dem relevanten Wissen ist, können hierbei insbesondere auch Modelle zum Einsatz kommen, die inkonsistent mit unserem Wissen sind, etwa weil sie unrealistische Annahmen enthalten.

Szenarien können eine Reihe von Funktionen erfüllen. Eine davon ist die eines Führungswerkzeugs, indem Szenarien dazu verwendet werden, strategische Entscheidungen oder Überzeugungen zu kommunizieren und durchzusetzen. Eine zweite, damit verbundene Funktion besteht darin, das systematische Nachdenken über Unsicherheiten einzuführen.

Szenarien können wichtige kommunikative Funktionen in der demokratischen Verständigung von Wissenschaft, Wirtschaft, Politik und Zivilgesellschaft übernehmen, indem mit ihnen von unterschiedlichen Akteuren Vorstellungen über die Zukunft kommuniziert und damit überhaupt erst für eine Auseinandersetzung zugänglich gemacht werden. Szenarien können also als wertvolles Material für eine Auseinandersetzung dienen, in der die Gesellschaft sich eine Meinung über wünschenswerte oder nicht wünschenswerte Entwicklungen bildet. Sie sind Medium für die Aushandlung umstrittener Zukunft in pluralistischen Gesellschaften. Ausreichend anschaulich und zugänglich gestaltet, können Szenarien hier als Katalysatoren für Debatten über kritische Fragen dienen.

Vielleicht das wichtigste und gleichzeitig anspruchsvollste Erkenntnisziel, das mit vergleichenden Szenarioanalysen angestrebt wird, ist die Identifikation von robusten Entwicklungen oder Maßnahmen. Gemeint sind Entwicklungen, die sich in allen relevanten möglichen Entwicklungen einstellen, beziehungsweise solche Maßnahmen, deren Einführung unter allen relevanten möglichen Entwicklungen sinnvoll ist. In beiden Fällen ist es also das Ziel, trotz Unsicherheiten zumindest in gewissen Grenzen verallgemeinerbare

Aussagen über künftige Entwicklungen zu treffen. Der wesentliche Unterschied beider Varianten besteht darin, dass mit robusten Entwicklungen solche gemeint sind, die nicht direkt vom Adressaten beeinflusst werden können, also zu den Rahmenbedingungen seiner Handlungen gehören, während mit robusten Maßnahmen gerade Handlungen gemeint sind, mit deren Hilfe der Adressat Einfluss auf den betreffenden Gegenstand nehmen kann.

4.8 Zusammenfassung

Energieszenariostudien sollen belastbares Wissen über den Gestaltungsspielraum im Energiesystem für politische Entscheidungen und für die öffentliche Debatte zur Verfügung stellen. Damit sie diese Aufgaben erfüllen können, müssen sie drei grundlegende Anforderungen erfüllen. Diese gelten in ihrer allgemeinen Form für jede Form der wissenschaftlichen Politikberatung. Energieszenariostudien müssen wissenschaftlich akzeptierte, aktuelle Methoden, Modelle und Daten zur Sicherung der wissenschaftlichen Validität verwenden und Ergebnis offen durchgeführt werden. Erforderlich ist eine Adressaten gerechte Darstellung von Methoden, Modellen und Daten und ihrer Bedeutung für die Ergebnisse sowie des Ausmaßes und der Bedeutung der Unsicherheit, mit denen die Szenarien belegt sind.

Einflussnahmen der Auftraggeber oder anderer Akteure auf die Erstellung der Szenarien müssen offengelegt werden. Die Ergebnisse müssen so dokumentiert werden, dass sie für die Adressaten der Studie nachvollziehbar und für das wissenschaftliche Fachpublikum replizierbar sind.

Szenarien stellen für die Analyse der Unsicherheiten, die über die zukünftige Entwicklung des Energiesystems bestehen und beim Ausloten von Handlungsmöglichkeiten bei dessen Gestaltung, das Mittel der Wahl dar. Eine kritische Auseinandersetzung mit der ständig anwachsenden Vielfalt von Energieszenarien ist aber unumgänglich.

Literatur

1. Dieckhoff, C., Appelrath, H.-J., Fischedick, M., Grunwald, A., Höffler, F., Mayer, C., Weimer-Jehle, W.: Zur Interpretation von Energieszenarien, acatech, Energiesysteme der Zukunft, Analyse. Dezember 2014.
2. acatech: Mit Energieszenarien gut beraten, Anforderungen an wissenschaftliche Politikberatung. Nationale Akademie der Wissenschaften Leopoldina, acatech, Union der deutschen Akademien der Wissenschaften, Stellungnahme, Dezember 2015.
3. Nitsch, J.: Die Energiewende nach COP 21 – Aktuelle Szenarien der deutschen Energieversorgung. Kurzstudie für den Bundesverband Erneuerbare Energien e. V., Systemanalyse und Technikbewertung am Institut für Technische Thermodynamik des DLR in Stuttgart, 2016.

Die Energiewende – Handicap oder Chance? 5

Der Monitoring-Prozess „Energie der Zukunft" des Bundesministeriums für Wirtschaft und Energie überprüft regelmäßig den Fortschritt der Zielerreichung und den Stand der Umsetzung der Maßnahmen zur Energiewende mit Blick auf eine sichere, wirtschaftliche und umweltverträgliche Energieversorgung, um bei Bedarf nachsteuern zu können. Drei Aspekte stehen im Mittelpunkt. Der Monitoring-Prozess gibt einen faktenbasierten Überblick über den Fortschritt bei der Umsetzung der Energiewende. Dazu wird die Vielzahl der verfügbaren energiestatistischen Informationen auf ausgewählte Kenngrößen (Indikatoren) verdichtet und aufbereitet. Im Rahmen der jährlichen Monitoring-Berichte wird als zweiter Aspekt das Erreichen der Ziele aus dem Energiekonzept verfolgt und die Maßnahmen bewertet. Bei absehbaren Zielverfehlungen schlagen zusammenfassende Fortschrittsberichte in einem Rhythmus von drei Jahren aufgrund der dann mehrjährigen Datenbasis Maßnahmen vor, um Hemmnisse zu beseitigen und die Ziele zu erreichen. Zum Dritten richtet der Monitoring-Prozess sein Augenmerk auch auf die absehbare weitere Entwicklung wichtiger Kenngrößen. Dazu machen die Fortschrittsberichte Trends erkennbar.

Der sechste Monitoring-Bericht [1] wird durch eine Stellungnahme einer Kommission bestehend aus Prof. Dr. Andreas Löschel (Vorsitzender), Prof. Dr. Georg Erdmann, Prof. Dr. Frithjof Staiß, Dr. Hans-Joachim Ziesing kritisch kommentiert [2]. Weiterhin besteht erheblicher Handlungsbedarf zur Erreichung der Energiewendeziele. Einzelne Punkte der Stellungnahme werden in den folgenden Kapiteln berücksichtigt.

Als Zielsetzung gilt es nach wie vor, die Glaubwürdigkeit der Energiewende weiterhin zu gewährleisten, den Klimaschutz zu gestalten und der Effizienz die richtige Bedeutung zu geben. Um auch im Verkehrssektor erfolgreich zu sein, muss kreativ und ergebnisoffen über eine Wende nachgedacht werden. Die erneuerbare Stromerzeugung ist strategisch weiter zu entwickeln und die elektrizitätswirtschaftliche Infrastruktur zukunftsfest zu machen, wobei die Preiswürdigkeit der Energie weiter im Griff behalten werden muss. Unterstützt werden die Maßnahmann durch die Chance der Digitalisierung.

5.1 Einleitung

Kompass für die Energiewende nach dem letzten Monitoringbericht 2018 [1] sind das Energiekonzept der Bundesregierung, ergänzende Beschlüsse des Bundestages und europäische Vorgaben. Die nationalen Ziele stehen dabei im Einklang mit den auf EU-Ebene beschlossenen. Das energiepolitische Zieldreieck aus Versorgungssicherheit, Bezahlbarkeit und Umweltverträglichkeit bleibt die zentrale Orientierung der deutschen Energiepolitik.

Nach den EU-Zielen sollen bis zum Jahr 2030 die Treibhausgasemissionen EU-weit um mindestens 40 Prozent gesenkt werden, die erneuerbaren Energien einen Anteil von mindestens 27 Prozent am Bruttoendenergieverbrauch erreichen und der europäische Primärenergieverbrauch um 30 Prozent reduziert werden. Die quantitativen Ziele der Energiewende für Deutschland im Vergleich zum Status 2016 sind in Tab. 5.1 zusammengestellt.

Die Zielarchitektur strukturiert und priorisiert die Einzelziele der Energiewende nach dem sechsten Fortschrittsbericht zur Energiewende (siehe Abb. 5.1). Die politischen Ziele

Tab. 5.1 Quantitative Ziele der Energiewende und Status Quo (Deutschland 2016), [1]

	2016	2020	2030	2040	2050
TREIBHAUSGASEMISSIONEN					
Treibhausgasemissionen (ggü. 1990)	−27,3 %	Mind. −40 %	Mind. −55 %	Mind. −70 %	Weitgehend treibhausgasneutral −80 bis −95 %
ERNEUERBARE ENERGIEN					
Anteil am Bruttoendenergieverbrauch	14,8 %	18 %	30 %	45 %	60 %
Anteil am Bruttostromverbrauch	31,6 %	Mind. 35 %	Mind. 50 % EEG 2017: 40 bis 45 % bis 2025	Mind. 65 % EEG 2017: 55 bis 60 % bis 2025	Mind. 80 %
Anteil am Wärmeverbrauch	13,2 %	14 %			
EFFIZIENZ UND VERBRAUCH					
Primärendenergieverbrauch (ggü. 2008)	−6,5 %	−20 %	⟶		−50 %
Endenergieproduktivität	1,1 % pro Jahr (08–16)	2,1 % pro Jahr (2008 – 2050)			
Bruttostromverbrauch (ggü. 2008)	−3,6 %	−10 %	⟶		−25 %
Primärenergiebedarf Gebäude (ggü. 2008)	−6,3 %	−20 %	⟶		−80 %
Wärmebedarf Gebäude (ggü. 2008)	−6,3 %	−20 %			
Endenergieverbrauch Verkehr (ggü. 2005)	4,2 %	−10 %	⟶		−40 %

5.1 Einleitung

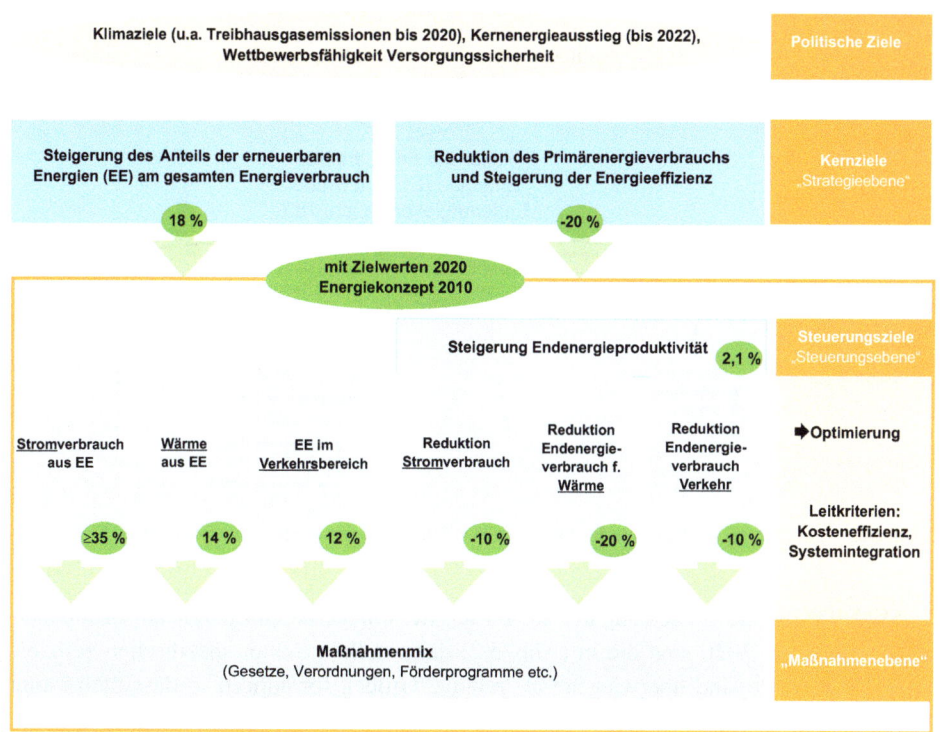

Abb. 5.1 Zielarchitektur der Energiewende, nach [1]

bilden den Rahmen für den Umbau der Energieversorgung. Sie umfassen die Klimaziele, einschließlich einer Senkung der Treibhausgasemissionen um 40 Prozent bis zum Jahr 2020 und danach den Ausstieg aus der Nutzung der Kernenergie zur Stromerzeugung bis zum Jahr 2022, sowie die Sicherstellung von Wettbewerbsfähigkeit und Versorgungssicherheit. Die Kernziele beschreiben die zentralen Strategien des Energiekonzepts, mit denen die Energiewende vorangebracht werden soll. Dies sind der Ausbau erneuerbarer Energien und die Senkung des Primärenergieverbrauchs bzw. die Steigerung der Energieeffizienz. Beide Kernziele werden durch Steuerungsziele für die drei Handlungsfelder Strom, Wärme und Verkehr konkretisiert. Die Steuerungsziele und die zugehörigen Maßnahmen werden so aufeinander abgestimmt, dass die übergeordneten Ziele durch eine integrierte Betrachtung möglichst zuverlässig und kostengünstig erreicht werden können.

Der Stromverbrauch soll gegenüber dem Referenzjahr 2008 bis 2020 um 10 %, bis 2050 um 25 % gesenkt werden. Der Anteil der erneuerbaren Energie am Bruttoenergieverbrauch soll 2020 18 % und 2050 60 % betragen, während der Bruttostromverbrauch auf 35 % in 2020 und auf 80 % in 2050 ansteigen soll. Der Ausbau der Offshore-Windenergie soll bis 2030 25 GW an installierter Leistung erreichen. Die Netzinfrastruktur soll verstärkt ausgebaut werden. Bis 2020 sollen in Deutschland 1 Million Elektrofahrzeuge zugelassen sein, bis 2030 immerhin 5 Millionen.

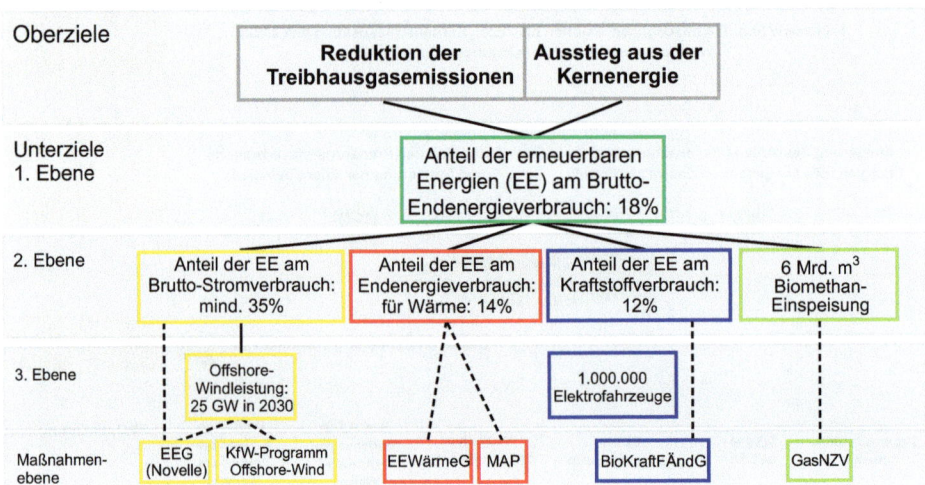

Abb. 5.2 Zielsetzung im Bereich der erneuerbaren Energien für Deutschland für 2020, [3]

Mit Blick auf die Umsetzung des 18 %-Ziels der erneuerbaren Energie am Bruttoenergieverbrauch bis 2020 sind die in (Abb. 5.2) dargestellten Sektor spezifischen Teilziele gesetzt. Die Ziele sind überwiegend als relative Größen formuliert, so dass die absolut bereitzustellenden Mengen von der Entwicklung der jeweiligen Bezugsgröße abhängen.

Werden die Ziele zur Verbrauchsminderung erreicht, ist die erforderliche Erzeugung aus erneuerbaren Energien mit einem wesentlich geringeren Ausbau verbunden als im Falle einer Verfehlung der Effizienzziele. Lediglich im Bereich Offshore-Wind und für die Biomethaneinspeisung gelten absolute Ziele, die unabhängig von der Gesamtentwicklung zu erreichen sind.

Die Energieversorgung, wie auch der Umweltschutz, sind stark in den europäischen Rahmen eingebunden. Die deutschen Ziele, abgestimmt mit den EU-Zielen sind in Tab. 5.2 zusammengestellt.

Wie stellt sich dieses Ziel unter Berücksichtigung des Ausstieges aus der Kernenergie und unter den zu erwartenden steigenden Kosten für die Erschließung der Regenerativen Energien dar? Welche Konsequenzen sind in Bezug auf den internationalen Wettbewerb zu erwarten? Welche Auswirkungen ergeben sich auf das Klima?

Die Energiewende wird nicht umsonst zu bewerkstelligen sein. Bezüglich der Wirtschaft, aber auch der Konsumenten stellt sich die fundamentale Frage: Können wir uns die hierdurch entstehenden Kosten leisten? Bleibt die Wirtschaftlichkeit und die Versorgungssicherheit erhalten? Betrachten wir die Problematik jedoch aus der Perspektive der Ressourcen und des Klimawandels, dann lautet die These vielmehr unumstritten: Wir müssen es uns leisten!

Diese Fragen führen uns zur Kernfrage: Wie ist die Energiewende ohne zu einschneidende Einschränkung der Wirtschaft, bezahlbar und ohne unzumutbare Einschränkungen zu schaffen?

5.1 Einleitung

Tab. 5.2 Wesentliche EU-Ziele für 2020 und 2030, [1]

	2016	2020-Ziele	2030-Ziele (gemäß informeller Einigung im Trilog)	Bemerkungen
THG-Reduktion (ggü. 1990)	23 %	mind. 20 %	mind. 40 %	verbindlich
THG-Reduktion im ETS (ggü. 2005)	26 %	21 %	43 %	Verbindlich
THG-Reduktion im Non-ETS-Bereich (ggü. 2005)[1] • für EU gesamt • für Deutschland	13,3 %[1] 4,9 %[1]	10 % 14 %	30 % 38 %	verbindlich verbindlich
EE-Anteil • am Bruttoendenergieverbrauch auf EU-Ebene in Deutschland • im Wärme-/Kältesektor • im Verkehr	17 % 14,8 % 13,2 % 7,1 % (EU) 6,9 % (Deutschland)	20 % 18 % 10 %	32 % keine länderspezifischen Ziele Anstieg von 1,1 %-Punkten pro Jahr (bei Anrechnung von Abwärme und -kälte 1,3 %-Punkte pro Jahr) 14 %	Verbindlich Verbindlich Kein Sektorziel sondern Verpflichtung eine Inverkehrbringerquote einzuführen
Verminderung des Energieverbrauchs • auf EU-Ebene • in den einzelnen EU-Mitgliedsstaaten	10 % Rückgang des PEV ggü. 2005	Um 20 %[2] (entspricht 13 % Rückgang des PEV ggü. 2005) Indikative nationale Beiträge zur Zielerreichung Zudem Endenergieeinsparungen von 1,5 % pro Jahr	Um 32,5 %[2] Indikative nationale Beiträge zur Zielerreichung Zudem Endenergieeinsparungen von 0,8 % pro Jahr	keine Angabe Indikativ Verbindlich
Interkonnetivität in den EU-Mitgliedsstaaten	2017 in Deutschland: 9 %	10 %	15 %[3]	Indikativ
Stromhandel/-austausch		Gesamtsystem effizienter machen und Versorgungssicherheit erhöhen		

1 Vorläufige Werte; Stand für EU gesamt: 09/2017; Stand für Deutschland: 01/2018; dabei sind die 2005-Basisjahr-Emissionen nach EEA wie folgt berechnet: 2005 Basisjahr-Emissionen = absolutes 2020-Ziel/(1+ % des 2020-Ziels)
2 Ggü. der Referenzentwicklung für 2020 bzw. 2030 (gemäß Primes-2007-Modell für die EU Kommission)
3 Konkretisierung durch zusätzliche Schwellenwerte

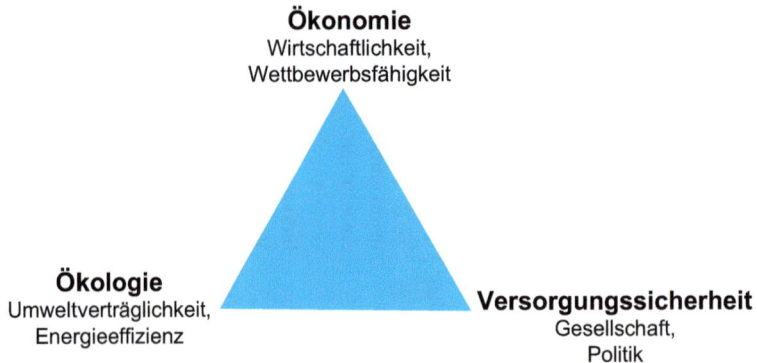

Abb. 5.3 Energiewirtschaftliche Zielsetzung

Um die Ziele zu erreichen, bedarf es einer intensiven Zusammenarbeit der Wirtschaft, der Politik und unabdingbar der Gesellschaft. Das energiewirtschaftliche Dreieck (Abb. 5.3)

- Wettbewerbsfähigkeit (ökonomische Verträglichkeit, Bezahlbarkeit),
- Umweltverträglichkeit (ökologische Verträglichkeit, Energieeffizienz),
- Versorgungssicherheit (politische Verträglichkeit),

erfordert die wirtschaftliche Energiebereitstellung, die Erschließung neuer, nachhaltiger Energieträger sowie die Förderung des Energiebewusstseins.

Die Aufgabe der Politik ist es, ein ausgewogenes Gleichgewicht der Anforderungen herzustellen und vor allen Dingen, der Bevölkerung die Notwendigkeit begreiflich zu machen, so dass die Wende akzeptiert und unterstützt wird. Es gilt ein Problembewusstsein zu schaffen und ein Verständnis für die bevorstehenden Aufgaben zu finden. Die Energiewende basiert auf Herausforderungen im Ausbau nachhaltiger Primärenergien sowie effizienter Energiewandlungstechnologien, in der Energieverteilung und Energiespeicherung und im bewussten Umgang mit Energie.

Auf dem Gebiet der Nutzung nachhaltiger Primärenergien sowie der effizienteren Wandlungstechniken ist in den letzten zehn Jahren mit der Förderungspolitik der Windenergie, der Fotovoltaik, der Geothermie sowie der Solarthermie aber auch der Energieeffizienz des Gebäudebestandes verstärkt Aufmerksamkeit gewidmet worden. Es zeigt sich eine erstaunliche Dynamik sowohl in der Stromerzeugung aus erneuerbaren Energien (Abb. 5.4), als auch im Absinken der Systempreise. Hier scheint die Saat inzwischen aufzugehen. Der Anteil der regenerativen Primärenergieträger am Gesamtenergieverbrauch in Deutschland steigt kräftig an.

Regenerative Primärenergie hat im Unterschied zu den konventionellen Primärenergieträgern der fossilen Brennstoffe und der Kernenergie eine bei weitem niedrigere Energiedichte. Sie ist nicht jederzeit verfügbar und fällt auch nicht unbedingt am Ort des Verbrauchs an. Somit stellt sich die Aufgabe, einerseits für Speichertechnologien zu sorgen und andererseits die Verteilernetze auszubauen. Das Problem ist technisch sowie politisch

5.1 Einleitung

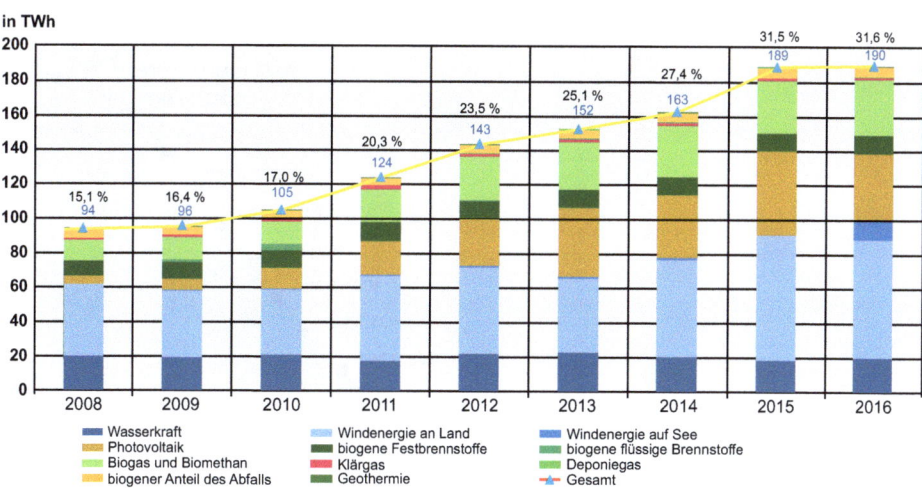

Abb. 5.4 Entwicklung der Stromerzeugung aus erneuerbaren Energien, absolute Werte in TWH und relative Werte, nach [1]

erkannt. Ansätze sind initiiert. Allerdings ist die betroffene Bevölkerung mit dem Ausbau neuer Stromtrassen und der Erweiterung der Speicher noch nicht glücklich.

Unter internationalem Aspekt ergibt sich ein zusätzliche Fragestellung. Wie können wir es verantworten, oder anders ausgedrückt, ist es möglich, dass die Schwellenländer in naher Zukunft einen ähnlich hohen pro Kopf Energieverbrauch erreichen werden wie die hoch entwickelten Industrieländer?

Diese Frage beantwortet sich von selbst, wenn man den Anstieg der Weltbevölkerung berücksichtigt (Abb. 5.5).

Die Perspektive wird insbesondere dann klar, wenn die Verhältnisse der Bevölkerungsanzahl der derzeit hauptsächlich Energie verbrauchenden Länder mit der Bevölkerungsanzahl der Schwellenländer in Bezug gesetzt wird. Ein Blick auf den weltweiten Energieverbrauch der einzelnen Länder zeigt, dass die Industrienationen USA und EU im Jahr 2008 mit einem Anteil an 12 % der Weltbevölkerung ca. 39 % der Primärenergie verbrauchten. Würden alleine die derzeitigen Schwellenländer (mittlerer Osten, China, Indien, Lateinamerika) mit 46 % der Weltbevölkerung und einem Energieanteil von 27 % den pro-Kopf Energieverbrauch der EU beanspruchen, so stiege der weltweite Energieverbrauch um 60 %. Die gesamte Weltbevölkerung würde bei einem EU-pro-Kopf Verbrauch die doppelte Energiemenge benötigen. Hierzu müssten die USA ihren pro-Kopf Verbrauch allerdings halbieren. Dass diese Energiemenge konventionell nicht unmittelbar und auf die Dauer bereitzustellen ist, ist ersichtlich. Sicherlich ist eine deutliche Preissteigerung zu erwarten. Können wir uns unseren Wohlstand bzw. unseren derzeitigen Lebenskomfort auch zukünftig leisten oder müssen wir uns an eine neue Verteilung gewöhnen?

Wir müssen in diesem Kontext nicht ausschließlich auf einen globalen Ausgleich hinarbeiten. Auch im eigenen Land und in Europa müssen die Lasten gleich verteilt werden. Wir müssen uns fragen, was heißt zukünftig Wohlstand und wie ist er für alle akzeptabel

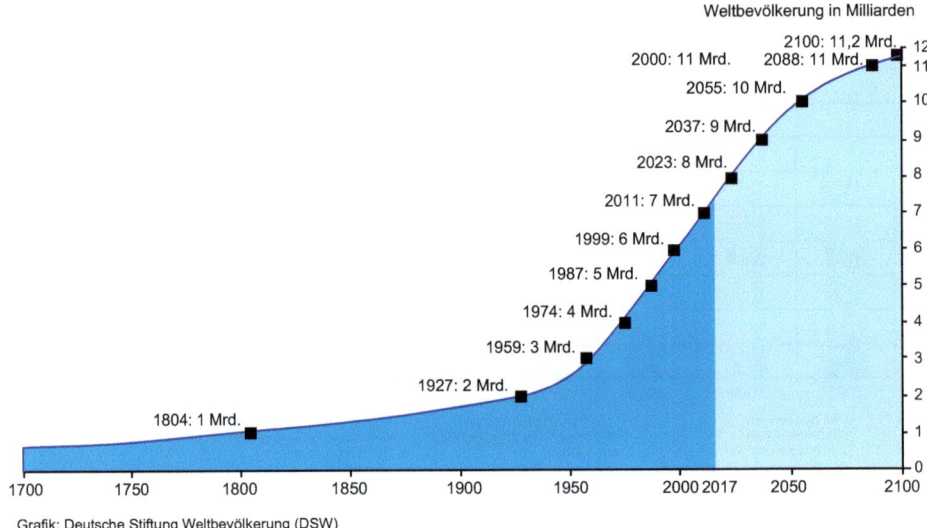

Abb. 5.5 Entwicklung der Weltbevölkerung; Grafik Stiftung Weltbevölkerung. (Quelle UN, World Population Prospects: The 2017 Revision)

zu erreichen? Der bewusste, sparsame Umgang mit Energie ist eine nationale wie auch globale gesellschaftliche Aufgabe unserer Zukunftssicherung.

Die nun angesetzte Energiewende ist als Chance für Deutschland zu sehen. Es gibt nicht die richtige Primärenergie. Die Politik muss Ziele vorgeben, sie muss die Rahmenbedingungen schaffen. Die Wirtschaft braucht klare, realistische Rahmenbedingungen aber genauso nötig benötigt die Gesellschaft das Verständnis der derzeitigen Situation im Energiebereich und eine akzeptierte Vision der zukünftigen Energiewirtschaft unter Beachtung der sozialen Komponente.

5.2 Die jüngste Energiewende in Deutschland

Bereits Ende der 1980er-Jahre wurden erste Fördermaßnahmen für erneuerbare Energien eingeführt. Ein maßgeblicher Schritt für die Energiewende war 1990 der Beschluss des Stromeinspeisungsgesetzes. Dieser Beschluss hatte letztendlich seine ersten Ursprünge in der Umwelt- und Anti-Atomkraft-Bewegung der 1970er-Jahre. Eine vom Öko-Institut 1980 erarbeitete wissenschaftliche Prognose zur vollständigen Abkehr von Kernenergie und Energie aus Erdöl trug bereits den Titel Energie-Wende und versprach Wachstum und Wohlstand ohne Erdöl und Uran. Die Idee entwickelte sich weiter und führte zum Beschluss des Abschaltens der Kernkraftwerke in Deutschland und deren Ersatz durch nachhaltige Primärenergie.

Die Erdbebenkatastrophe in Japan im Jahr 2011 hat nicht nur in Deutschland eine neue Zeitrechnung in der Frage der Energiebereitstellung bewirkt. Obwohl die Atomkatastrophe von Fukushima keinerlei physische Auswirkungen auf Europa hatte, obwohl sich auch die Sicherheitslage der kerntechnischen Anlagen nicht verändert hat und auch bezüglich der Endlagerung in Deutschland letztendlich nach wie vor kein gesellschaftlicher Konsens in Aussicht ist, wie der letzte Kastortransport im November 2011 überdeutlich vorgeführt hat, sah sich die Bundesregierung genötigt, ihre Politik innerhalb weniger Wochen grundlegend zu wenden und den kurz vorher aufgehobenen Atomausstieg wieder zu etablieren, koste es, was es wolle.

Entsprechend harsch waren die Reaktionen: In Deutschland ist die Stromversorgung nicht mehr gesichert! Deutschland steht isoliert da! Die Energiekosten werden drastisch steigen! Dies waren noch die sachlicheren Kommentare. Was ist bisher absehbar?

5.3 Energieverbrauch und Importabhängigkeit

Die Abhängigkeit der deutschen Energieversorgung von Importen ist im Zeitablauf der letzten Jahre und Jahrzehnte ständig gestiegen, während der Primärenergieverbrauch leicht gesunken ist (Abb. 5.6). Die Struktur des Primärenergieverbrauchs ist nach wie vor in erheblichem Umfang von emissionsverursachenden fossilen Energieträgern geprägt.

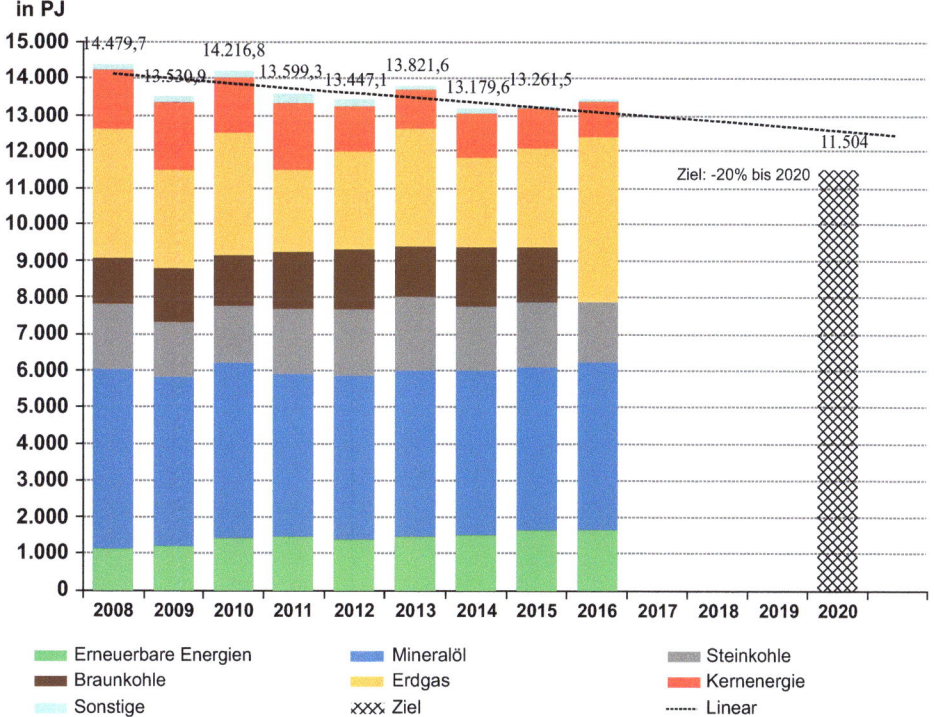

Abb. 5.6 Entwicklung des Primärenergieverbrauchs in Deutschland in Petajoule (PJ), [1]

Zwar hat der Anteil der fossilen Energieträger am Primärenergieverbrauch in den vergangenen 25 Jahren von 87 % (1990) auf 81 % (2015) abgenommen, doch ging er seit 2005, als er bereits 81 % ausmachte, nur noch sehr geringfügig zurück. Dies ist eine Folge der gegenläufigen Entwicklung des Anteilsrückgangs der Kernenergie (von 12,2 % auf 7,5 %) auf der einen und des Anteilsanstiegs der erneuerbaren Energien (von 5,3 % auf 12,5 %) auf der anderen Seite. Auch bei den Endenergieverbrauchssektoren überwiegen trotz zunehmender Anteile vor allem der elektrischen Energie noch immer die direkten Verbrauchsanteile fossiler Energien, die rund zwei Drittel am gesamten Endenergieverbrauch betragen. Das gilt insbesondere für den Verkehr, bei dem die emissionsfreien Energieträger nur mit rund 4,2 % (2016) am sektoralen Energieverbrauch beteiligt sind. Nicht zuletzt hat auch die Stromerzeugung zu dem hohen Anteil fossiler Energieträger am Primärenergieverbrauch beigetragen. Denn zur Stromerzeugung werden trotz der rapiden Steigerung der erneuerbaren Energien auch im Jahr 2016 – wie seit Anfang des Jahrhunderts – noch immer rund 60 % fossile Energieträger eingesetzt, und zwar schwergewichtig die besonders emissionsintensiven Stein- und Braunkohlen.

Derzeit importieren wir (Abb. 5.7) über 70 % der Primärenergie, bei Uran 100 %, bei Mineralöl 98 % und bei Gas nahezu 86 %. Bei Steinkohle beträgt der Importanteil 81 %. Lediglich bei Braunkohle mit einem leichten Exportanteil und bei den erneuerbaren Energien greift Deutschland vollständig auf einheimische Energieproduktion zurück. Aus der importierten Primärenergie erfolgt die Bereitstellung der elektrischen Energie im Land.

Der Bruttostromverbrauch sinkt seit 2010 leicht ab (Abb. 5.8). Der von den Endverbrauchern konsumierte Netto-Stromverbrauch blieb in diesem Zeitraum nahezu konstant. Auch die Entwicklung seit dem Jahr 2014 zeigt trotz weiteren Wirtschaftswachstums lediglich einen leicht steigenden Verbrauchstrend beim Strom.

Vor dem Hintergrund der skizzierten Entwicklungstendenzen in den Endenergiesektoren bestehen nach [2] begründete Zweifel, ob das Ziel erreicht werden kann, den

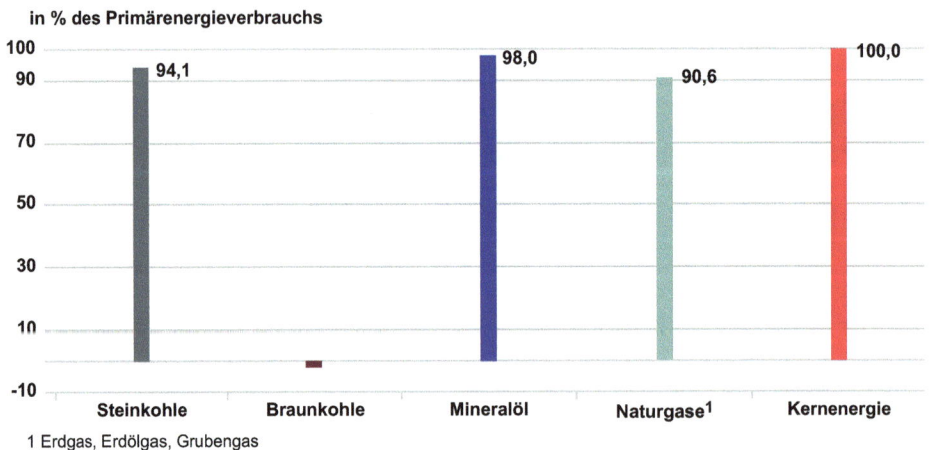

Abb. 5.7 Nettoimportabhängigkeit nach Energieträgern, [3]

5.3 Energieverbrauch und Importabhängigkeit

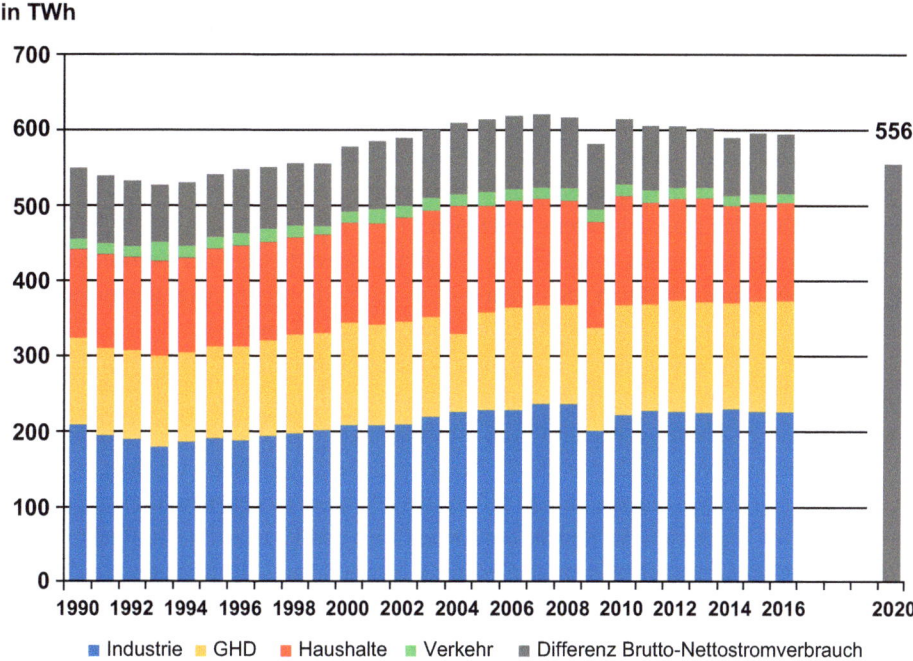

Abb. 5.8 Entwicklung des Bruttostromverbrauchs in Deutschland, [1]

Primärenergieverbrauch bis 2020 um 20 % im Vergleich zu 2008 zu senken. Selbst unter Einbeziehung der bisher umgesetzten Maßnahmen ist nicht erkennbar, dass das Erreichen des Zielwertes noch möglich sein wird.

Wo liegt der Unterschied zwischen dem Import der Primärenergie einerseits und dem Import elektrischer Energie andererseits?

Eine Reduktion der Abhängigkeit von der importierten Energie kann nur die vermehrte Nutzung der regenerativen Energie bieten. Die Reduzierung der Importabhängigkeit der Energie ist allerdings nicht unumstritten. So stellt die Stellungnahme der Experten zum Monitoringbericht 2012 fest [3]: „An vielen Stellen des ersten Monitoringberichts werden die hohen Energieimporte Deutschlands als ein negativer Sachverhalt dargestellt. Mit der Energiewende sei eine Verminderung der Energieimporte zu erwarten und dies stelle einen bedeutsamen Vorteil des energiewirtschaftlichen Umbaus dar. Die deutschen Energieimporte stellen per se kein gesamtwirtschaftliches Problem dar, weil Deutschland kein Leistungsbilanzdefizit aufweist. So lange Deutschland dank seiner überragenden internationalen preislichen und technologischen Wettbewerbsfähigkeit hohe Leistungs- und Handelsbilanzüberschüsse aufweisen kann, können Energieimporte für die deutsche Volkswirtschaft sogar nützlich sein. Durch deutsche Energieimporte werden internationale Handelsungleichgewichte abgebaut und Energieexporteure in die Lage versetzt, hochwertige deutsche Industrieprodukte zukaufen. Deutschland kann auf die Dauer nur exportieren, wenn die Zahlungsfähigkeit anderer Länder ausreicht, die deutschen Exporte auch bezahlen zu können. Die Bewertung der Importabhängigkeit sollte insoweit überdacht werden."

5.4 Kernenergie

Deutschland ist nicht das einzige Land, das den Ausstieg aus der Kernenergie beschlossen oder vollzogen hat (Abb. 5.9).

Neben Deutschland haben die Schweiz, Belgien und Spanien den Ausstieg beschlossen, Schweden wird nicht zubauen. Italien, Österreich und Irland sowie die Philippinen und Kuba haben den Ausstieg bereits vollzogen.

Jede Medaille hat jedoch zwei Seiten: Die Interessenvertretung der Schweizer Kernkraftwerke, swissnuclear Olten, fasst den Status der Kernenergie 2018 folgendermaßen zusammen, der in der folgenden Darstellung leicht gekürzt wurde, [4]:

„Kernenergie" trägt rund 11 % zur weltweiten Stromproduktion bei (Stand Ende 2016). Von den weltweit 31 Ländern, die Kernkraftwerke betreiben, decken 13 Länder mehr als einen Viertel ihres Strombedarfs mit Kernkraftwerken. 18 von 35 OECD-Ländern erzeugen Strom mit Kernkraftwerken. Der Anteil der Kernenergie beträgt in diesen Ländern im Schnitt knapp 30 %. Die USA erzeugten im Jahr 2016 mit 99 Anlagen (4 stehen im Bau) am meisten Atomstrom, vor Frankreich (58 Reaktoren) sowie China und Russland (je 35 Reaktoren).

Ende 2016 umfasste der internationale Kernkraftwerkspark 449 Reaktoren in 31 Ländern. Von den 42 betriebsfähigen Kernkraftwerken Japans haben Ende 2016 nur drei Strom produziert. Die übrigen befanden sich im Betriebsstillstand. Seit dem Reaktorunfall in Fukushima-Daiichi 2011 sind in Japan nach und nach alle einsatzfähigen Kernkraftwerke vom Netz genommen worden. In Japan dürfen Betreiber Reaktoren erst dann wieder anfahren, wenn sie alle Stufen des verschärften Wiederinbetriebnahme-Verfahrens erfolgreich abgeschlossen haben.

Einen Überblick über die derzeit betriebenen Kernkraftwerke am 1. Januar 2017 gibt Abb. 5.10. Ende 2016 standen weltweit 60 Kernkraftwerke im Bau, 20 davon in China.

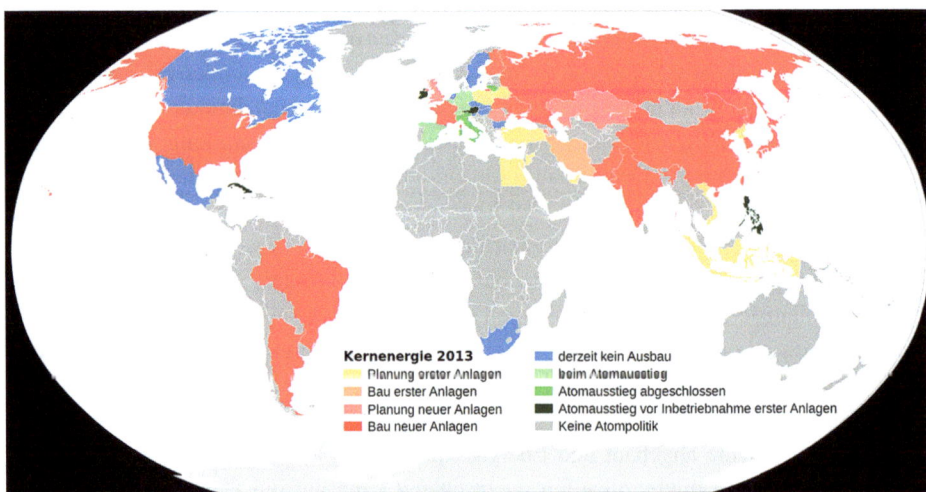

Abb. 5.9 Weltweite Nutzung der Kernenergie zur Stromerzeugung, Status Juni 2017

5.4 Kernenergie

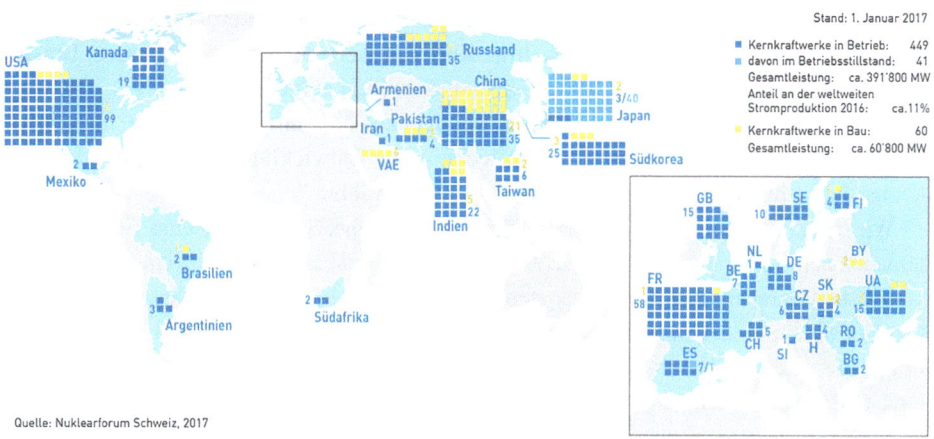

Abb. 5.10 Betriebene Kernkraftwerke weltweit. (Quelle: Nuklearforum Schweiz 2018)

Gut 140 Kernkraftwerke sind weltweit in der Projektierungs- oder Bewilligungsphase. Ein bedeutender Anteil dieser Projekte ist in Asien, namentlich in China und Indien, zu finden.

In den USA stimmte die Behörde dem Bau von 11 Kernkraftwerken zu. Vier davon stehen seit 2013 in Bau. In Europa ist im finnischen Olkiluoto das fünfte Kernkraftwerk des Landes in Bau. Großbritannien plant gegenwärtig den Bau von gut 16.000 Megawatt neuer nuklearer Kapazität an acht bereits definierten Standorten. Auch mehrere mittel- und osteuropäische Länder, beispielsweise Rumänien und die Slowakei, setzen auf Kernenergie. Sie wollen ihre Abhängigkeit von Kohle und Erdgasimporten verringern oder ihre bestehenden Kernkraftwerke durch neue, moderne Anlagen ersetzen.

China stieg spät in die Kernenergie ein. Das Land nahm sein erstes Kernkraftwerk erst Anfang der 1990er-Jahre in Betrieb. Mittlerweile versorgen 39 Kernkraftwerke das Land mit Strom (Stand 11. Juni 2018). Ihr Anteil an Chinas Strommix beträgt 4 %. Diese Zahl wird in den kommenden Jahren stark wachsen. 18 Kernkraftwerke stehen in Bau und über drei Duzend sind in fortgeschrittenem Planungsstadium.

Südkorea ergänzt seinen nuklearen Kraftwerkpark von bereits 25 Blöcken mit drei Neubauten, weitere Anlagen sind geplant. Ende 2016 standen in Russland sieben Reaktoren in Bau. In Indien waren Ende 2016 fünf Reaktoren in Bau und 20 weitere Anlagen waren geplant. Pakistan baut zu den bestehenden vier noch drei weitere Reaktoren.

Im Sommer 2012 begannen die Vereinigten Arabischen Emirate mit dem Bau des ersten von vier Kernkraftwerken koreanischer Bauart. Dieses dürfte 2017 die Stromproduktion aufnehmen. Bis 2020 sollen alle vier Reaktoren in Betrieb stehen. Auch die Türkei plant seit 2010, durch Russland zwei Kernkraftwerkeinheiten an der Mittelmeerküste errichten zu lassen, sowie zwei weitere Einheiten durch ein französisch-japanisches Konsortium am Schwarzen Meer.

Der Iran nahm sein erstes Kernkraftwerk 2011 in Betrieb. Das Land will mit russischer Unterstützung weitere Reaktoren bauen. Russische Reaktoren sollen auch in Ägypten gebaut werden, das derzeit keine Kernkraftwerke betreibt. Argentinien, Brasilien, Mexiko und Südafrika bereiten gegenwärtig den Ausbau ihres heutigen Kernkraftwerkparks vor. In Argentinien ging Anfang 2014 das dritte Kernkraftwerk des Landes in Betrieb. Brasiliens drittes Kernkraftwerk soll 2017 die Stromproduktion aufnehmen.

Nach zwei Jahrzehnten mit geringer Bautätigkeit werden heute wieder mehr neue Kernkraftwerke gebaut. Die zahlreichen technischen Entwicklungen im Reaktorbau der letzten Jahrzehnte müssen sich jetzt kommerziell bewähren."

Wir sehen, Kernenergie ist eine eingeführte Technologie. So schnell ist das Ende ihrer internationalen Nutzung nicht absehbar. Aber, und dies ist unbestritten, es ist eine Technologie von gestern, zwar mit Entwicklungspotenzial, aber auch mit entsprechenden Unwägbarkeiten. Der weitere Betrieb von Kernkraftwerken ist eine politische Frage. Er ist aber auch eine Frage, inwieweit die Gesellschaft bereit ist, einerseits das Betriebsrisiko zu tragen und andererseits Endlagerstätten zu akzeptieren, die für zig-tausende von Jahren sicher sein müssen. Man stelle sich nur vor, wir müssten die Sicherheit der Müll-Lagerstätten aus der Blütezeit Roms oder des alten Ägyptens noch über viele Generationen hinaus gewährleisten. Das Ziel der Bundesministerin für Umwelt, Naturschutz, Bau und Reaktorsicherheit, Frau Dr. Barbara Hendricks, das sie im Jahr 2017 im Deutschen Bundestag formulierte, dass nun ein atomares Endlager gesucht werde, das für eine Million Jahre sicher sei, spricht für sich [5].

Ist der deutsche Ausstieg dennoch richtig?

Diese Frage kann nur beantwortet werden, wenn die Alternativen und Risiken der Energiewende offensichtlich geklärt sind.

Der Ausstieg aus der Kernenergienutzung in Deutschland entzieht dem Strommarkt bis 2022 erhebliche Kraftwerkskapazitäten. Studien sehen dadurch ein vorübergehendes regionales Defizit an Kraftwerksleistung in der Größenordnung von 1000 bis 2000 MW im Süden. Deutschlandweit ist jedoch durch den inzwischen erfolgten Zubau von neuen fossilen und erneuerbaren Stromerzeugungskapazitäten nicht mit Engpässen zu rechnen. Nach dem Atomausstieg ist die Versorgungssituation zwar angespannt, sie bleibt aber beherrschbar.

Unser Fernziel ist eine umfassende nachhaltige Energieversorgung. Wie lange der Weg dahin sein wird, vermag heute niemand mit Sicherheit zu beziffern. Fest steht eines: Wir brauchen erst Brücken- und dann Begleittechniken. Aber diese Brückentechniken sind mitunter umstritten; noch Ende 2016 haben die Betreiber der deutschen Kernkraftwerke die Laufzeitverlängerung mit eben dieser Brückenfunktion begründet. Derzeit wird auch die Zukunft der Kohlekraftwerke zumindest von Teilen der Bevölkerung in Frage gestellt. Legt man die geplante Entwicklung der erneuerbaren Energie zugrunde, so amortisieren sich derzeit aufgrund der immer kürzer werdenden Betriebszeit der konventionellen Kraftwerke die Kosten des Neubaus eines Kernkraftwerkes bereits heute nicht mehr, auch die Kosten eines Braun- bzw. Steinkohlekraftwerkes werden sich nicht mehr amortisieren. Derzeit sind schon einige Kraftwerke aufgrund der kurzen Einsatzzeiten nicht mehr rentabel. Dies trifft insbesondere auf die hocheffizienten GuD-Anlagen zu. Mit dem Zubau an volatiler regenerativen Stromerzeugungsanlagen wie Windkraft und Fotovoltaik, werden sich Technologien zur Netzunterstützung durchsetzen, die derzeit allerdings nicht sicher vorhergesagt werden können. Ein großes Potenzial haben mit Erdgas oder synthetisch aus Überschussstrom hergestellten Brenngasen betriebene Gasturbinen- bzw. GuD-Kraftwerke. Andererseits muss die Möglichkeit der Energiespeicherung an Bedeutung gewinnen.

5.5 Konventionelle Stromerzeugung als Brückentechnologie

Selbst bei einer 80 %igen Stromerzeugung durch nachhaltige Energie und unter Berücksichtigung der Einspar- und Verbrauchssteuerungsziele sowie der vorgesehenen Speicher sind zur Versorgungssicherheit noch ca. 50 % bis 70 % der derzeitig installierten konventionellen Kraftwerke notwendig. Deren Notwendigkeit und Auswirkungen auf die Ziele der Energiewende werden in mehreren Studien aufgezeigt, wie im Folgenden noch dargestellt werden wird.

Seit Herbst 2010 setzte das Energiekonzept das Ziel, neben der Einsparung an Primärenergie durch einen sehr starken Ausbau an regenerativer Energieerzeugung bis zu 80 % des mittleren Verbrauchs an elektrischer Energie im Jahr 2050 zu liefern. Dieses sehr anspruchsvolle Ziel wurde durch den im Jahr 2011 beschlossenen vorzeitigen Kernenergieausstieg noch ambitionierter.

Was in der aktuellen Debatte allerdings vermisst wird, ist eine konsequente Konzentration auf die eigentlichen Ziele der angestrebten Energiereform. An sich diskutieren wir derzeit hauptsächlich den Weg und die Methoden, nicht das Ziel per se. Eine erhöhte Energieeffizienz beispielsweise kann das Mittel sein, nicht aber das Ziel. Um erfolgreich zu sein, müssen wir uns auf die Ziele konzentrieren, um die es uns wirklich geht. Dies sind:

- die Lebensqualität,
- die Versorgungssicherheit und bezahlbare Energieversorgung,
- den Erhalt der Leistungskraft unserer Wirtschaft sowie
- den Klimaschutz.

Sicherlich ist es richtig, hierfür den Ausbau der regenerativen Energien voranzutreiben. Sicher ist es richtig, alte und ineffiziente Technik auf Basis fossiler Energie abzulösen.

Es fehlen in der aktuellen Debatte jedoch oft zwei Aspekte. Die Infrastruktur muss mit dem Aufbau neuer Kapazitäten Schritt halten und die Stabilität des Systems darf nicht durch den Abbau konventioneller Energie einerseits und durch ein Überangebot an volatiler erneuerbarer Energie andererseits in Gefahr geraten.

Als Erfolg wird gemeinhin der Ausbau der erneuerbaren Energien angeführt, im internationalen Vergleich durchaus zu niedrigen Kosten. In der Tat ist der Zubau von 104.000 MW installierter Leistung bis Ende des Jahres 2016, in etwa zu gleichen Teilen aus Windenergie und Fotovoltaik, sowie der Anteil am Primärenergieverbrauch von 12,6 % und des Bruttostromverbrauchs von 31,7 % im Jahre 2016 und insbesondere ihre praktisch störungsfreie Systemintegration, eine eindrucksvolle Entwicklung, die maßgeblich dazu beigetragen hat, dass sowohl die Windenergie, als auch die Fotovoltaik eine starke Kostensenkung durchlaufen haben. Gleichzeitig werden jedoch auch die Probleme sichtbar.

Durch die bedingungslose Abnahmegarantie der regenerativ erzeugten elektrischen Energie und die Umlage derer Kosten auf die Verbraucher, wurden die Kosten der Systemintegration und der Risikoabdeckung nicht berücksichtigt. Die hierdurch entstandene Problematik wird nun erkennbar: Die Strompreise für die Endverbraucher verdoppelten sich in den vergangenen zehn Jahren. Die erzielbaren Preise für die Erzeuger an der Strombörse sanken

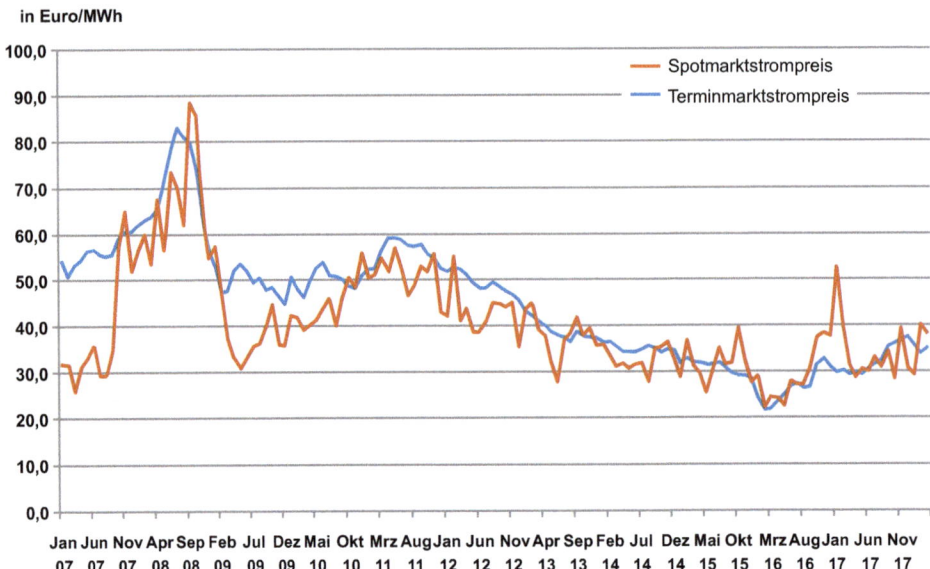

Abb. 5.11 Preise für Grundlaststrom an der Strombörse, [1]

(Abb. 5.11). Schon heute ist der Betrieb der Kohlekraftwerke, aber auch der hocheffizienten Erdgas- und der zur Netzstützung dringend benötigten Wasserspeicherkraftwerke aufgrund der immer kürzeren Betriebsdauern unrentabel. Auch der Neubau von Kraftwerken wird kritisch hinterfragt. Die Versorgungssicherheit und -qualität haben abgenommen.

Damit steht das wichtige Gut „gesicherte Stromversorgung" nicht mehr wie bisher selbstverständlich zur Verfügung. Offensichtlich ist, dass eine EEG-Reform allein bei weitem nicht alle Herausforderungen der Energiewende löst. Denn auch konventionelle Kraftwerke werden noch für viele Jahre gebraucht werden. Es muss eine Lösung für die Kraftwerke geben, die immer dann bereitstehen müssen, wenn die Erneuerbaren keinen Strom produzieren.

Die installierte Leistung nachhaltiger Stromerzeugung mit 105 GW in 2016 übersteigt inzwischen den geforderten Spitzenbedarf von 77 GW in 2016, (Abb. 5.12). Dies bedeutet, dass zu Zeiten von hohem Fotovoltaik- und Windstrom der gesamte Strom in Deutschland nachhaltig erzeugt werden kann. Herrscht hingegen wenig Wind und kaum Sonnenstrahlung, man spricht von einer Dunkelflaute, muss die gesamte Leistung über konventionelle Kraftwerke abgedeckt werden. Um das zeitweilige Angebot an nachhaltig erzeugtem Strom nutzen zu können, werden große Speicherkapazitäten benötigt. Eine zeitliche Auflösung pro Stunde bzw. Minute von Bedarf und Angebot zeigt deutlich die Herausforderung der Regelung der Residuallast durch konventionelle Kraftwerke. Aufgrund der geringen Verfügbarkeit der volatilen Primärenergieträge der Windräder und Fotovoltaikanlagen ist nicht nur der jährliche Mittelwert, sondern der tatsächlich angebotene momentane Augenblickswert für die Versorgungssicherheit ausschlaggebend.

5.5 Konventionelle Stromerzeugung als Brückentechnologie

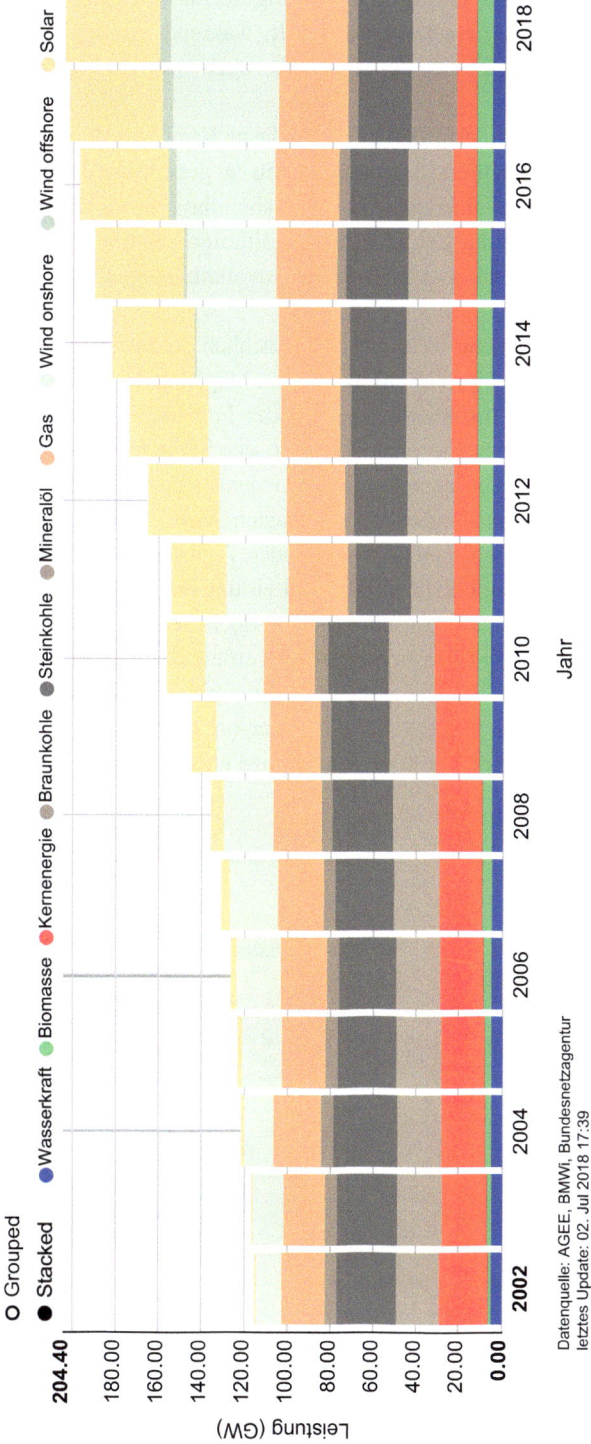

Abb. 5.12 Installierte elektrische Leistung 204 GW, maximaler Spitzenbedarf in 2016 77 GW, [6]

Unter der Annahme, dass die Stromerzeugung der abzuschaltenden Kernkraftwerke durch erneuerbare Energien ersetzt werden soll, während fossile Stromerzeugung nur langsam reduziert wird, ergibt sich der Umbau bezogen auf die produzierte Strommenge nach (Abb. 5.13).

Vergleicht man die hierzu erforderliche installierte Kraftwerksleistung (Abb. 5.14), so erkennt man, dass die installierte Leistung um 50 % gegenüber dem derzeitigen Stand erhöht werden muss. Diese Diskrepanz kommt daher, dass die zu ersetzenden Kernkraftwerke eine gesicherte Nutzung von 93 % der installierten Leistung besitzen, während onshore Windräder lediglich bei etwa 20 % und Fotovoltaik lediglich bei ca. 11 % liegen, s. auch Tab. 5.3.

Dass die installierte Leistung nicht mit der tatsächlich produzierten elektrischen Energie gleichgesetzt werden kann, zeigt sich anschaulich im Vergleich der Daten für Bayern in 2013 (Abb. 5.15). Während die installierte Leistung der Fotovoltaik den doppelten Wert der Kernkraftwerke erreicht, beträgt der erzeugte elektrische Strom lediglich ein Viertel. Die Reihenfolge der Bedeutung der einzelnen Primärenergiequellen unterscheidet sich völlig, je nachdem ob man die installierte Leistung oder den erzeugten Strom betrachtet. Bei der Stromerzeugung spielen neben der Verfügbarkeit auch noch andere Aspekte eine Rolle, wie beispielsweise die Kostensituation. So entspricht die installierte Leistung der Biokraftwerke in etwa der der Mineralöl gefeuerten, die erzeugte Strommenge ist jedoch mehr als das Fünffache.

Für die Energieerzeugung muss sichergestellt werden, dass der Ausfall eines oder auch mehrerer Kraftwerke durch Regelvorgänge bei den verbleibenden Kraftwerken kompensiert werden kann. Bei der Sicherstellung der Versorgungsleistung spielen die Volllast-Benutzungs-Stundenzahlen der Kraftwerksarten eine entscheidende Rolle (siehe Tab. 5.3).

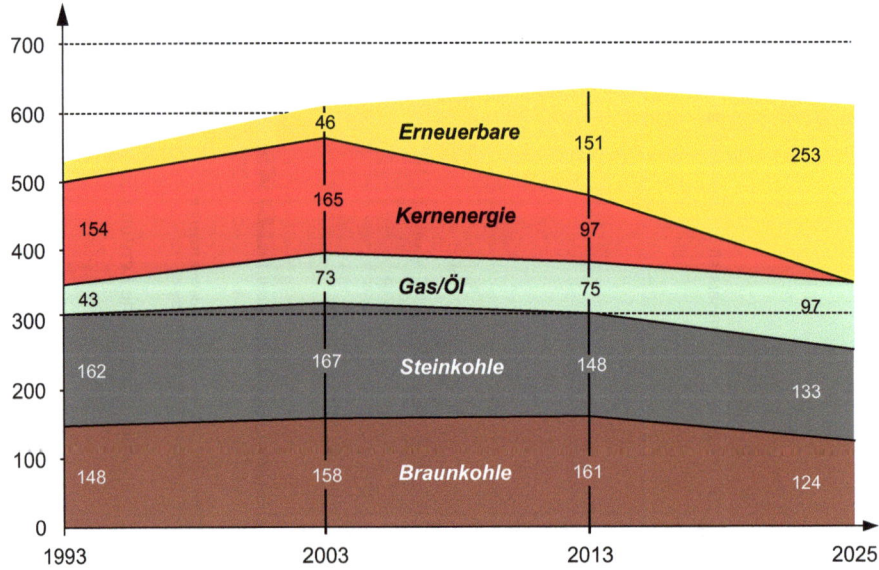

Abb. 5.13 Bruttostromerzeugung: Ersatz der Kernenergie durch Erneuerbare

5.5 Konventionelle Stromerzeugung als Brückentechnologie

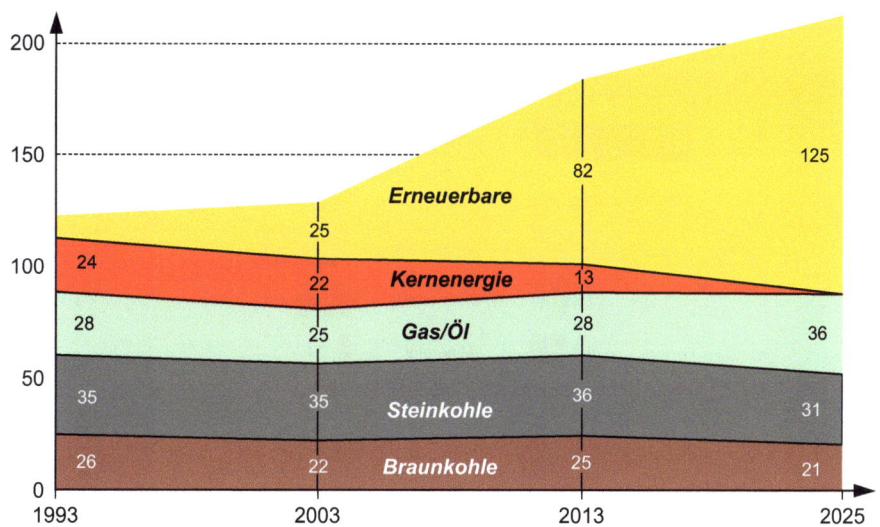

Abb. 5.14 Installierte Kraftwerksleistung: Ersatz der Kernenergie durch Erneuerbare

Tab. 5.3 Durchschnittliche gesicherte Leistung von Stromerzeugungstechnologien (nach [8])

Kraftwerksart	CO_2-Äquivalente in g/kWh$_{el}$	Vollaststunden pro Jahr[1]	gesicherte Leistung in %
Konventionelle Kraftwerkzeuge, Stromerzeugung			
Steinkohle-Kraftwerk	949	6000 … 7000	93
Braunkohle-Kraftwerk	1153	6000 … 7000	93
Erdgas GuD-Kraftwerk	428	6000 … 7000	93
Kernkraftwerk	32 … 65	6000 … 7000	93
Konventionelle Kraftwerke, Kraft-Wärmekopplung			
Steinkohle-Heizkraftwerk	622	6000 … 7000	93
Braunkohle-Heizkraftwerk	729	6000 … 7000	93
Erdgas GuD-Heizkraftwerk	148	6000 … 7000	93
Erdgas Blockheizkraftwerk	49	6000 … 7000	93
Regenerative Stromerzeugung			
Windpark on-shore	24	1800 … 2400	20
Windpark off-shore	23	3500 … 4500	40
Fotovoltaik	101	800 … 900	11
Solarthermisches Kraftwerk	27	2000	30[2]
Wasserkraftwerk	40	4000 … 6000	50 – 80
Solarthermisches Kraftwerk	27	2000	30[2]
Wasserkraftwerk	40	4000 … 6000	50 – 80
Biogas-Blockheizkraftwerk	−409	6000 … 7000	93

[1] technisch mögliche Stundenzahl, ohne unvorhersehbare Wartungsintervalle, [2] mit Wärmespeicher

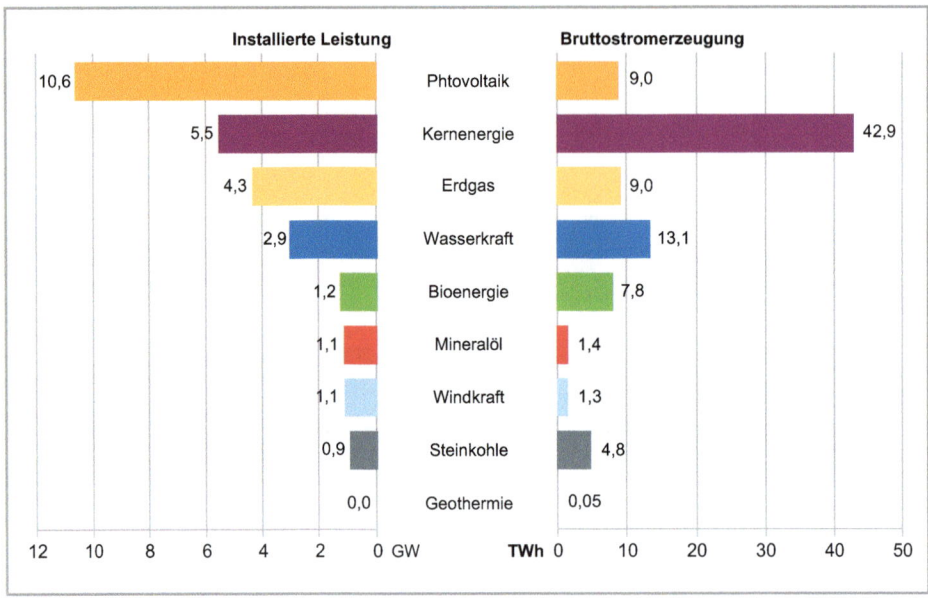

Abb. 5.15 Installierte Leistung und tatsächliche Stromerzeugung im Jahr 2013 in Bayern, [7]

Da nicht alle Kraftwerksarten in ihrer Leistung unabhängig steuerbar sind, wird zur Bewertung des jeweiligen Beitrags zur Sicherstellung der notwendigen Erzeugung die gesicherte Leistung als jährlicher Mittelwert verwendet. Diese beschreibt die zuverlässig verfügbare Leistung der Erzeugungsart. Naturgemäß ist dieser Leistungsanteil bei wetterabhängig fluktuierenden Energien geringer als bei kontrolliert durch Feuerung betriebenen Kraftwerksarten (siehe Tab. 5.3).

Dezentrale regenerative Erzeugungsanlagen übernehmen mit ihrem weiteren Zubau immer weitergehende Aufgaben zur Sicherstellung der Systemsicherheit. Dazu gehören das Durchfahren von Spannungseinbrüchen im Fehlerfall, die statische und dynamische Stützung der Netzfrequenz sowie die Beteiligung an der Spannungsregelung. Ein bisher nicht endgültig untersuchtes Problem beim Übergang zu einer überwiegend regenerativ versorgten Energieversorgung ist die Stabilität der Netzregelung ohne Großkraftwerke mit rotierenden Massen.

Selbst wenn im Jahresmittel 2016 mehr als 31 % der Stromproduktion regenerativ erzeugt wurde, gibt es viele Zeiträume in denen kaum regenerative Energie zur Verfügung steht, der Bedarf somit kurzfristig durch konventionelle Stromerzeugung gedeckt werden musste, um die Versorgungssicherheit jederzeit zu gewährleisten.

Spiegelt man die weitreichenden und für die Bevölkerung zunehmend deutlicher sichtbaren Auswirkungen der Energiewende daran, dass Wind und Sonne zusammen im Jahr 2016 im Mittel nur etwas mehr als 31 % der elektrischen Last gedeckt haben, aber den weitaus größten Teil des weiteren Aufbaus beitragen sollen, so muss ernsthaft nachgefragt werden, ob das EEG bisher seinem Ziel der nachhaltigen Energieversorgung gerecht geworden ist. Zur Versorgungssicherheit bei 31 % Anteil des regenerativ erzeugten Stromes standen etwa 110 % des Spitzenbedarfs anhand konventioneller Kraftwerke zur Verfügung.

Geht man davon aus, dass die Zielwerte der Energiewende im Jahr 2050 erreicht werden, d. h. dass der Ausbau der Windenergie, der Geothermie und der Fotovoltaik planmäßig erfolgte, die Energieeinsparmaßnahmen erreicht, die Möglichkeiten der Biomasse ausgeschöpft und die anvisierten Speichertechnologien installiert wurden, so sind nach mehreren Studien bei einem mittleren Anteil von 80 % regenerativ erzeugtem Strom immer noch ca. 35 GW bis 80 GW, das ist zwischen 50 % und 70 % der heutigen Spitzenlast, durch konventionelle Kraftwerke abzusichern.

Die Studien der dena und der PROGNOS AG von 2012 zeigen, dass im Jahr 2050 bei einem 80 %igen Anteil der erneuerbaren Energien an der Stromerzeugung weiterhin eine installierte Leistung von rund 50 GW in fossil befeuerten Großkraftwerken im KWK-Betrieb oder allein zur Stromerzeugung in Deutschland erforderlich ist, um die Versorgung jederzeit sicherstellen zu können ([9, 10]).

Die DLR-Studie für das BMU von 2012 weist dazu für Deutschland im europäischen Stromverbund eine notwendige Großkraftwerksleistung von 38 GW aus [11].

Die Studie der enervisenergyadvisors GmbH 2013, die im Auftrag der VKU (Verband kommunaler Unternehmen e.V.) durchgeführt wurde, sieht sogar einen Bedarf von 80 GW [12].

Die entsprechende installierte Gesamtleistung thermischer Großkraftwerke wird nach dem Statusreport 2013 des VDI bei rund 50 % bis 70 % des heutigen konventionellen Kraftwerksbestands liegen müssen [13].

Die Tatsache, dass wir auch im Jahre 2050, wenn die Stromversorgung in Deutschland nahezu vollständig auf erneuerbare Energien umgestellt sein soll, weiterhin in etwa 50 GW konventionelle Kraftwerksleistung vorhalten müssen, um die Versorgung auch in Zeiten fehlender Stromproduktion durch Wind- und Fotovoltaik gewährleisten zu können, darf nicht ausgeblendet werden. Konventionelle Kraftwerke, d. h. Kohle und Gaskraftwerke sind somit nicht nur als kurzfristige Brückentechnologie anzusehen, sondern auch noch mittelfristig zur Versorgungssicherheit unersetzbar, zumindest bis sich eine Alternative abzeichnet, wie sie beispielsweise die Steuerung von Angebot und Nachfrage darstellt, die die angespannte Lage mindestens entlasten könnte.

Diese Erkenntnis muss auch unter dem Aspekt der Wirtschaftlichkeit betrachtet werden. Die Kosten der Stromerzeugung hängen einerseits von den Fixkosten der Erstellung und Wartung des Kraftwerkes und andererseits von den Brennstoffkosten ab. Ein Kohlekraftwerk erfordert zuerst einen hohen Kapitaleinsatz zu Errichtung, während die Betriebskosten aufgrund der billigen Kohle geringer sind. Umgekehrt sind die Errichtungskosten einer GuD-Anlage deutlich niedriger, aber der Betrieb aufgrund der derzeit höheren Erdgaspreise teurer. Es ergibt sich der in der Abbildung (Abb. 5.16) dargestellte Zusammenhang der Stromproduktionskosten in Abhängigkeit der jährlichen Einsatzdauer.

Deutlich erkennbar ist, dass für einen Jahresbetrieb unter 700 h die Gasturbinen-Anlage die kostengünstigste Lösung ist. Für einen Dauereinsatz von über 4300 h hingegen das

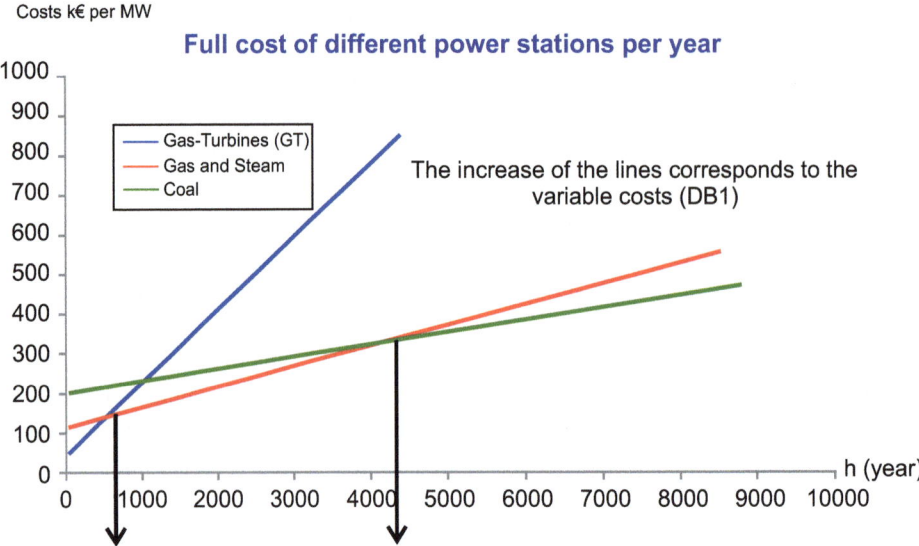

Abb. 5.16 Stromproduktionskosten in Abhängigkeit der jährlichen Anforderungsdauer (1 Jahr = 8760 h), [14]

Kohlekraftwerk. Das GuD-Kraftwerk liegt dazwischen. Dies begründet die derzeitige Nutzung der Kohle für die Bereitstellung der Grundlast und der Gasturbine bzw. GuD-Anlage für die Regelenergie auf wirtschaftlicher Basis, insbesondere unter dem Aspekt, dass durch die vermehrte Nutzung des Schiefergases in den USA in letzter Zeit der Kohlepreis international nicht so stark gestiegen ist.

Zieht man nun noch die voraussichtliche notwendige Nutzungsdauer der benötigten Regelenergie der unterschiedlichen Energietransformationsszenarien hinzu, so wird die geforderte Einsatzdauer bei steigender Stromerzeugung durch den Einsatz der regenerativen Energie zukünftig immer kürzer.

Dadurch, dass die regenerativ gewonnene Energie bevorzugt in das Netz eingespeist wird und dass sie über Subventionen der Kleinverbraucher vergütet wird, steht im Jahresdurchschnitt eine große Menge an elektrischer Energie zur Verfügung. Dies bedeutet, dass die Preise an der Strombörse gefallen sind (Abb. 5.11), was sich aber lediglich auf die Großverbraucher und bezeichnender Weise auch auf diejenigen Stromerzeuger, die ihren Strom mit konventionellen Kraftwerken erzeugen, gravierend auswirkt.

Zentrales Element eines Elektrizitätsbinnenmarktes ist der Stromaustausch zwischen den Mitgliedstaaten und die dafür zur Verfügung stehenden Grenzkuppelleistungen. Seit der Liberalisierung der Elektrizitätswirtschaft nehmen die grenzüberschreitenden Stromflüsse von Deutschland und seinen Nachbarstaaten stetig zu (vgl. Abb. 5.17). Dabei folgt der Stromaustausch einer deutlichen saisonalen Charakteristik. Gemeinhin erfolgten Stromimporte in den Sommermonaten und Exporte in den Wintermonaten, inzwischen liegen die Stromexporte in den Sommermonaten deutlich unter den Stromexporten in den Wintermonaten.

5.5 Konventionelle Stromerzeugung als Brückentechnologie

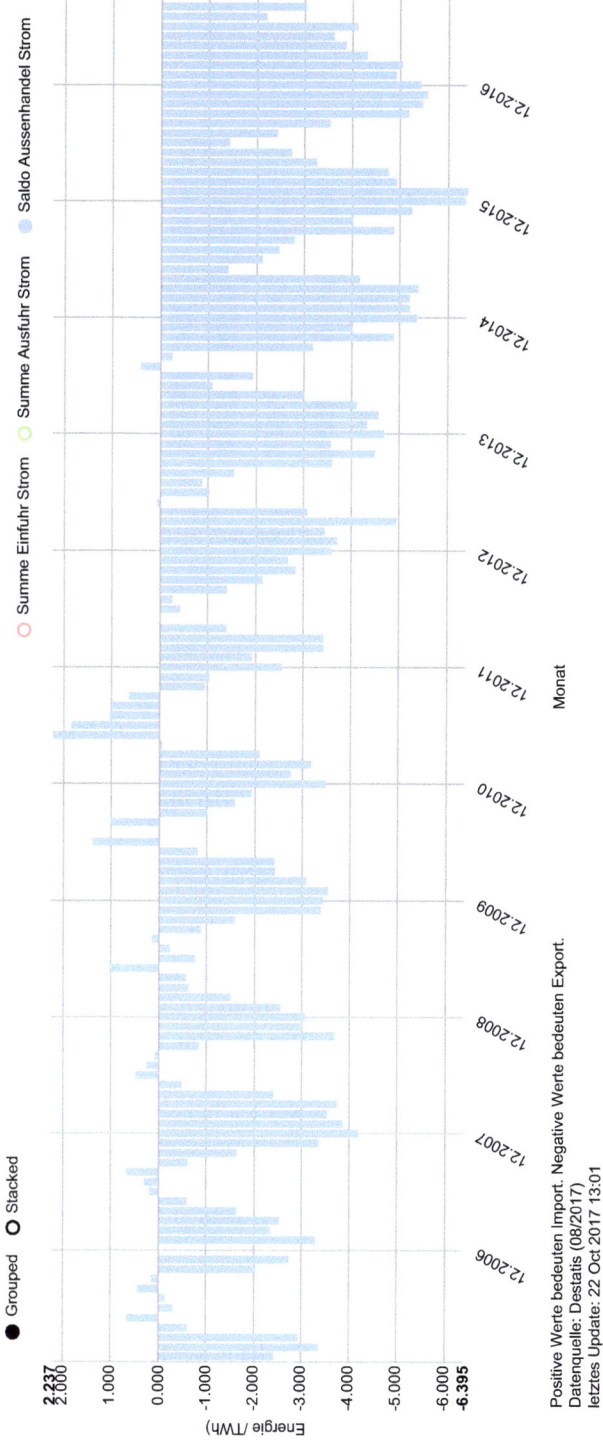

Abb. 5.17 Monatl. Außenhandelsstatistik elektrischer Strom in TWh von 2006 bis 2016, [6]

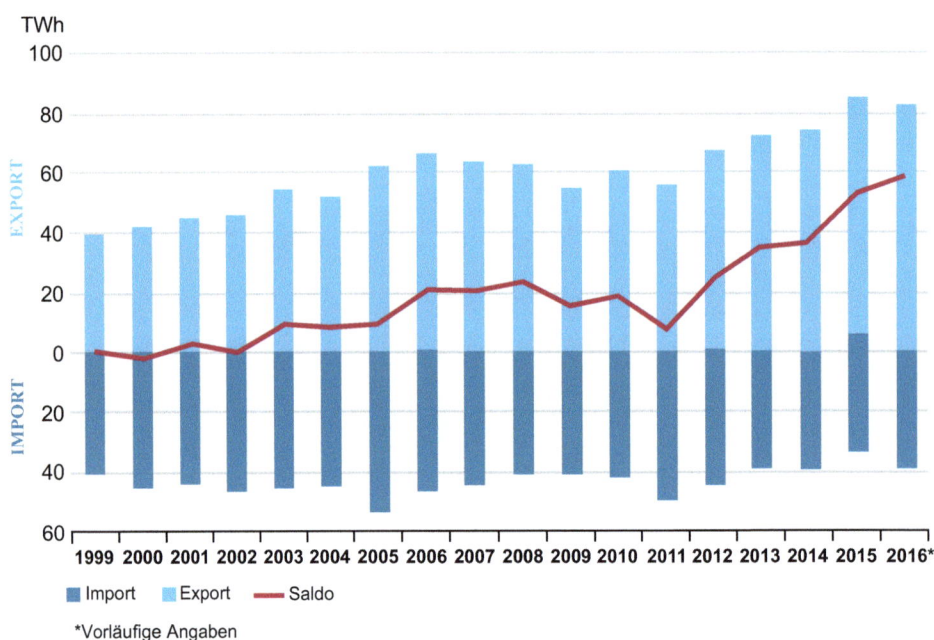

Abb. 5.18 Stromexportsaldo Deutschlands, [15]

War bis Mitte der Jahre 2005 der Import- und Export von elektrischem Strom in etwa (±1 % ausgeglichen), so wurden im Durchschnitt der letzten 7 Jahre ca. 2,8 % des jährlich produzierten Stromes exportiert, im Jahre 2016 immerhin 55,5 TWh, dies sind inzwischen etwa 8 % des deutschen Inlandverbrauchs (Abb. 5.18). Deutschland ist aufgrund der Subventionen regenerativer Energien zum Stromexporteur geworden (Abb. 5.19).

Da der überschüssige Strom aufgrund des erforderlichen Weiterbetriebes unter Teillast der billigeren, schlechter regelbaren Braunkohlekraftwerken sowie aus Steinkohlekraftwerken kommt, verschlechtert sich die nationale CO_2-Bilanz. Allerdings muss hierbei auch berücksichtigt werden, dass die Bereitstellung der Residuallast in Ermangelung an Speichern und Verbrauchsanpassung derzeit erfordert, dass konventionelle Kraftwerke im Teillastbetrieb bereitgehalten werden müssen, um schnell stützend eingreifen zu können. Dennoch sind viele der derzeit eingesetzten Kohlekraftwerke, aber auch die modernen hocheffizienten GuD-Kraftwerke und bezeichnenderweise die Wasserspeicherkraftwerke, aufgrund der geringer werdenden Einsatzperioden nicht mehr rentabel.

Um die entstehenden finanziellen Verluste auszugleichen, die derzeit den Stromversorgern entstehen, muss reagiert werden, wenn vermieden werden soll, dass die dringend benötigten nationalen Kraftwerkskapazitäten abgebaut werden und die Regelenergie aus den Nachbarländern bezogen wird.

5.5 Konventionelle Stromerzeugung als Brückentechnologie

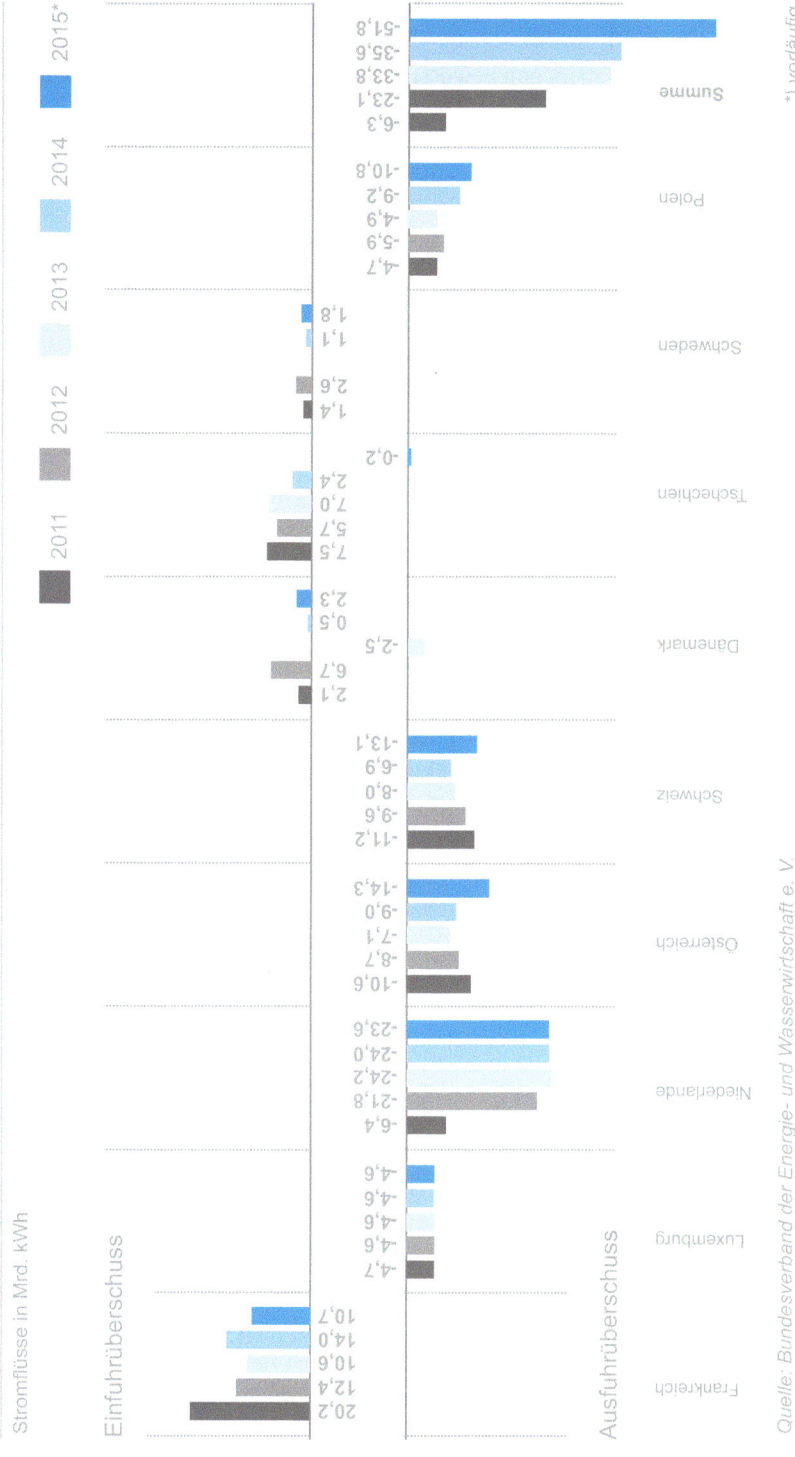

Abb. 5.19 Stromaustauschsaldo Deutschlands mit Nachbarländern in den Jahren 2011 bis 2015. (Quelle AG Energiebilanzen)

Die Einnahmen aus den Stromexporten belaufen sich inzwischen jährlich auf etwa 1,8–2,0 Mrd. €, (Abb. 5.20).

Deutschland muss sich aber auch bewusst sein, dass die nationale Energiewende nur im europäischen Kontext und unter Einbeziehung der Ressourcen unserer Nachbarn funktionieren kann. Erst wenn es uns gelingt, einen europäisch abgestimmten Energiewendeweg zu beschreiten, werden die damit verbundenen Chancen größer als die Risiken.

Wenn am Ende des eingeschlagenen Weges also tatsächlich eine Erfolgsgeschichte stehen soll, an der andere Länder sich orientieren, sind einige Korrekturen erforderlich:

- Zu allererst müssen sich auch die regenerativen Energien daran orientieren, was von den Nutzern elektrischer Energie auch tatsächlich benötigt wird; das ist zeitgerecht gelieferte Energie und nicht die installierte Leistung. Selbst in 35 Jahren muss Regelenergie voraussichtlich in großem Umfang über konventionelle Kraftwerke vorgehalten werden. Der Übergang zur Direktvermarktung des nachhaltig hergestellten Stroms ist deshalb ein richtiger und wichtiger Schritt, wobei die kosteneffiziente Einbindung des hohen Anteils dezentraler Anlagen eine große Herausforderung ist.
- Zweitens müssen alle politischen Maßnahmen daraufhin geprüft werden, dass sie nicht gegeneinander arbeiten. Die derzeit propagierte Sektorkoppelung geht in diese Richtung.
- Und drittens muss der energiewirtschaftliche Rahmen europäischer werden. Weiträumiger Ausgleich unterschiedlicher Wetterbedingungen ist sowohl für die effiziente Standortwahl als auch für den Abgleich von Einspeisung und Bedarf bei hohen Anteilen von erneuerbaren Energien vorteilhaft.

Der Erfolg der deutschen Energiewende definiert sich nicht allein in den strategischen Zielsetzungen des Ausbaus der Erneuerbaren und eines schnellen Endes des fossilen Energiezeitalters in Deutschland, sondern ganz wesentlich in der Zielsetzung, dass die Versorgungssicherheit und die globale Wettbewerbsfähigkeit der deutschen Wirtschaft bewahrt und gestärkt werden.

5.6 Treibhausgase, Umwelt

Das Klimaschutzziel für das Jahr 2020, die Treibhausgase um 40 % gegenüber 1990 zu senken, dürfte nach Einschätzung der Expertenkommission 2018 [2] aller Voraussicht nach deutlich verfehlt werden. Sowohl der sechste Monitoring-Bericht [1], als auch der Klimaschutzbericht 2017 gehen davon aus, dass die Reduktion der Treibhausgasemissionen in 2020 voraussichtlich nur etwa 32 % betragen wird. Im Jahr 2016 betrug er 27,3 %, (Abb. 5.21). Auch die Erreichung des Ziels für 2030 ist mit der jetzigen Dynamik unwahrscheinlich, denn von 2017 bis 2030 müssten die jährlichen Treibhausgasemissionen

5.6 Treibhausgase, Umwelt

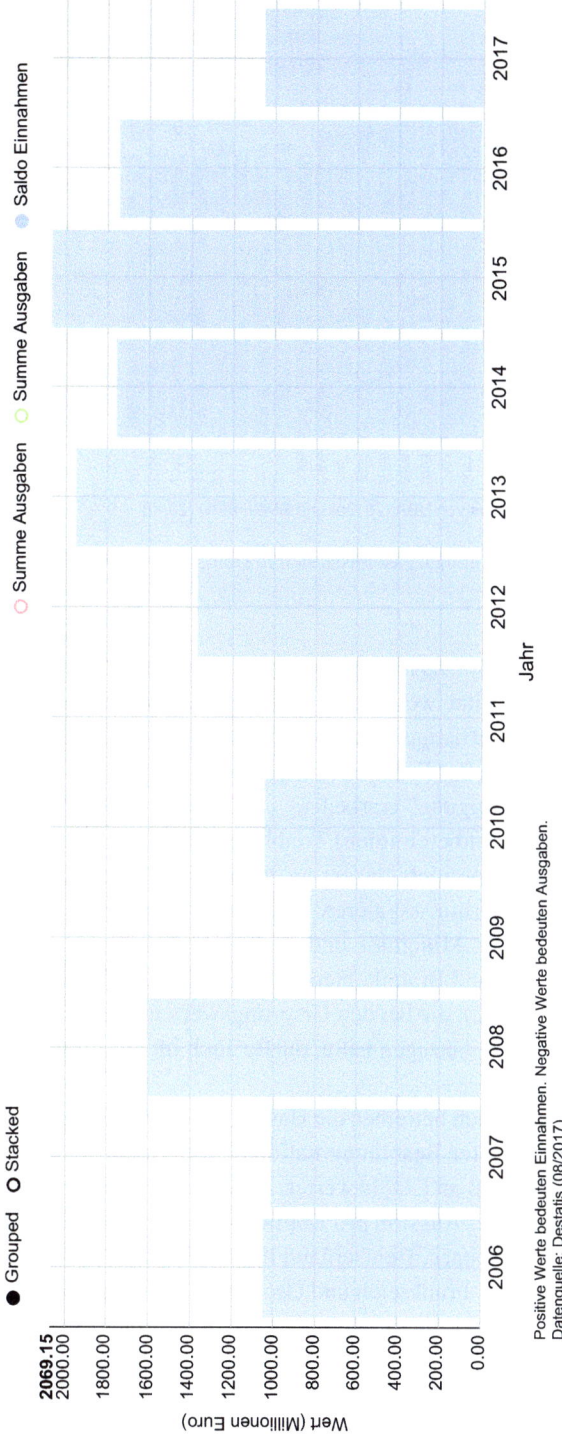

Abb. 5.20 Jährliche Außenhandelsbilanz elektrischer Strom in Mio. €, [6]

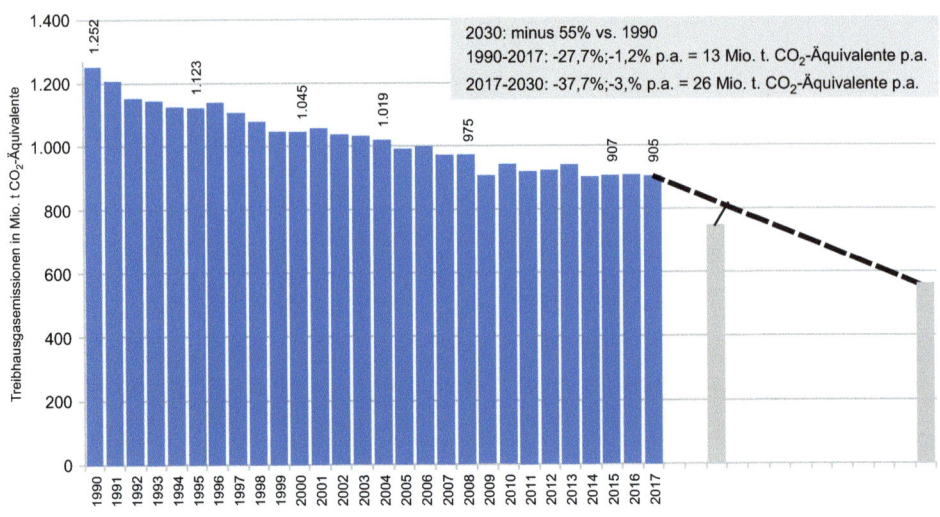

Abb. 5.21 Entwicklung der Treibhausgasemissionen in Deutschland 1990 bis 2017 mit den Reduktionszielen bis 2030, [2]

dreimal stärker gesenkt werden als in den Jahren von 2000 bis 2017. Als Reaktion soll das Klimaschutzgesetz überarbeitet werden und ein dem Pariser Stand der Energiewende Abkommen konformer langfristiger Zielkorridor definiert werden. Außerdem werden Maßnahmen zur Beendigung der Kohleverstromung durch eine Kommission „Wachstum, Strukturwandel und Beschäftigung" erarbeitet.

Hinzu kommt, dass die (unbereinigten) Treibhausgasemissionen nach den vorliegenden Schätzungen der AG Energiebilanzen zur voraussichtlichen Entwicklung des Primärenergieverbrauchs weiterhin stagnieren. Dazu tragen vor allem die weniger emissionsintensiven Energieträger Mineralöl und Erdgas bei, während der Verbrauch der emissionsintensiven Stein- und Braunkohlen sinkt. Die Lücke bis zum Zielwert für 2020 (749 Mio. t CO_2-Äquivalente), die bei den Ursprungswerten gegenüber 2016 schon rund 160 Mio. t CO_2-Äquivalente betragen hatte, dürfte auch im den folgenden Jahren kaum geringer werden.

Im internationalen Vergleich betreiben die Hauptemittenten der Klimagase (Abb. 5.22) ihre eigene Klimapolitik unter Beachtung nationaler wirtschaftlicher Interessen. Wird lediglich der gesamt Ausstoß an CO_2 bewertet, so wird die jeweilige Größe des Landes überbewertet. Deshalb ist der Ausstoß pro Kopf der Bevölkerung realer (links). Hiermit ändert sich die Reihenfolge stark. Deutschland liegt auf einem Mittelplatz, während die europäischen Länder Italien, Frankreich und Großbritannien mit den halben Emissionen pro Kopf auskommen. Bezieht man jedoch die CO_2-Emissionen auf das erwirtschaftete Brutto-Inlandsprodukt, so liegt Deutschland mit Japan in etwa bei den europäischen

5.6 Treibhausgase, Umwelt

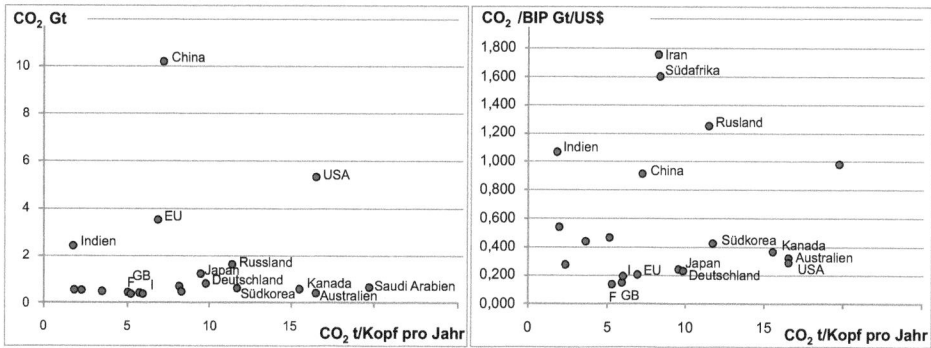

Abb. 5.22 CO_2-Emissionen ausgewählter Länder 2016; absolute CO_2-Emission gegen pro Kopf-Emission (*links*), CO_2/BIP gegen pro Kopf-Emission (*rechts*), Daten nach AGEE Stat. 2/18

Ländern während USA, Kanada und Südkorea einen fast doppelt so hohen Ausstoß haben.

Wir werden wohl mit den Konsequenzen eines Temperaturanstieges leben müssen. Beeindruckend ist dennoch, dass sich die Staaten weltweit zusammensetzen und versuchen, ein globales Problem zusammen auf freiwilliger Basis zu lösen. Dies ist neu in der Geschichte der Menschheit. Bisher löste man die Probleme, in dem der Stärkere dem Schwächeren seine Meinung mit Gewalt aufzwang. Zu hinterfragen ist allerdings, inwieweit es möglich ist, durch Einsparung der Treibhausgasemissionen das Klima positiv zu beeinflussen. Das führt auf die Frage, wie viel des derzeit bemerkbaren Treibhauseffektes auf anthropogene Ursachen zurückzuführen ist und wer letztendlich festlegt, was positiv ist. Das Leben hat sich im Laufe der Jahrmilliarden entwickelt. Es gibt kein wie immer auch geartetes Gleichgewicht, d. h. kein Beharren auf dem Status quo, wenn wir diesen auch mit unserem konservativen Denken zu bewahren suchen. Letztendlich hat sich sowohl die Erde, als auch das Leben entwickelt und beide sind dabei, sich unaufhaltsam weiter zu entwickeln.

Fossile Primärenergieträger werden als vorübergehende Brücke aus derzeitiger Sicht weiterhin benötigt, haben aber mittelfristig aus wirtschaftlichen Gründen keine Zukunft. Wie kommen wir unter Einbehaltung unseres Wohlstandes zur sicheren und finanzierbaren Energieversorgung basierend auf den erneuerbaren Energien?

Als zu Beginn des Industriezeitalters der Energiebedarf angestiegen ist, bediente man sich der konzentriertesten Form der Energie. Die bis dahin übliche Nutzung der Sonnenenergie und der Biomasse wurde sukzessive ersetzt durch fossile Energieträger, zuerst Kohle und Erdöl, später Erdgas. Die Kernspaltung mit ihrer extremen Energiedichte war die konsequente Weiterverfolgung dieses Trends. Sie erreicht ihren Höhepunkt in der Kernfusion, für deren Erforschung wir in 2016 immerhin 127 Mio. Euro Bundesmittel ausgaben, Abb. 5.23 [1]. Allerdings dürfte sie zumindest mittelfristig noch keinen Beitrag zur Energieversorgung liefern.

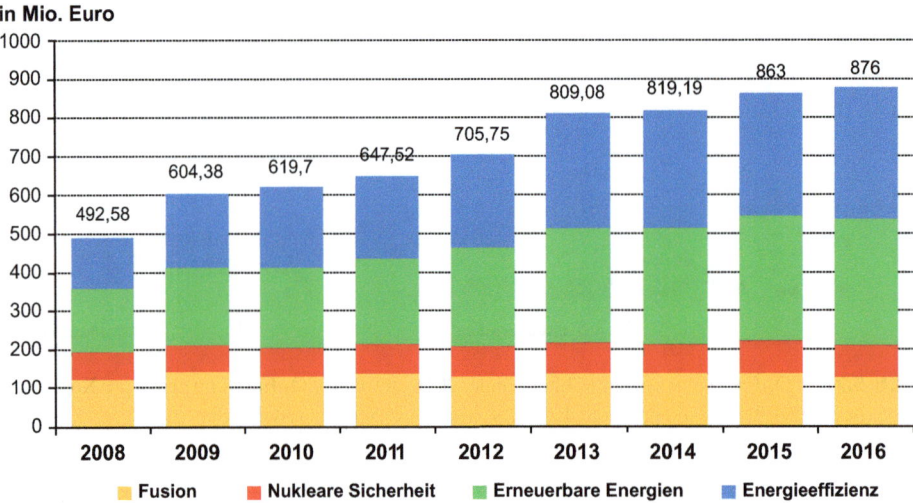

Abb. 5.23 Übersicht der Themen im Energieforschungsprogramm des Bundes [1]

5.7 Energieeffizienz

In Deutschland war die Energiewende bereits 1990 mit der Verabschiedung des Stromeinspeisungsgesetzes eingeläutet worden, dennoch wird oft das Jahr 2011 als Beginn der Energiewende angesehen. Hierbei sollte nicht übersehen werden, dass die Erhöhung der Energieeffizienz auf der Energieeffizienzrichtlinie der EU von 2006 beruht.

Als Zielsetzung legte die EU-Kommission 2006 fest, dass einerseits die Wettbewerbsfähigkeit der europäischen Energiewirtschaft verbessert und andererseits die europäische Energieversorgung gesichert, sowie der Klimaschutz spürbar erhöht werden soll.

Der Monitoring-Bericht [1] zeigt nach Ansicht der Expertenkommission [2], dass im Bereich der Energieeffizienz noch große Anstrengungen nötig sind, um die Ziele zu erreichen. Aus Sicht der Expertenkommission ist aber die Bewertung im Monitoring-Bericht in allen Bereichen zu positiv ausgefallen. Der Bericht hätte deutlicher machen müssen, dass die Zielerreichung etwa hinsichtlich des Kernziels, der Reduktion des Primärenergieverbrauchs nicht gesichert ist und bei der Erhöhung der Endenergieproduktivität unwahrscheinlich ist. Zwar wurden inzwischen eine Reihe von Maßnahmen ergriffen, etwa als Teil des Nationalen Aktionsplans Energieeffizienz (NAPE), jedoch sind die damit verbundenen, zu erwartenden Verbrauchsminderungen nicht ausreichend.

Mit dem nun propagierten Prinzip „Efficiency First" wird ein neues „Grundprinzip" eingeführt. Generell ist der Effizienz eine hohe Bedeutung beizumessen. Jedoch sind nicht alle derzeit verfolgten technisch möglichen Maßnahmen und rechtlichen Vorschriften und Förderoptionen zur Erhöhung der Effizienz als sinnvoll einzustufen. Bei einer umfassenden Bewertung müssen aus Sicht der Expertenkommission /2/ ökonomische, ökologische, soziale und systemische Kriterien Beachtung finden (vgl. Abb. 5.24). Die Expertenkommission

5.7 Energieeffizienz

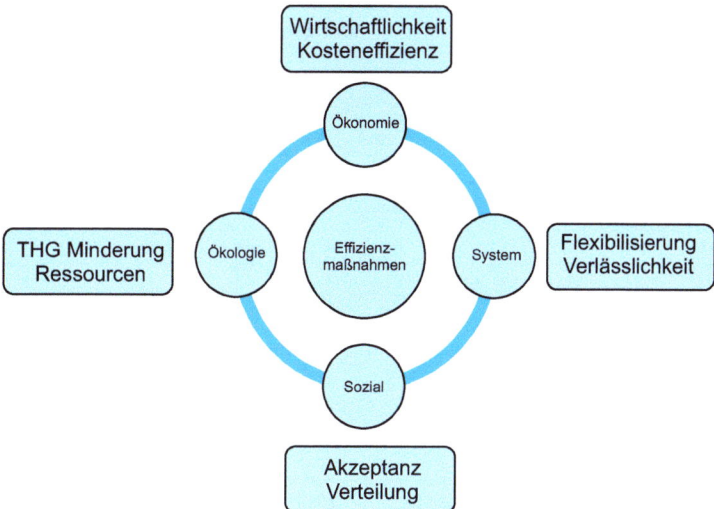

Abb. 5.24 Energieeffizienz: „Think Efficiency", hohe Bedeutung bei gleichzeitiger Überprüfung anhand von quantitativen Kriterien, nach [16]

spricht sich entsprechend eher für „Think Efficiency" statt „Efficiency First" aus. Mit der Implementierung als Grundprinzip muss auch der Rechtsrahmen für das Energiesystem in Bezug auf Hemmnisse und Verbesserungsmöglichkeiten für eine effiziente Erzeugung, Verteilung und Nutzung von Energie überprüft und anpasst werden.

Im Bereich der Gebäude, die immerhin ein Drittel der Endenergie verbrauchen, ist die Zielerfüllung bis 2020 unter Berücksichtigung der temperaturbereinigten Werte nicht sichergestellt. Für das 2050-Ziel eines klimaneutralen Gebäudebestandes setzt die „Effizienzstrategie Gebäude" einen langfristigen Rahmen. Die Leitplanken werden durch die beiden Szenarien „hohe Effizienz" und „hoher Anteil Erneuerbare" gesetzt. Dabei muss aber die Reduzierung des Endenergiebedarfs der Gebäude in der Größenordnung des Effizienz-Szenarios liegen, um die Ziele aus dem Klimaschutzplan erreichbar zu machen. Die Energieeinsparverordnung und insbesondere die KfW-Förderprogramme müssen an dem langfristigen Ziel ausgerichtet werden. Auch sollte eine Zusammenführung von EnEV und EEWärmeG sowie von KfW-Förderprogrammen und MAP angestrebt werden.

Als Zielwert forderte die EU von Deutschland eine Endenergieeinsparung von 9 % in den Jahren 2008 bis 2016 gegenüber dem damaligen Status. Diese Ziele streben eine Verdopplung der Energieeffizienz des Jahres 1990 bis zum Jahr 2020 (Abb. 5.25) an, was einer jährlichen Steigerung um 2,1 % entspricht. Bereits ab dem Jahr 2000 ist ein leichtes Abflachen der Entwicklung erkennbar, das inzwischen auf einen gewissen Sättigungseffekt der laufenden Maßnahmen hindeuten könnte. Ohne ein Überarbeiten der Maßnahmen scheinen die ehrgeizigen Ziele bis 2050 von 686 GJ/€ nicht annähernd erreichbar.

Zusätzlich soll der Primärenergieverbrauch um 20 % bis 2020 und 50 % bis 2050 reduziert werden (Abb. 5.26). Seit Herbst 2010 setzt das Energiekonzept zudem unter anderem das Ziel, den Anteil der erneuerbaren Energien am Bruttoenergieverbrauch auf 18 % bis

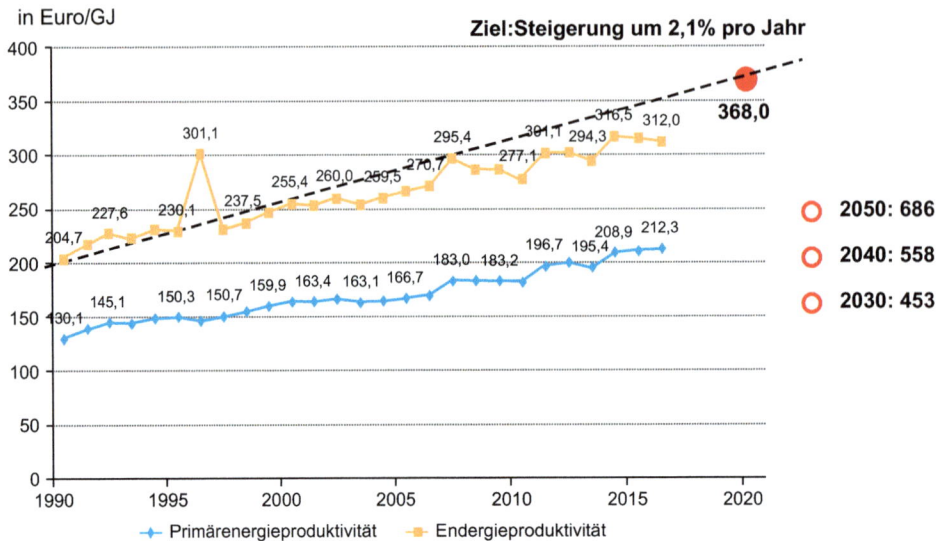

Abb. 5.25 Energieproduktivität in Deutschland als Verhältnis vom Bruttoinlandsprodukt zum Primär- bzw. Endenergieverbrauch, nach [1, 2]

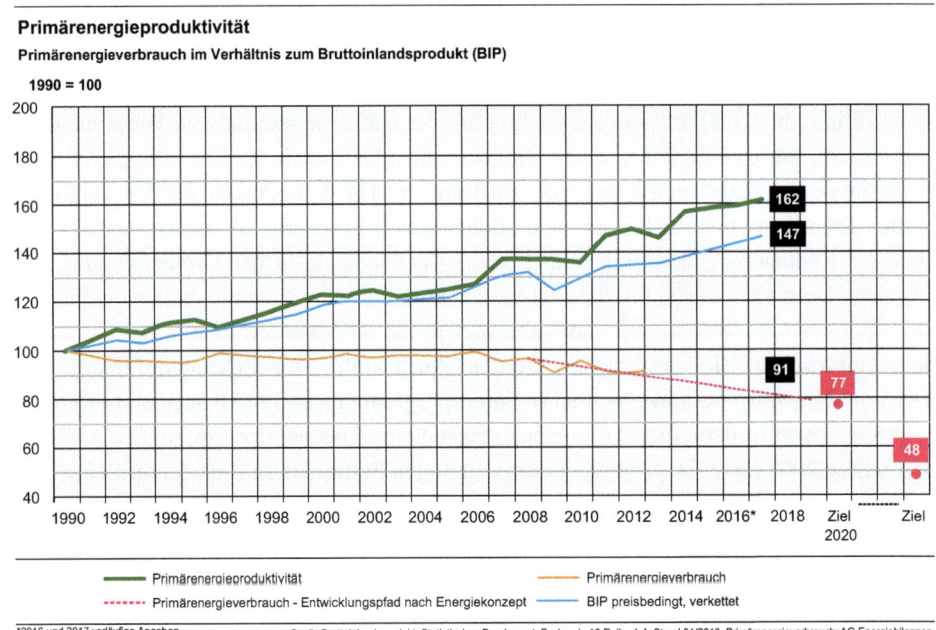

Abb. 5.26 Entwicklung von Primärenergieverbrauch, Bruttostromverbrauch und Energieeffizienz in Deutschland, [17]

5.7 Energieeffizienz

2020 bzw. auf 60 % bis 2050 zu erhöhen. Die Maßnahmen sollen durch Förderung und durch ein angepasstes Ordnungsrecht realisiert werden. Inzwischen wurde auf EU-Ebene ein indikatives Ziel von 30 % zur Verbesserung der Energieeffizienz bis 2030 festgelegt.

Bei der Interpretation dieser Ziele muss sauber getrennt werden. Ziel ist die Energieeinsparung. Man kann dies selbstverständlich erreichen, indem die energieverbrauchenden Prozesse effizienter werden. Letztendlich sagt aber die Effizienz über die erzielte Einsparung nichts aus. Sie ist lediglich eine Steigung, die zusätzliche Änderungen im Energieverbrauch nicht berücksichtigt. Deshalb ist immer auch der tatsächliche Energieverbrauch, d. h. genauer die Einsparungen des Endenergieverbrauchs, zu betrachten, wenn mit der Effizienz argumentiert wird. Das Ziel, wie es vom Bundesamt für Wirtschaft und Ausfuhrkontrolle (Bundesstelle für Energieeffizienz, BfEE) vor kurzem formuliert wurde, „die Effizienz der Energienutzung durch den Endkunden Deutschland mit Energiedienstleistungen und deren Energieeffizienzmaßnahmen kostenwirksam zu steigern" führt sicherlich zur Stärkung der Wirtschaft, muss aber nicht notwendigerweise zu einem geringeren Endenergieverbrauch führen.

Die Erhöhung der Energieeffizienz stellt nur ein Teil dar, der weniger schmerzliche allerdings. Ohne starke Einsparungen werden die steigenden Preise nicht sozial verträglich aufzufangen sein. Bei allen Maßnahmen ist der „Rebound-Effekt" zu berücksichtigen. Hiermit ist gemeint, dass Einsparungen, die z. B. durch effizientere Technologien entstehen, durch vermehrte Nutzung und Konsum verspielt werden. So wird nach der Anschaffung eines sparsamen Autos oder einer sparsamen Beleuchtung ein Teil der Einsparung durch häufigeren Betrieb wieder aufgezehrt. Oft werden die Einsparpotenziale kompensiert, gelegentlich sogar überkompensiert.

Somit scheint das ursprüngliche Ziel der EU, die Sicherung der Energieversorgung tatsächlich nur zu erreichen sein, wenn einerseits deutlich weniger Primärenergie verbraucht wird und diese andererseits möglichst regional gewonnen wird. Für uns muss regional in diesem Zusammenhang die EU bedeuten. Eine autarke Kleinstaaterei der Energieversorgung, wie sie teilweise propagiert wird, kann bei vermehrter Nutzung regenerativer Energiequellen nicht flächendeckend zum Erfolg führen.

Zur Bewertung der nachhaltigen Energieversorgung durch regenerative Primärenergie darf aber nicht wie bisher der Jahresmittelwert der regenerativ bereitgestellten Energie dienen. Vielmehr ist der sogenannte Deckungsgrad entscheidend. Hiermit versteht man den Anteil des Energieverbrauchs, der unter Beachtung aktueller Technologie die konventionellen Energieträger tatsächlich ersetzen kann. Nur mit Wind- und Solarenergie ist ein Deckungsgrad von einhundert Prozent nicht realisierbar. Die Speichermöglichkeiten an Energie, die benötigt werden, um den augenblicklichen Leistungsbedarf von vielen GW zu decken, sind derzeit noch nicht absehbar. Wir können die im Sommer überschüssige Energie noch nicht effizient auf den Winter aufheben. Propagierte Lösungen, wie beispielsweise Wasserstoffproduktion oder Power to Fluid bedeuten, dass aufgrund des schlechten Wirkungsgrades dreimal so viel Primärenergie zur Speicherung bereitgestellt werden müsste, wie benötigt wird. Derzeit haben wir etwa doppelt so viel Nennleistung an Wind- und Solarenergie installiert, wie wir an Spitzenleistung brauchen. Deren Beitrag an der Stromerzeugung liegt im Mittel um die 31 %. Um jedoch eine sichere Versorgung zu gewährleisten, würde in etwa zehn Mal so viel installierte Leistung benötigt.

Zum Erreichen der Ziele, die Importabhängigkeit stark zu reduzieren, reicht die Erhöhung der Effizienz nicht aus. Zum einen muss wie erwähnt auch der absolute Primärenergieverbrauch deutlich reduziert (Abb. 5.26), zum anderen aber auch der Anteil der nachhaltig bereitgestellten Primärenergie kräftig erhöht werden. Zudem kann eine Förder- und Ordnungspolitik, die eine Technologie fördert, kaum Innovationen hervorbringen.

5.8 Verkehr

Die Expertenkommission [2] stellt zum Monitoring-Bericht 2018 [1] fest, dass der Verkehrsbereich die Energiewendeziele sowohl bezüglich der Steigerung des Anteils Erneuerbarer als auch bezüglich der Minderung des Endenergieverbrauchs deutlich verfehlt. Der Endenergieverbrauch des Verkehrs ist zum vierten Mal in Folge angestiegen, im Jahr 2016 um fast 3 % gegenüber dem Vorjahr. Mittlerweile umfasst die Ziellücke zum 2020er Ziel rechnerisch etwa den Jahresverbrauch von 10 bis 11 Mio. Pkw. Der Reduktionsbedarf bis zum Jahr 2030 beträgt knapp 70 Mio. t CO_2-Äquivalente bzw. ca. 41 %. Die Emissionen des motorisierten Individualverkehrs nehmen aber wegen der steigenden Zahl an Fahrzeugen und damit verbunden der steigenden Gesamtfahrleistung stetig zu, während der durchschnittliche spezifische Energieverbrauch und damit auch die durchschnittlichen spezifischen CO_2-Emissionen im Pkw-Bestand seit Jahren in etwa stagnieren.

Zielszenarien zeigen den Weg zu substanziellen Reduktionen von Endenergieverbrauch und Treibhausgasemissionen des Verkehrs auf, auch mit Blick auf 2050. Diese Szenarien basieren jedoch auf Annahmen zu Politikmaßnahmen im Verkehr, die eher einen grundlegenden Politikwechsel im Vergleich zur derzeitigen Situation darstellen [18].

Der Klimaschutzplan 2050 setzt ein ambitioniertes Zwischenziel für die CO_2-Emissionen des Verkehrs im Jahr 2030. Aus dem derzeitigen europäischen Vorschlag zur Festlegung verbindlicher nationaler Jahresziele für die Reduzierung der Treibhausgasemissionen im Zeitraum 2021–2030 (Effort Sharing Regulation) resultiert eine Vorgabe zur Reduktion der Emissionen außerhalb des Emissionshandels, für deren Erreichung der Verkehr eine Schlüsselrolle spielen müsste. Sollte die Erreichung dieser Ziele wirklich ernst genommen werden, muss der benannte Politikwechsel im Verkehr dringlich stattfinden.

Dabei sollte berücksichtigt werden, dass die negativen Wirkungen des Verkehrs vielfältig sind und über CO_2-Emissionen hinausgehen. Emissionen von Schadstoffen und Lärmbelastung erzeugen hohe Kosten für das Gesundheitssystem und beeinflussen die Lebensqualität in Ballungszentren. Die vom Verkehr beanspruchten Flächen begrenzen die Möglichkeiten alternativer Nutzungen und zerschneiden Habitate und Lebensräume. Verkehrsstaus verursachen hohe volkswirtschaftliche Kosten. Des Weiteren führt der Straßenverkehr immer noch zu einer großen Zahl an Unfällen und einer wieder ansteigenden Zahl an Verkehrstoten.

5.8 Verkehr

Eine umfassende Adressierung der Probleme im Verkehr, eine sogenannte Verkehrswende, sollte zum Ziel haben, Belastungen aller negativen Wirkungen zu reduzieren. Hierzu stehen jeweils spezifische Handlungsfelder zur Verfügung: die Nutzung alternativer Antriebe und Kraftstoffe, Effizienzverbesserungen im konventionell motorisierten Verkehr, Verlagerung des Verkehrs zu effizienteren und emissionsärmeren Trägern und die Vermeidung von motorisiertem Verkehr. Der Wechsel zu alternativen Antrieben und Kraftstoffen allein kann nicht alle Externalitäten adressieren. Insbesondere Flächennutzung und Staukosten würden sich mit so einem einseitigen Ansatz nur eingeschränkt reduzieren lassen. Auch Effizienzverbesserungen bei den konventionellen Antrieben können keinen ausschlaggebenden Beitrag leisten. Dazu würden Fahrzeuge mit großer Wahrscheinlichkeit auch weiterhin hohe Lärmbelastungen erzeugen. Des Weiteren ist das letztendliche Eintreten von Umweltentlastungen durch Effizienzverbesserungen jedenfalls in Anteilen fraglich, da sie regelmäßig mit Rebound-Effekten einhergehen. Bisher wird der Nutzen effizienter Motoren durch eine stärkere Motorisierung und durch elektrisch angetriebene Funktionen aufgewogen, anstatt dass sie der Effizienz zu Gute käme. Die Verkehrsverlagerung zu effizienteren/emissionsärmeren Verkehrsträgern würde hingegen alle Externalitäten adressieren. Auch die Anzahl der Unfälle und Verkehrstoten würde dadurch sinken, da dieses Handlungsfeld u. a. mit einer Reduktion des Pkw-Straßenverkehrs einhergeht, in dem der Großteil dieser Externalität entsteht. In der Gestaltung des Verkehrssektors müssen alle Handlungsfelder entsprechend ihrer Potenziale genutzt werden, um die Gesamtheit der negativen Wirkungen des Verkehrs anzugehen.

Sowohl in Industrie als auch im privaten Bereich versucht man, Energie einzusparen, indem energieeffiziente Techniken und Verbrauchsstrategien eingesetzt werden. Leider verkehrt sich jedoch die gute Absicht gerade im Verkehrssektor oft ins Gegenteil. Sparsamere Motoren führen in der Regel nicht zu Kraftstoffeinsparung des PKWs sondern zu erhöhter Beschleunigung und zu vermehrtem Komfort. Verbrauchte früher ein Kleinwagen mit 20 PS um die 7 L/100 km, so kann man heute mit dem gleichen Verbrauch einen Mittelklassewagen betreiben. Die Fahrleistungen des ehemaligen Kleinwagens finden heute keinen Käufer mehr.

Der Endenergieverbrauch für den Verkehr ist seit dem Höchstwert im Jahr 1999 bis 2011 um rund 7,5 % zurückgegangen, trotz steigender Personenverkehrsleistung um rund 7 % sowie steigender Güterverkehrsleistungen um rund 31 % im gleichen Zeitraum, Abb. 5.27. Seither stagniert er jedoch auf einem Wert um 2600 PJ.

Im Zeitraum von 2005 bis 2016 nahm der Durchschnittsverbrauch des PKW-Bestandes von 7,83 L/100 km auf lediglich 7,24 L/100 km ab. Der Verbrauch der Benzinmotoren nahm im angegeben Zeitraum von 8,35 L/100 km auf 7,67 L/100km ab, der Verbrauch der Dieselmotoren stagnierte von 6,82 L/100km auf 6,79 L/100 km [3, Daten AEEG Stat. 2/18].

Der Expertenrat [2] stellt fest, dass einer Berechnung des Öko-Instituts für die Agora Verkehrswende zufolge Fahrzeugseitig eine Minderung der spezifischen CO_2-Emissionen neuer Fahrzeuge von 50 % im Jahr 2025 und 75 % im Jahr 2030 gegenüber 2021 zu einer Emissionsreduktion im Verkehr in Deutschland von 37 Mio. t CO_2-Äquivalenten gegenüber dem Jahr 1990 auf einen 2030-Wert von etwa 126 Mio. t führen könnte. Die

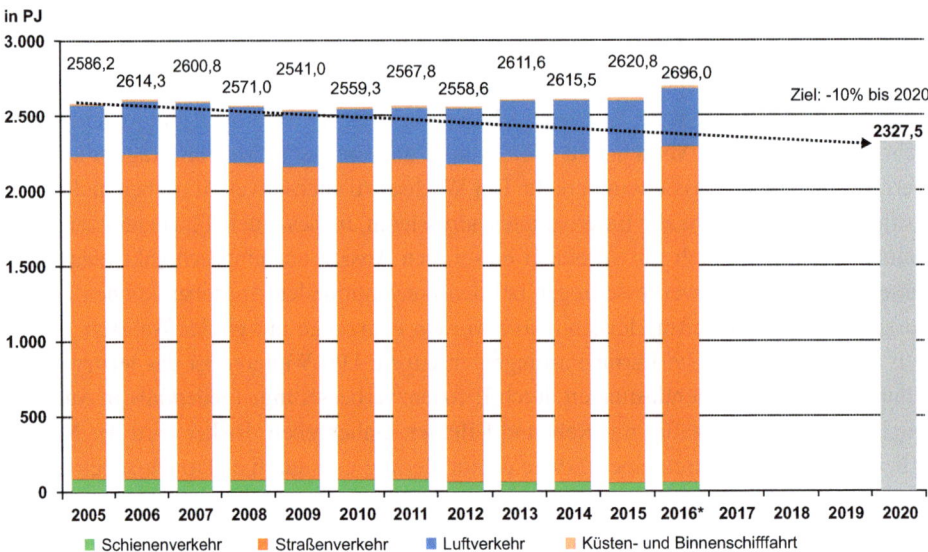

Abb. 5.27 Energieverbrauch im Verkehrssektor [1]

Lücke zum Ziel des Klimaschutzplans würde demnach auf 28 Mio. t sinken. Dieses Szenario wäre allerdings mit Anteilen (teil-)elektrischer Pkw an den Neuzulassungen von 45 % im Jahr 2025 (davon 25 % batterieelektrisch und 20 % Plug-In Hybride) und 76 % im Jahr 2030 (davon 47 % batterieelektrisch und 29 % Plug-In Hybride) verbunden. Voraussetzung für solche Anteile an den Neuzulassungen sind allerdings sinkende Fahrzeugkosten, die Einführung einer effizienten und flächendeckenden Ladeinfrastruktur, als auch Lösungen zur Verbesserung der Ressourceneffizienz der Fahrzeuge. Elektrisch betriebene Fahrzeuge zeigen mittelfristig nur dann einen Vorteil, wenn der Strom nachhaltig erzeugt wurde.

Der Vorschlag der EU-Kommission zu den CO_2-Emissionsstandards setzt nach [2] nur geringe Anreize zur Einführung der Elektromobilität. Neben den prozentualen Reduktionszielen für die durchschnittliche Flotte eines Herstellers, enthält der Vorschlag der Kommission auch ein Anrechnungssystem, das auf dem Absatzanteil von Fahrzeugen mit sehr niedrigen Emissionen (<50 g/km) basiert. Hersteller mit einem Absatz von mehr als 15 % pro Jahr von 2025 bis 2029 und mehr als 30 % ab 2030 (EU-KOM, 2017b) können ihr spezifisches Emissionsziel um bis zu 5 % abschwächen. Dieser Anreiz erlaubt es Herstellern mit entsprechenden Anteilen von Niedrigemissionsfahrzeugen den übrigen Teil ihrer Flotte mit höheren spezifischen Emissionen in den Verkehr zu bringen als es ohne diese Sonderregelung möglich wäre.

Der Bestand an Fahrzeugen mit Elektroantrieb steigt nach dem sechsten Monitoring-Bericht [1] an, wenn auch bei insgesamt noch geringen Marktanteilen. Wie Abb. 5.28 zeigt, waren im Jahr 2016 rund 62.500 mehrspurige Kraftfahrzeuge mit batterieelektrischem Antrieb zugelassen, davon rund 21.000 extern aufladbare Hybride. Ihr Marktanteil

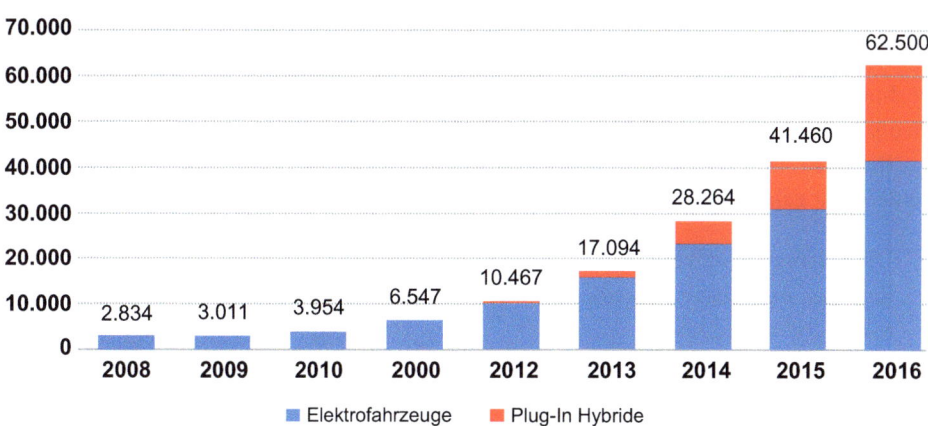

Abb. 5.28 Anzahl mehrspuriger Elektrofahrzeuge mit Antriebsart Elektro (Strom) und Elektro Plug-In, [1]

lag jedoch noch weiter bei unter 0,8 Prozent der Neuzulassungen. Neben mehrspurigen Kraftfahrzeugen mit Elektroantrieb finden sich auch zunehmend Zweiräder mit Elektroantrieb wie Pedelecs und E-Bikes auf deutschen Straßen, [1].

5.9 Regenerative Energien

Die nachhaltige Nutzung der regenerativen Energie erfordert ein Umdenken in der Energiebereitstellung und vor allem im Energieverbrauch. Wurde bisher der konzentrierte Primärenergieträger zum Kraftwerk transportiert, so muss nun die Konzentration aufgrund der geringen Energiedichte der nachhaltigen Primärenergieträger vor der Elektrizitätsgewinnung erfolgen. Dies führt zwangsläufig auf eine dezentrale Energieversorgung, zumindest in Gebieten, wo der spezifische Energieverbrauch nicht zu hoch ist. Ein nennenswerter Teil der Endenergie wird aber wie bisher vom Produzenten zum Konsumenten transportiert werden müssen, unabhängig ob der Strom aus Wind-, Wasser oder Solarenergie erzeugt wird.

Der Enthusiasmus der Biokraftstoffe ist der Ernüchterung gewichen. Biokraftstoffe der sogenannten ersten Generation, gewonnen aus Feldfrüchten, stehen mit der Nahrungserzeugung in direkter Konkurrenz, bzw. wurden aus importiertem Palmöl durch Palmkulturen in den Regenwäldern hergestellt. Die zweite Generation, die Erzeugung aus Ernteabfällen lässt länger auf sich warten, als noch vor wenigen Jahren angenommen wurde. Zur Kraftstoffbereitstellung für mobile Anwendungen in Straßenverkehr und in der Luftfahrt kann nur ein begrenzter Teil durch Biokraftstoffe ersetzt werden. Man rechnet weltweit mit maximal 10 % bis 20 % des Verbrauchs.

Die Zukunft der nachhaltigen Energieversorgung liegt in den erneuerbaren Primärenergieträgern, in der Solarenergie, erschlossen durch Fotovoltaik oder Solarthermie, in Wind und Wasser, deren Wandlungstechnologien inzwischen technologisch ausgereift sind. Die Nutzung der Gezeiten und Meeresströmungen sowie der Wellen kann ihren Teil zur Energieversorgung beitragen. Allerdings sind die hierzu erforderlichen Wandlungstechniken derzeit bei weitem noch nicht ausgereift. Sie dürften auch zukünftig für die deutsche Energieversorgung keine Rolle spielen.

Bei allen Tätigkeiten darf das magische Dreieck der Energiepolitik (Abb. 5.3) nicht außer Acht gelassen werden:

- Die Versorgungssicherheit muss gewährleistet werden.
- Sie muss ökologisch vertretbar sein, ein Schwerpunkt muss in der effizienten sparsamen Nutzung liegen.
- Sie muss vor allem ökonomisch verträglich gestaltet sein, sie muss bezahlbar bleiben für alle Schichten der Bevölkerung.

Der Ausbau der erneuerbaren Energien ist auf gutem Weg, obwohl sich im Anteil der Erneuerbaren der Verlauf des Bruttoendenergieverbrauchs in den letzten Jahren abflacht, was auf einen Sättigungseffekt der bisherigen Maßnahmen hindeuten könnte. Der Anteil der erneuerbaren Energieträger am Bruttoendenergieverbrauch lag 2016 bei 14,8 % (Abb. 5.29).

Insbesondere die Stromerzeugung aus nachhaltiger Primärenergie entwickelte sich dynamisch und erreichte im Jahr 2016 einen Anteil von 31,6 % am Bruttostromverbrauch (Abb. 5.30).

Die Steigerung um 4,3 %-Punkte von 2014 auf 2015 ist vor allem auf ein starkes Wachstum der Stromerzeugung aus Windenergie an Land und auf See zurückzuführen. Die Stagnation des Bruttostromverbrauchs von 2015 auf 2016 basiert vor allem darauf, dass der Abbau überalterter Kapazitäten der Windenergie in etwa den Zubau kompensierten. Das Mindestziel von 35 % für 2020 dürfte aller Voraussicht nach erfüllt werden.

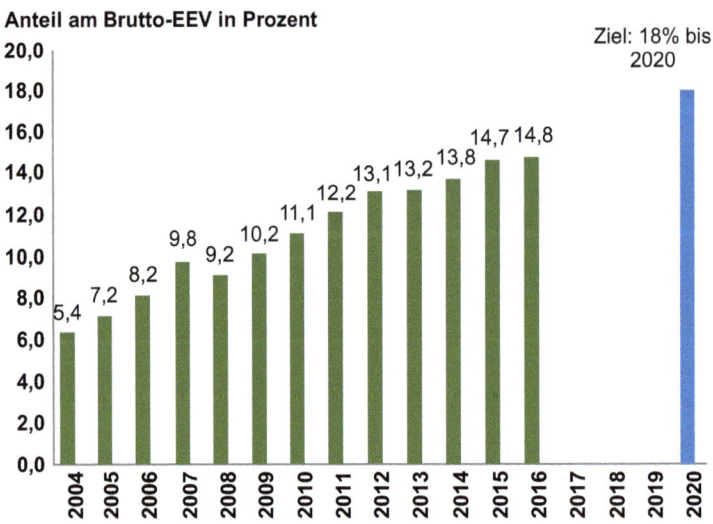

Abb. 5.29 Anteil erneuerbarer Energien am Bruttoendenergieverbrauch in Deutschland [1]

5.9 Regenerative Energien

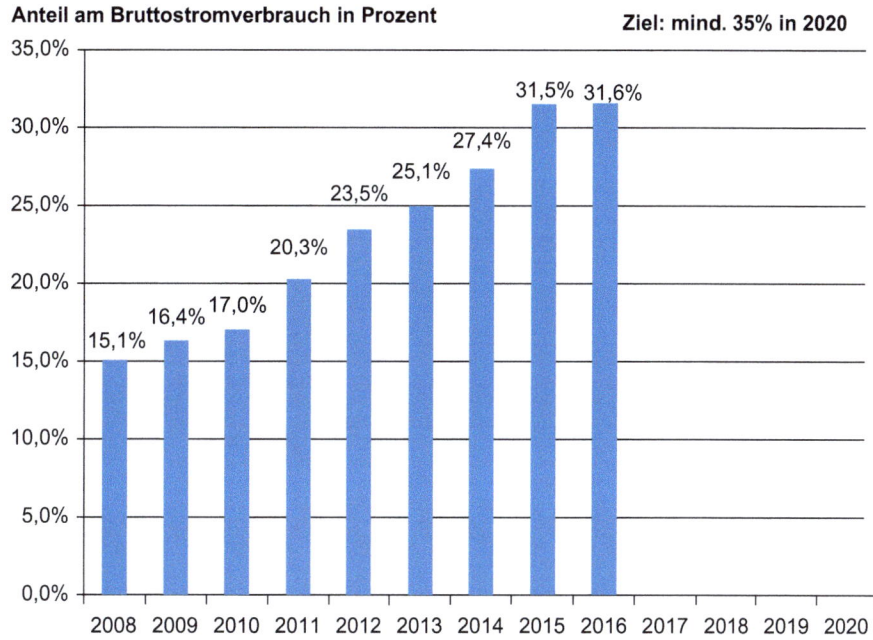

Abb. 5.30 Anteil erneuerbarer Energien am Bruttostromverbrauch in Deutschland [1]

Ebenfalls positiv, wenn auch mit deutlich geringerer Dynamik, entwickelte sich der erneuerbare Anteil am Endenergieverbrauch für Wärme (Abb. 5.31). Hier konnten trotz geringerer Zubauraten bei Solarthermie und Wärmepumpen inzwischen 13,2 % erreicht werden (Ziel für 2020: 14 %).

Wie bereits in Abschn. 5.8 dargestellt, liegt der Anteil der regenerativ bereitgestellten Kraftstoffe im Verkehrssektor mit 5,2 % weit entfernt von dem angestrebten Ziel von 10 %, Abb. 5.32.

Insgesamt sorgen die Stromerzeugung und die Wärmebereitstellung für ein positives Gesamtbild beim Anteil am Bruttoendenergieverbrauch, der im Jahr 2016 auf ca. 15,0 % stieg. Somit scheint auch das für 2020 von der EU vorgegebene Ziel von 18 % erreichbar.

Nach dem Bericht der Expertenkommission [2] zum sechsten Monitoringbericht wurde in den letzten Jahren eine Vielzahl von wichtigen Vorhaben zur Energiewende verwirklicht. Dazu gehören etwa der Nationale Aktionsplan Energieeffizienz (NAPE), die Förderung der Elektromobilität oder jüngst die Förderung des Ausbaus der erneuerbaren Energien oder die Weiterentwicklung des Strommarktdesigns (SINTEG). Der aktuelle, faktenbasierte Überblick zum Stand der Umsetzung der Energiewende zeigt, dass in einigen Bereichen ein erheblicher Handlungsbedarf zur Erreichung der Energiewendeziele besteht. Das Hauptziel der Energiewende, die Minderung der Treibhausgase, wird aber bis zum Jahr 2020 wohl deutlich verfehlt werden.

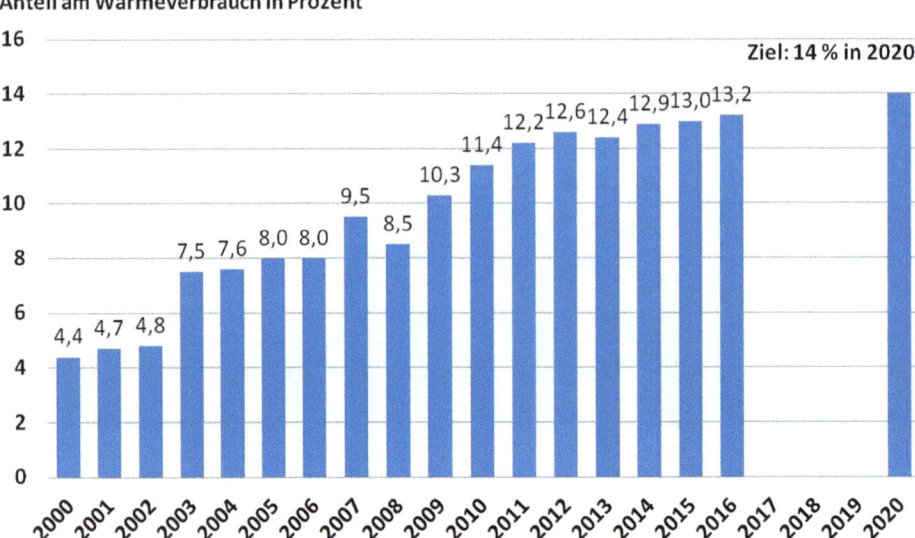

Abb. 5.31 Anteil erneuerbarer Energien am Wärme- und Kälteverbrauch in Deutschland [1]

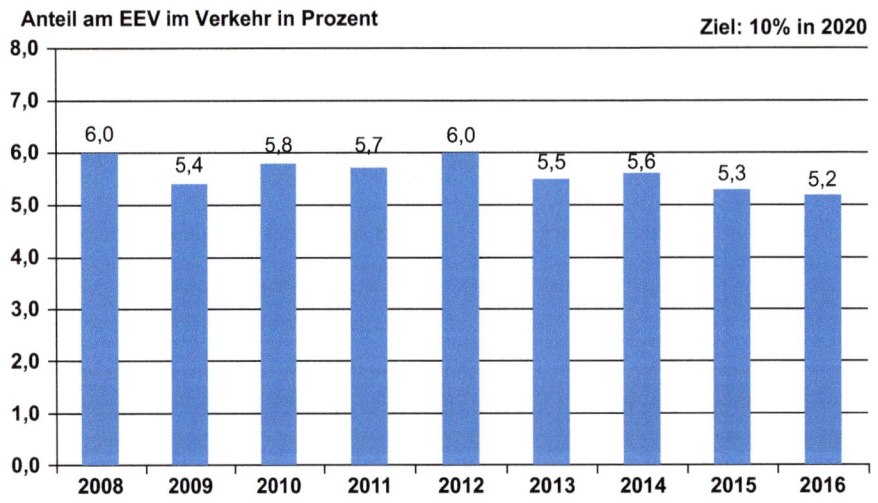

Abb. 5.32 Anteil erneuerbarer Energien im Verkehrssektor in Deutschland [1]

Der Ausbau der erneuerbaren Energien ist weiterhin auf einem guten Weg, insbesondere getrieben durch die Entwicklungsdynamik der erneuerbaren Stromerzeugung. Dem stehen jedoch erhebliche Defizite bei der Steigerung der Energieeffizienz gegenüber. Insbesondere die Entwicklungen im Verkehrssektor stagnieren sowohl für den Endenergieverbrauch als auch bei den Treibhausgasemissionen.

Die Versorgungssicherheit erscheint unter Berücksichtigung von Stromimporten in den kommenden Jahren unkritisch. Der Netzausbau fällt allerdings in den letzten Jahren immer weiter hinter die gesetzten Ziele zurück. Die Preiswürdigkeit der Energiewende ist augenblicklich gegeben, was sich in einem erneut gesunkenen Anteil der Letztverbraucherausgaben für Elektrizität an der Wirtschaftsleistung äußert.

5.10 Wende in der elektrischen Energieversorgung

Die Herausforderungen der Energiewende zeigen sich im Vergleich mit der derzeitigen Organisation der Energiewirtschaft deutlich. Elektrische Energie muss unmittelbar zu dem Zeitpunkt bereitgestellt werden, zu dem sie verbraucht wird. Konventionell wurde der zeitlich stark schwankende Energiebedarf bisher mit drei unterschiedlichen Kraftwerkskategorien gedeckt. Um die starke Änderung der letzten Jahre zu verdeutlichen, soll der Lastgang und dessen Deckung im Jahr 2011 (Abb. 5.33) mit dem von 2017 (Abb. 5.35) verglichen werden.

In 2011 wurde ein konstanter Grundstock mit circa 40 GW Leistung, d. h. ca. 50 % des Bedarfs durch sogenannte Grundlastkraftwerke erzeugt. Sie wurden mehr oder weniger unter Auslegungsleistung betrieben. Hierzu dienten bisher vor allem Kernkraftwerke und Braunkohlekraftwerke. Zusätzlich wurden die nachhaltigen Biomassekraftwerke und die Laufwasserkraftwerke aufgrund des EEG bevorzugt. Ein täglich schwankender Bedarf wurde durch Regelkraftwerke, sogenannte Mittellastkraftwerke, wie beispielsweise Steinkohlekraftwerke oder Gas- und Dampfturbinen-Kraftwerke ausgeregelt, indem der mittlere Tagesgang nachgefahren wurde. Plötzlich benötigte Spitzen wurden dann durch Spitzenlastkraftwerke, basierend auf Gasturbinen- und Wasserspeicherkraftwerken ausgeglichen. Alle diese Kraftwerke haben die Eigenschaft, dass sie aufgrund der gespeicherten Brennstoffe jederzeit innerhalb von wenigen Minuten bis zu einigen Stunden nach Bedarf zu und abgeschaltet werden können. Deutlich zu sehen ist am Lastgang 2011 allerdings, dass bereits so viel nachhaltige Energie vorhanden ist, dass auch die Leistung der Braunkohlekraftwerke und im Juli 2011 auch die der Kernkraftwerke zur Netzunterstützung reduziert wurden.

Die Analyse des zeitlichen Verbrauchs im Vergleich zum Angebot der regenerativen Energien zeigt zudem, dass die tageszeitliche Schwankung im Angebot zeitgleich zum Bedarf auftritt (Abb. 5.33). Dies ist anschaulich insbesondere im Juli an den gelben Spitzen des mit Fotovoltaik erzeugten Stromes zu sehen. Allerdings war der Ausbau der Windenergie zu diesem Zeitpunkt bereits so weit fortgeschritten, dass der gelieferte Strom zeitweise höher ist, als die benötigte Regelenergie. Dies bedeutet, dass auch die Grundlast reduziert werden musste, um den regenerativ erzeugten Strom nutzen zu können. Statt des Abschaltens der konventionellen Kraftwerke werden allerdings unter gewissen Umständen die Windräder abgeschaltet, um bei plötzlichem Bedarf auf Grund einer Flaute genug Leistung ergänzen zu können.

Die tatsächlich in jedem Augenblick eingespeiste Leistung von Solar- und Windenergieanlagen ergibt die Herausforderung der Regelung der sogenannten Residuallast. Hierunter versteht man die Lücke von nachhaltig bereitgestelltem Strom zum Bedarf, die

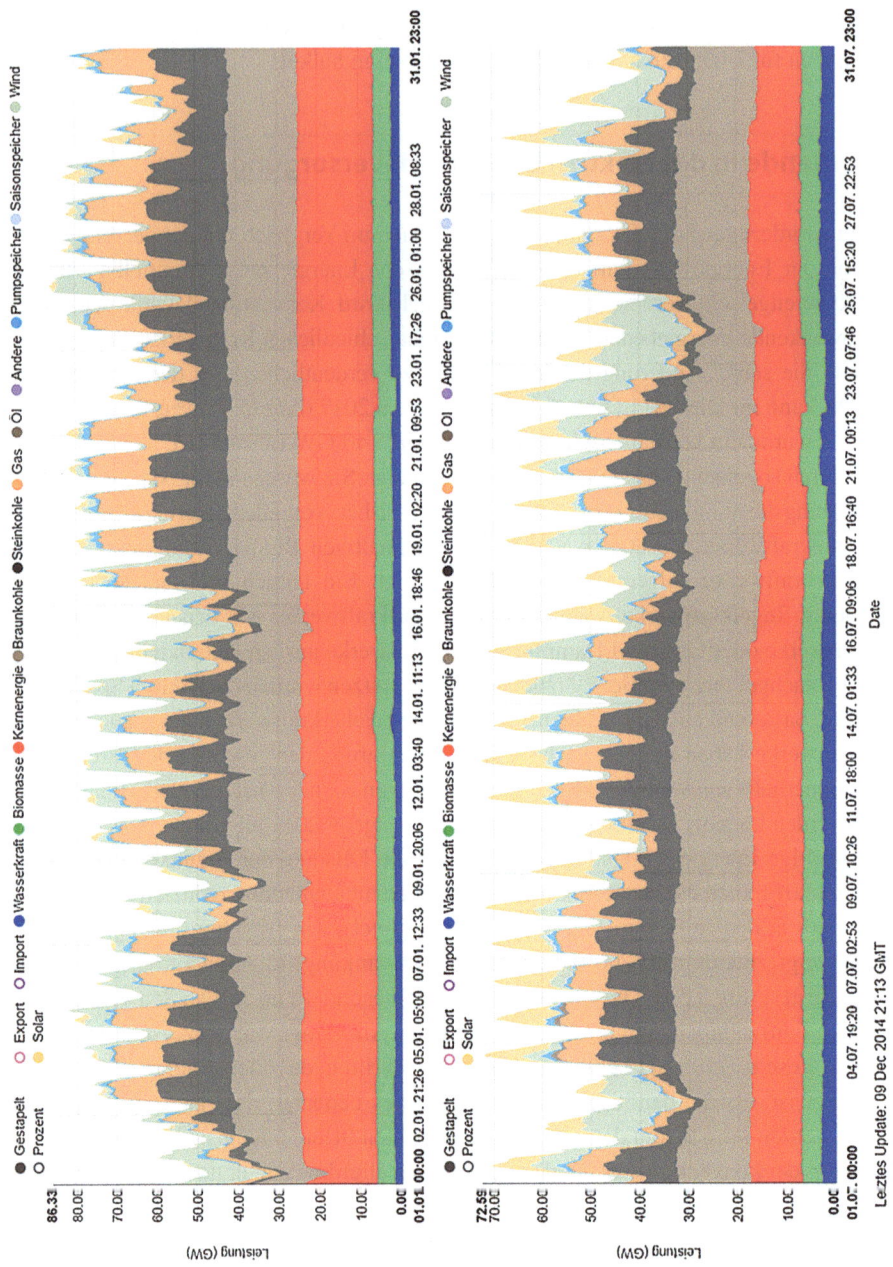

Abb. 5.33 Typische konventionelle Stromerzeugung im Januar 2011 (*oben*) und Juli 2011 (*unten*) [6]

5.10 Wende in der elektrischen Energieversorgung

derzeit durch konventionelle Kraftwerke gedeckt wird. Die Auftragung täuscht jedoch wenn der Bedarf an Regelenergie betrachtet werden soll. In diesem Fall sind nicht die Tagesmittelwerte sondern die momentane Bilanz im Sekundenbereich zwischen Bedarf und Angebot von Bedeutung.

Die Konsequenzen, die sich für die Regelung ergeben, sind durch die Darstellung der residualen Dauerlastlinien deutlicher erkennbar (Abb. 5.34). Die Dauer der benötigten residualen Last nimmt mit zunehmender Versorgung durch nachhaltige Energie ab. Dies bedeutet, dass die Nutzungsdauer der Regelkraftwerke bis 2050 immer stärker zurückgeht, die benötigte Spitzenleistung während eines kurzen Zeitraumes im Bereich um 60 GW jedoch erhalten bleibt. Es ergibt sich die Problematik, dass die Kraftwerke, die Regelenergie zur Verfügung stellen, aufgrund der geringer werdenden Einsatzperioden immer unrentabler werden, die Regelleistung in Höhe von etwa 60 GW jedoch für einen jährlichen kumulierten Zeitraum von etwa 1000 h erforderlich ist.

Die vermehrte Nutzung regenerativer Energien dreht das sich evolutionär eingestellte System der Stromversorgung komplett auf den Kopf. Die benötigte elektrische Energie kann mit zunehmendem Anteil an regenerativer Energie nicht unter allen Umständen jederzeit bereitgestellt werden. Ein Großteil, nämlich der durch Wind, Sonne und Gezeiten bereitgestellte Strom steht lediglich dann zur Verfügung, wenn der jeweilige Primärenergieträger Energie liefert, ohne Rücksicht auf den Verbrauch. Auch in naher Zukunft werden die Mittel- und Spitzenlastkraftwerke als Brückentechnologie in der Aufgabe der Regelkraftwerke benötigt werden. Dies ist inzwischen in den Lastgängen von 2017 erkennbar, die einer mittleren Stromerzeugung von regenerativen Energiequellen von über 30 % versorgt wurden (Abb. 5.35). Die mittlere Grundlast ist inzwischen auf ca. 30 GW,

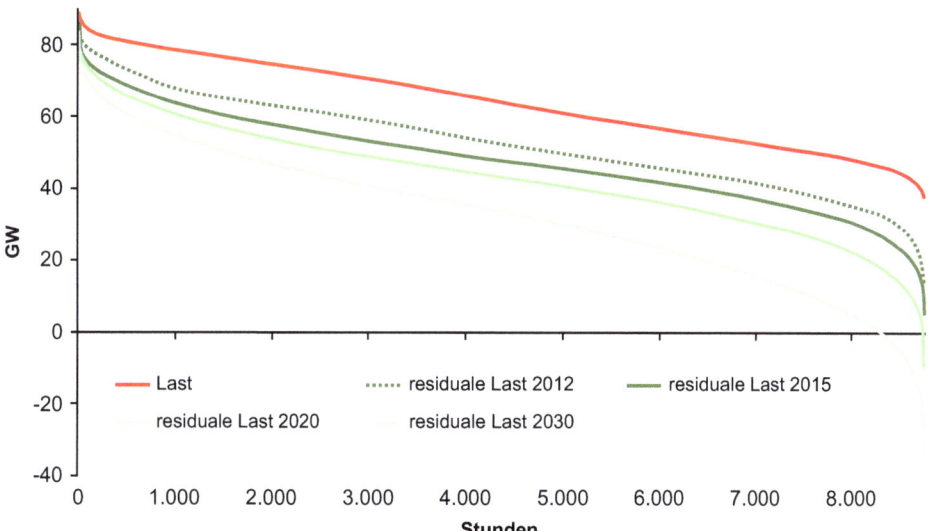

Abb. 5.34 Lastdauerlinie und residuale Lastdauerlinie in den Jahren 2012, 2015, 2020 und 2030. [19]

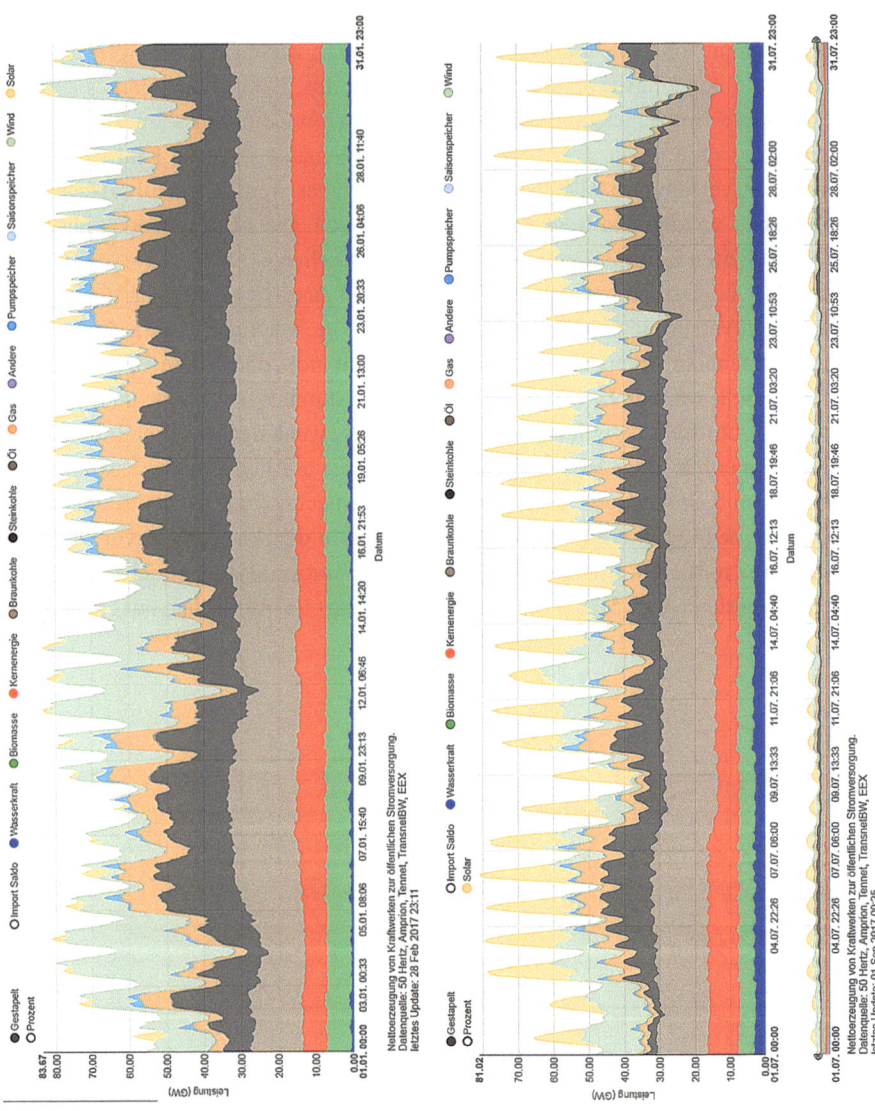

Abb. 5.35 Typische konventionelle Stromerzeugung im Januar 2017 (*oben*) und Juli 2017 (*unten*). [6]

5.10 Wende in der elektrischen Energieversorgung

ca. 37 % der Spitzenlast, abgesunken. Die Braunkohle- und Kernkraftkraftwerke als Grundlastkraftwerke werden zunehmend durch die zeitlich schwankenden erneuerbaren Energieträger ersetzt.

Der Lastfluss der Netze muss und wird sich aufgrund dieser Umstrukturierung der Erzeuger, aber auch der dezentralen Verbraucher, fundamental ändern. Versorgten bisher große zentrale Anlagen die Netze, die die elektrische Energie an die Verbraucher weiterleiteten, so sind mit zunehmendem Ausbau der regenerativen Energien dezentrale Verbraucher ebenfalls Stromproduzenten geworden. Der Leistungsfluss in den Netzen erfolgt nunmehr auf allen Ebenen in beiden Richtungen. Dies erfordert ein neues Netzmanagement (Abb. 5.36).

Bisher schloss der Netzbetreiber einen Zuliefervertrag mit den Kraftwerksbetreibern und einen Abliefervertrag mit den Stromabnehmern ab. Nun ist dieser eindeutige Fluss verändert. Die bisherigen Stromabnehmer sind zu kleinen Lieferanten geworden. Speicher und Lastmanagementverträge kamen hinzu.

Wie kann unter diesen Bedingungen die Versorgungssicherheit gewährleistet werden? Den regenerativen Energien fehlt die Grundlastfähigkeit, ist ein häufig gehörter Vorwurf.

Richtig ist, mit den derzeit existierenden Strukturen lässt sich die Energiewende nicht erfolgreich bestehen. Ein nennenswerter Anteil der Strombereitstellung erfolgt zeitlich schwankend, es entsteht ein erhöhter Speicherbedarf, dezentrale Energien wie Biomasse kommen zur Netzstützung hinzu. Die Verteilung muss neben dem Bedarf auch noch das Angebot berücksichtigen. Die Smart Grids werden derzeit erst wissenschaftlich untersucht. Die Installation der Smart Meter, der sogenannten intelligenten Messgeräte, steht noch aus. Lastmanagement wird derzeit nur mit Großabnehmern betrieben. Eine Analyse der Situation zeigt jedoch die erforderliche Alternative.

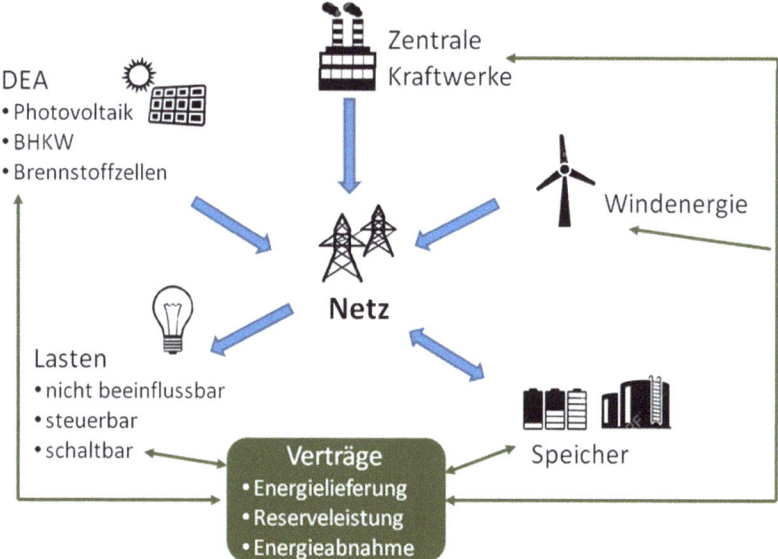

Abb. 5.36 Einflussgrößen auf die Netzbetriebsführung

5.11 Netzproblematik und Kraftwerkskapazitäten

Dass der elektrische Strom jederzeit bei Bedarf kostengünstig zur Verfügung steht, führte zu einem sorglosen Umgang. Bisher wurde ausschließlich das Angebot an elektrischem Strom, d. h. die Erzeugung, zeitgleich dem Bedarf angepasst. Es gibt jedoch viele Prozesse, die zeitlich verschoben werden können, sei es um Minuten, Stunden oder gar Tage und Wochen. Bei hohem Strombedarf können so die Spitzen auch dadurch ausgeglichen werden, indem gewisse Verbraucher abgeschaltet werden. Kühlhäuser beispielsweise können zu einem gewissen Teil gekühlt werden, wenn ein hohes Stromangebot besteht und abgeschaltet werden, wenn der Strom knapp ist. Natürlich darf das Kühlgut nicht auftauen. Großverbraucher wie Stahlwerke können zu gewissen Zeiten bewusst gesteuert vom Netz genommen werden. Intelligente Netze, wie sie heute bereits realisiert werden können, sogenannte Smart Grids, ermöglichen die Erfassung des augenblicklichen Verbrauchs direkt beim Verbraucher, sie würden aber auch ermöglichen, diesen Verbrauch entsprechend dem Angebot zu regeln.

Aufgrund der zunehmend dezentralen Stromerzeugung aus nachhaltiger Primärenergie und des steigenden Stromverbrauchs muss die elektrizitätswirtschaftliche Infrastruktur angepasst werden. Es ergibt sich ein hoher Investitions- und Ausbaubedarf der Übertragungs- und Verteilernetze für eine erfolgreiche Energiewende. Der Netzausbau muss möglichst zügig umgesetzt werden. Er liegt tatsächlich weit hinter den Planungen zurück und die Fertigstellungs-Prognosen mussten wiederholt revidiert werden, wie Abb. 5.37 verdeutlicht.

Es sind fünf Kurven zu erkennen, wobei der „Ursprungspfad" den im Jahr 2006 vorgesehene Zeitrahmen abbildet. Die weiteren Kurven stellen die jährliche Fortschreibung

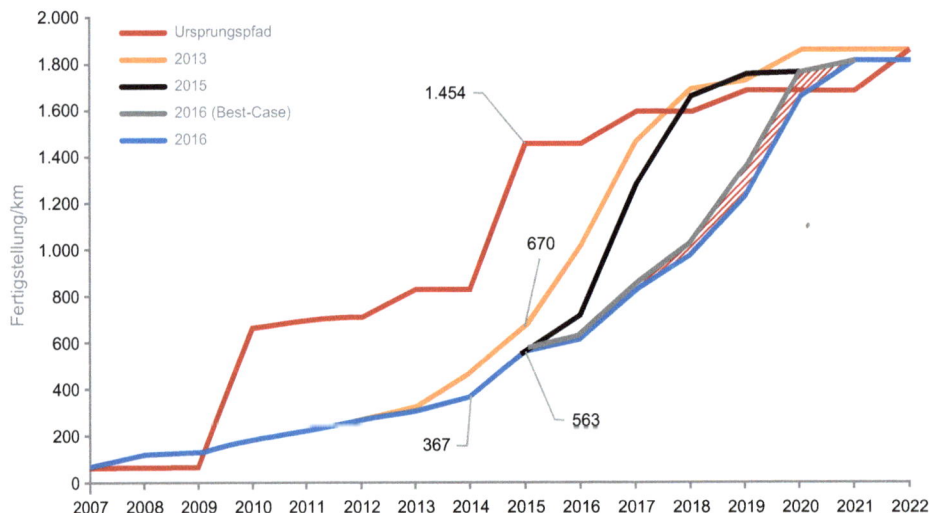

Abb. 5.37 Ursprungspfad 2006 und allmählich angepasste Zielpfade des Netzausbaus nach EnLAG, Ausbau bis 2022, [1]

der Zielpfade dar, wobei das Jahr 2016 um ein „Best-Case"-Szenario ergänzt wurde. Ende 2015 wurden tatsächlich 563 km fertiggestellt, über 100 km weniger als noch im Vorjahr prognostiziert und knapp 900 km weniger als ursprünglich vorgesehen. Die neuen Prognosen wurden den Berichten des EnLAG-Monitoring-Prozesses [20] entnommen.

Mit dem am 31.12.2015 in Kraft getretenen Gesetz zur Änderung von Bestimmungen des Rechts des Energieleitungsbaus (EnLBRÄndG) wird u. a. beim Bau von HGÜ-Leitungen (Höchstspannungs-Gleichstrom-Übertragungsleitungen) der Erdkabelvorrang gesetzlich verankert, [16]. Laut Angaben der Bundesnetzagentur 2016 ergeben sich daraus Änderungen in der Bundesfachplanung, die einen Neustart der bereits bestehenden Planungen der betroffenen Vorhaben nach sich ziehen. Besonders erwähnenswert sind das Vorhaben Nr. 1 (Westtrasse), die Vorhaben Nr. 3 und Nr. 4 (SuedLink) und das Vorhaben Nr. 5 (SuedOstLink), s. hierzu Abb. 5.44. Diese Großprojekte werden nun voraussichtlich nicht 2022 fertig, wenn das letzte Kernkraftwerk abgeschaltet werden soll, sondern bestenfalls erst 2025. Alle Abweichungen vom Ursprungspfad des BBPlG sind in Abb. 5.38 dargestellt. Offizielle Quellen veranschlagen die Mehrkosten mit 3 bis 8 Mrd. Euro [22], je nachdem, wie der tatsächliche Trassenverlauf ausgestaltet wird. Diese Zahlen enthalten jedoch nicht die durch die Verzögerung entstandenen Mehrkosten der Redispatch-Maßnahmen und der Netzreserve.

Die durchschnittlichen Kosten je verbrauchter Kilowattstunde für Systemdienstleistungen zur Aufrechterhaltung der Versorgungssicherheit sind in den letzten Jahren ständig gestiegen, Abb. 5.39 [1]. Die Kosten der Systemdienstleistungen betrugen 2016 über 1,7 Mrd. Euro und waren maßgeblich auf Eingriffe zur Behebung von Netzengpässen sowie auf Entschädigungsleistungen nicht genutzter Windenergie zurückzuführen [2]. Sie

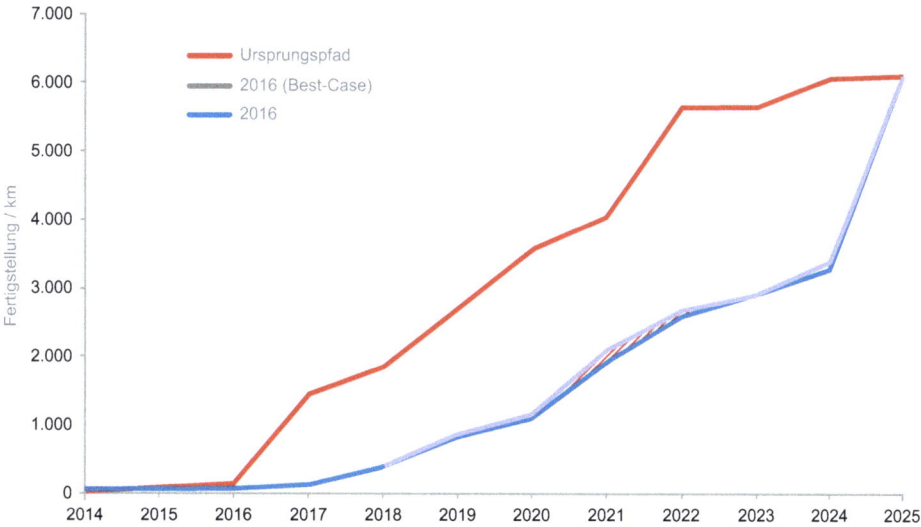

Abb. 5.38 Ursprungspfad 2016 und angepasste Zielpfade des Netzausbaus in Deutschland nach BBPlG, Ausbau bis 2025 [16]

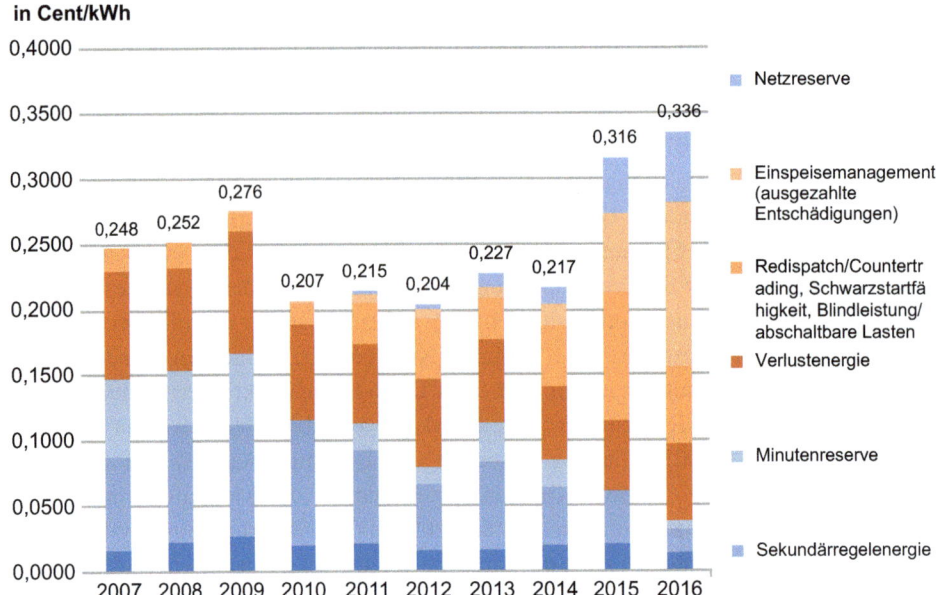

Abb. 5.39 Durchschnittliche spezifische Kosten für Systemdienstleistungen, [1]

sind allerdings durch die Fertigstellung neuer Übertragungsnetze seit 2016 leicht gesunken. Die spezifischen Kosten für die Behebung dieser Engpässe wie Redispatch, Einspeisemanagement und abschaltbare Lasten weichen stark voneinander ab und müssen für die Kostenoptimierung vergleichend gegenübergestellt und auf ihre Systemrelevanz hin überprüft werden.

Bei der Übertragung und Verteilung elektrischer Energie werden unterschiedliche Spannungsebenen genutzt. Zur Vermeidung hoher Transportverluste gilt bei der Wahl der Spannungshöhe, dass die Spannung in kV (Kilovolt) immer größer als die Entfernung in km sein muss. Mit höherer Spannung lassen sich größere Leistungen bei geringen Verlusten übertragen. Deshalb erfolgt die Einbindung in das europäische Verbundnetz und der weiträumige Stromtransport im deutschen Übertragungsnetz mit Spannungen von 380 kV und 220 kV. An dieser Spannungsebene werden große Kraftwerke und Verbraucher mit Leistungen oberhalb von 300 MW angeschlossen. Mit der 110 kV Spannungsebene werden die Verteilnetze betrieben, z. B. erfolgt die Einspeisung von Großstädten meist über mehrere dieser Verteilnetzleitungen. Innerhalb der Städte wird die Mittelspannung im Bereich von 20 oder 10 kV eingesetzt. Auf der 400 V Ebene (dreiphasig) bzw. 230 V Ebene (einphasig) werden die Privatverbraucher versorgt.

Im Energieversorgungsnetz werden sowohl die Frequenz als auch die Amplitude der Spannung geregelt, dies wird unter dem Begriff der Systemdienstleistungen

5.11 Netzproblematik und Kraftwerkskapazitäten

zusammengefasst. Die Frequenz ist eine netzglobale Größe und weist in Europa in jedem Netzzweig den gleichen Wert von 50 Hz auf. Grundlage der Frequenzregelung ist das unabdingbare Gleichgewicht zwischen erzeugter und verbrauchter elektrischer Leistung zu jedem Zeitpunkt. Übersteigt der Verbrauch die erzeugte Leistung, werden die Kraftwerksgeneratoren gebremst und die Frequenz sinkt ab. Bei einem Überschuss an erzeugter Leistung steigt die Frequenz an. Durch die Primärregelung. d. h. die lokale Drehzahlregelung an Kraftwerksgeneratoren sowie die Sekundärregelung, wird die Frequenz in engen Grenzen gehalten. Bereits geringe Frequenzabweichungen würden hohe Qualitätsverluste in Produktionsanlagen verursachen. Daher werden die Kraftwerke bei einer Unterfrequenz von 47,5 Hz zugeschaltet, bzw. bei einer Überfrequenz von 51,5 Hz vom Energieversorgungsnetz getrennt.

Für die Systemstabilität der Stromversorgung ist es von großer Bedeutung, wie sich Kraftwerkskapazitäten über Deutschland verteilen. Der konventionelle Kraftwerkspark, der zu großen Teilen schon seit mehreren Jahrzehnten in Betrieb ist, wurde geografisch so verteilt, dass sich mit dem parallel dazu errichteten Netz eine stabile Versorgung erreichen ließ. Im Süden Deutschlands, wo es keine Förderung von Stein- oder Braunkohle gibt, wurden in hohem Maße Kernkraftwerke errichtet, da deren Brennstoff vergleichsweise kostengünstig transportiert werden konnte (Abb. 5.40).

In Abb. 5.41 sind die Kraftwerkskapazitäten der einzelnen Bundesländer auf Basis der erneuerbaren Energien zusammengestellt. Diese dürfen allerdings nicht mit den erzeugten

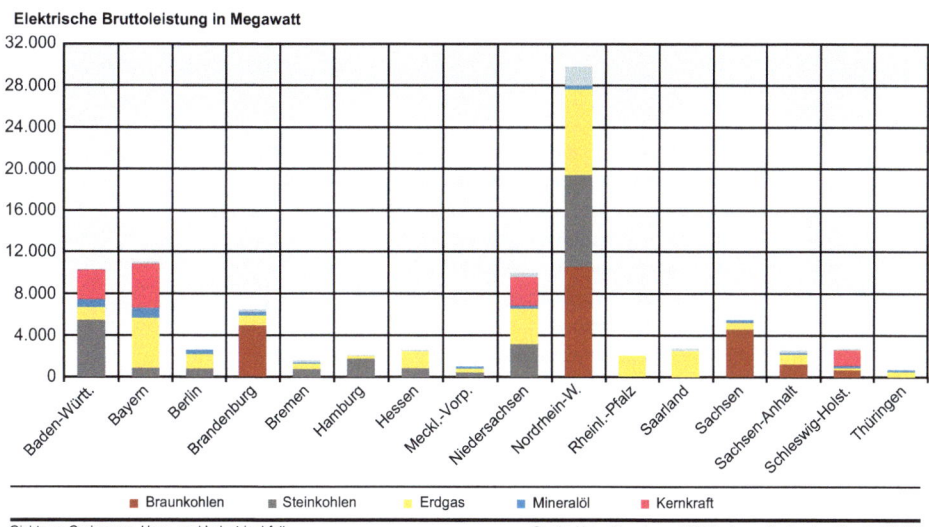

Abb. 5.40 Verteilung der Kraftwerkskapazitäten auf die Bundesländer aus konventionelle Energieträgern ab 10 MW, [17]

Strommengen verwechselt werden, wie in Abschn. 5.5 erläutert wird. Während in einigen Bundesländern nach wie vor überwiegend konventionelle Kraftwerke ins Netz einspeisen, überwiegen in mehr als der Hälfte der Länder die erneuerbaren Energien. Kernkraftwerke sind nur noch in vier Ländern an der Stromproduktion beteiligt. Gleichfalls ist zu erkennen, dass Bayern und Niedersachsen die Schwerpunkte der installierten Leistung aus erneuerbaren Energien sind.

Die inzwischen neu hinzugekommene Stromerzeugung aus nachhaltiger Energie konzentriert sich derzeit noch auf Windenergie im Norden und Fotovoltaik und Biomasse im Süden (Abb. 5.41 und 5.42), wobei damit zu rechnen ist, dass sich die Unterschiede weiterhin annähern werden.

Der Ausbau der Netze auf allen Spannungsebenen ist für das Gelingen der Energiewende von großer Bedeutung. Insbesondere muss der überwiegend im Norden und künftig auch in der Nord- und Ostsee erzeugte Windstrom und der überwiegend im Süden produzierte Strom aus Fotovoltaik aufgenommen werden. Außerdem erhöht die wachsende Integration in den europäischen Markt den Bedarf an zusätzlicher Netzinfrastruktur.

Zwischen 2016 und 2019 werden die vorhandenen Überkapazitäten bei den konventionellen Kraftwerkskapazitäten voraussichtlich etwas verringert. Nach Angaben der Bundesnetzagentur wird sich der Zubau an konventioneller Kraftwerksleistung in diesem Zeitraum bundesweit auf etwa 3,5 GW belaufen. Dabei handelt es sich überwiegend um Gas- und Steinkohlekraftwerke. Demgegenüber werden rund 6,3 GW konventioneller Kraftwerksleistung stillgelegt. Den größten Anteil daran haben Kernkraftwerke. Rund die Hälfte des Rückbaus vollzieht sich in Süddeutschland, während nur knapp 14 % des Zubaus dort stattfindet, Abb. 5.43.

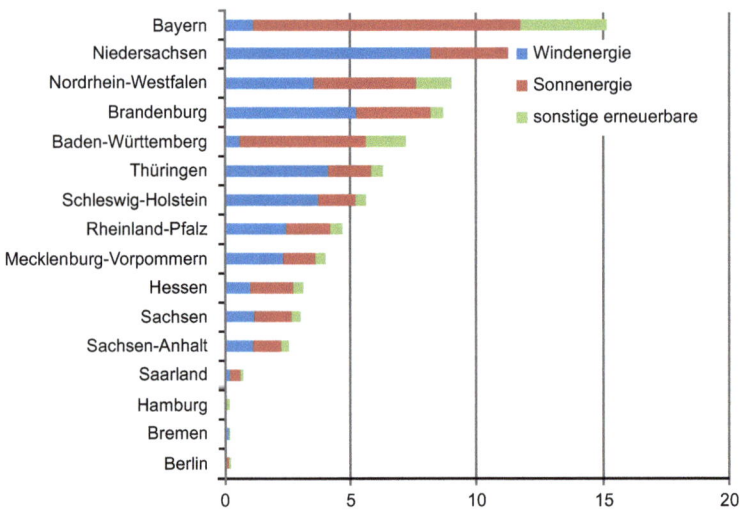

Abb. 5.41 Installierte Leistung 2013 in GW, ges. 83 GW, [23]

5.11 Netzproblematik und Kraftwerkskapazitäten

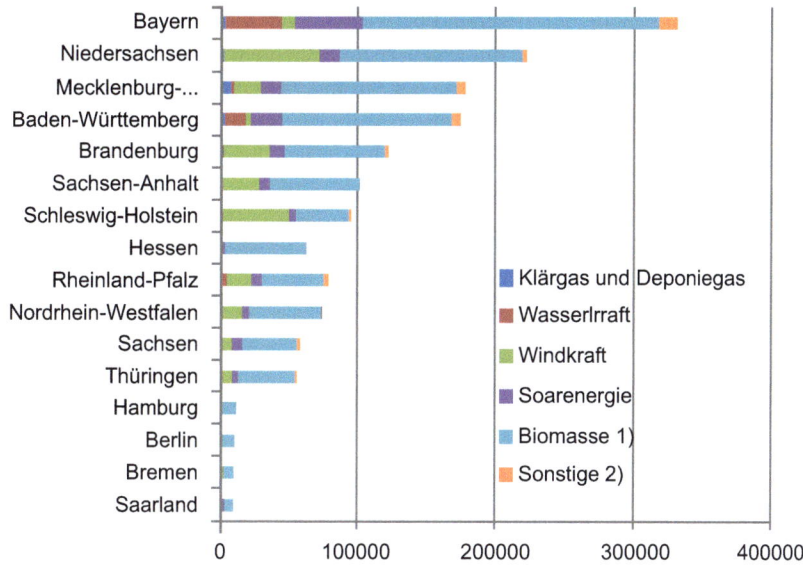

Abb. 5.42 Primärenergieverbrauch 2015 (2014) nach Energieträgern in Terrajoule, ges. 1,6 TJ (Stand 04.06.18) (rechts) auf Basis von erneuerbaren Energien, [23]. 1) feste und flüssige Biomasse, Biogas sowie biogener Anteil des Abfalls. 2) enthält: Wärmepumpen, Geothermie Nordrhein-Westfalen, Mecklenburg-Vorpommern 2014

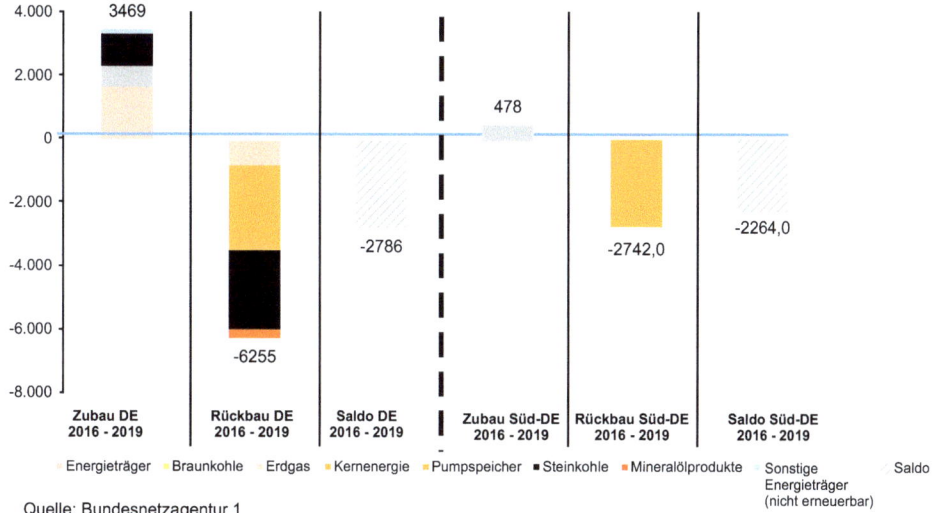

Abb. 5.43 Zu- und Rückbau konventioneller Erzeugungskapazitäten (inklusive Pumpspeicher) im Zeitraum von 2016 bis 2019 unterteilt nach Deutschland und Süddeutschland, [18]

Während konventionelle Kraftwerke überwiegend an die Übertragungsnetze angeschlossen sind, speisen Kraftwerke mit erneuerbaren Energieträgern zumeist in die Verteilernetze ein. Inzwischen ist rund die Hälfte der Stromerzeugungskapazität an die Verteilernetze angeschlossen. Auf der Verteilnetzebene kann die lastferne Stromerzeugung darum eine Ertüchtigung der Netze erforderlich machen. Die Übertragungsnetze müssen den Strom aus den Verteilernetzen aufnehmen und zu den Lastzentren im Süden und Westen Deutschlands transportieren. Zudem gilt es, den Wegfall der Erzeugungskapazitäten der Kernkraftwerke zu kompensieren. Ein rascher Ausbau des Übertragungsnetzes ist hierfür unerlässlich. Die im EnLAG enthaltenen Vorhaben umfassen rund 1800 km Trassenlänge (Abb. 5.44) sowie (Abb. 5.37).

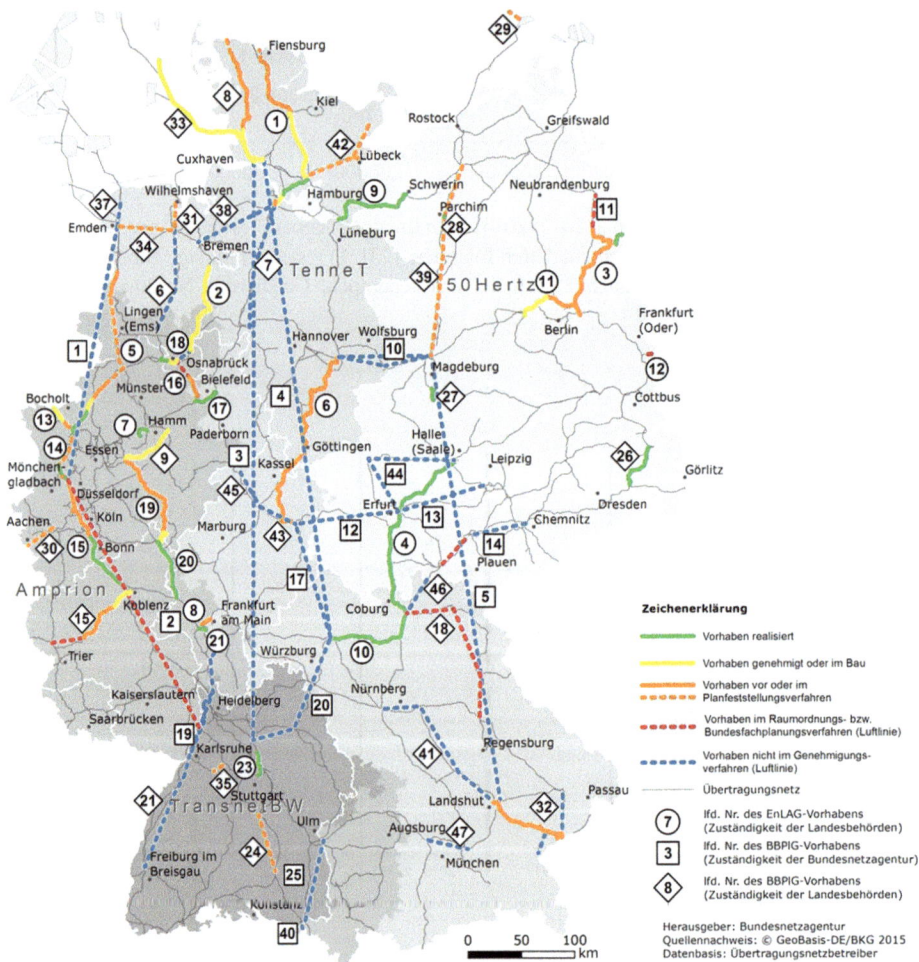

Abb. 5.44 EnLAG- und BBPlG-Projekte des Energieleitungsausbaugesetzes, Status Bundesnetzagentur 03/2018, 1 Westtrasse, 3/4 Südlink, 5 Süd-Ostlink, [21]

5.11 Netzproblematik und Kraftwerkskapazitäten

Der Einfluss der fluktierenden regenerativen Energie auf die Stabilität des Netzes ist an den erforderlichen Regeleingriffen deutlich erkennbar. Waren im Jahre 2010 1588 Regeleingriffe ausreichend, um das Netz zu stabilisieren, so stieg die Zahl der Eingriffe im Jahr 2015 auf das Zehnfache beträchtlich an, so dass inzwischen nahezu täglich mehrfach eingegriffen werden muss.

Die Maßnahmen zur Netzstabilisierung, als Redispatchkosten bezeichnet, haben sich nach ersten Schätzungen der Übertragungsnetzbetreiber im Jahr 2015 mehr als verdoppelt und liegen bei etwa 402,5 Mio. Euro. Im Vorjahr betrugen die Kosten noch 185,4 Mio. Euro [16]. Die auszuregelnde Leistung hat sich im Vergleich zu 2014 nahezu vervierfacht, (Abb. 5.45).

Der Einsatz von Netzreservekraftwerken erfolgt, wenn die marktbasierten Redispatchmaßnahmen bereits ausgeschöpft sind. An 39 Tagen im Jahr 2015 wurden insgesamt 548 GWh Arbeit über die Netzreserve abgerufen. Die Kosten für die Vorhaltung und den Einsatz haben sich 2015 deutlich erhöht und liegen nach Schätzung der ÜNB und der Bundesnetzagentur bei 168 Mio. Euro [16].

Auch bei den Kosten für das Einspeisemanagement ist ein starker Anstieg im Jahr 2015 zu verzeichnen. Nach Ausschöpfung aller Möglichkeiten zur Abregelung konventioneller Erzeuger, dürfen die Netzbetreiber auch die Stromeinspeisung von EEG- und KWK-Anlagen anpassen. Die Anlagenbetreiber haben allerdings Anspruch auf Entschädigung. Nach Schätzungen der BNetzA betragen die Entschädigungsansprüche 374 Mio. Euro im Jahr 2016. Im Jahr zuvor waren es noch 183 Mio. Euro, [16]. Die abgeregelte Energiemenge hat sich 2016 im Vergleich zu 2015 reduziert, Abb. 5.46. Mit zunehmendem Anteil

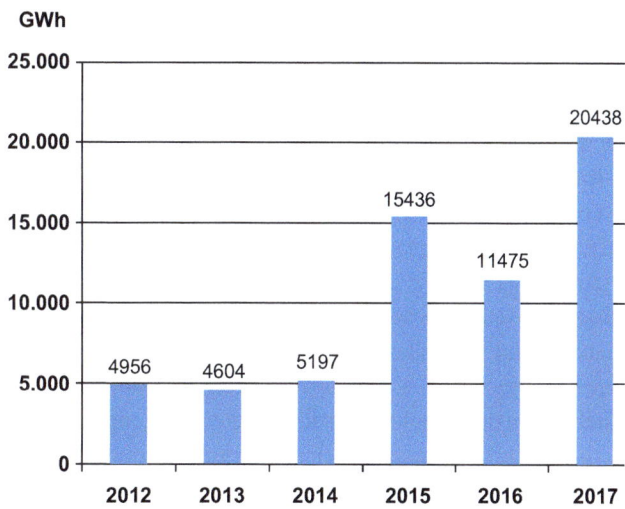

Abb. 5.45 Entwicklung der Redispatchmaßnahmen im deutschen Übertragungsnetz, Gesamtleistung, [21]

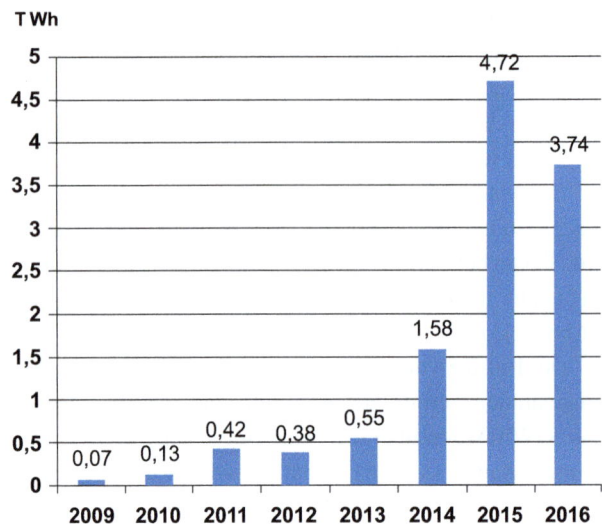

Abb. 5.46 Abgeregelte Energiemenge erneuerbaren Anlagen, die dem Betreiber vergütet wird, Daten nach [21]

sind die Abregelungen von EEG-Anlagen auf Engpässe im Übertragungsnetz zurückzuführen. Im Jahr 2014 waren 58 % und im Jahr 2015 schon 89 % der Ursachen im Übertragungsnetz zu finden. Durch den weiteren Ausbau der Windkraft- und Fotovoltaikanlagen sowie durch die Verzögerungen beim Übertragungsnetzausbau kann davon ausgegangen werden, dass die Abregelungen weiter zunehmen.

Zur Reduzierung der abgeregelten Energiemenge ist es lohnend, die Suche nach geeigneten großen Stromnachfragern, die sich unter definierten Bedingungen tatsächlich von den Übertragungsnetzbetreibern abschalten lassen oder ihre Stromnachfrage an die Bedürfnisse des Netzes anpassen, fortzusetzen. Die Steuerung der Stromnachfrage ist im Hinblick auf die zunehmende Menge an volatiler Einspeisung aus erneuerbaren Energiequellen zukünftig unumgänglich.

Grundsätzlich sind hierbei marktgesteuerte Prozesse, bei denen sich Erzeuger und Nachfrager von Energie vertraglich auf eine Anpassung der jeweiligen Bedürfnisse und Möglichkeiten verständigen und dafür entsprechende Gegenleistungen vereinbaren, die bessere Alternative als zentral geplante Prozesse. Dies schließt nicht aus, dass auch die Übertragungsnetzbetreiber und die in Frage kommenden Stromnachfrager im Hinblick auf die Bedürfnisse der Netzsicherheit entsprechende Vereinbarungen schließen. Solches Demand Side Management steht allerdings noch am Anfang der Entwicklung und ist eine eher längerfristige Option.

Die Problemstellungen durch fluktuierende Energieerzeugung lassen sich systematisch klassifizieren [24]. Ist die Erzeugung höher als Verbrauch, muss zur Sicherstellung der Frequenzstabilität die nicht benötigte Erzeugungsleistung entweder abgeschaltet oder in Energiespeichern gespeichert werden. Zur Absicherung der Differenz zur prognostizierten Erzeugungsleistung müssen andere Kraftwerke oder Energiespeicher herangezogen werden. Steht aufgrund einer Flaute keine Erzeugungsleistung zur Verfügung, muss die benötigte Verbraucherleistung durch andere Kraftwerke oder Energiespeicher bereitgestellt werden. Zeitlich steile Anstiege oder Abfälle der Windleistung bzw. Fotovoltaik müssen durch die Regelung anderer Kraftwerke oder Energiespeicher kompensiert werden.

Zur technischen Beherrschung dieser Problemstellungen werden aktuell Technologie- und Maßnahmenansätze im Netzausbau, in der flexiblen Erzeugung sowie im flexiblen Verbrauch durch steuerbare Lasten sowie in der Energiespeicherung verfolgt.

5.11.1 Netzausbau

Bei der Netzertüchtigung und dem Netzausbau geht es primär um die planmäßige Erneuerung und Schaffung von Transportkapazitäten für elektrische Leistung. Der Bedarf hierfür entsteht u. a. durch die dezentral verteilten Erzeuger aus regenerativen Energien. Dabei müssen neben dem klassischen Netzausbau auch neue Richtungen des Leistungsflusses, z. B. durch die Einspeisung von Fotovoltaikanlagen auf der Niederspannungsebene, hin zu höheren Spannungsebenen technisch beherrscht werden.

Zur Erhöhung der elektrischen Transportkapazität kann die Spannungsamplitude erhöht werden, da die Leistung quadratisch mit der Spannung zunimmt. In der Praxis stehen weitere Möglichkeiten für eine erhöhte Transportkapazität klassischer Drehstromsysteme zur Verfügung, [24].

Durch die Messung der Temperatur von Leiterseilen (Temperatur-Monitoring) können diese stärker als nach den in Normen unter der Annahme ungünstiger Kühlbedingungen festgelegten Grenzwerten belastet werden. Gleichzeitig müssen die Leitungstransformatoren ausgetauscht und die Schutzeinrichtungen angepasst werden. Dadurch kann die Leitungskapazität bei damit verbundenen höheren Verlusten um bis zu 50 % erhöht werden, wenn z. B. bei der Einspeisung höherer Ströme aus Windparks gleichzeitig mit der windbedingten Leistung eine gute Kühlung der Leiterseile gewährleistet ist. Diese Methode wird selten eingesetzt, da die Ausrüstung eines Leitersystems nicht ausreichend im Sinne der (n−1)-Ausfallsicherheit ist. Also müssen mit den damit verbundenen steigenden Kosten mindestens zwei parallele Leitungssysteme ausgerüstet werden oder die Leitung wird als sog. Einspeisenetz in alleiniger Verantwortlichkeit des Windparkbetreibers genutzt.

Werden die Standard-Leiterseile mit Stahlseele, die nach Auslegung eine Aufheiztemperatur von lediglich 80 °C erlauben gegen Ausführungen mit Kunststoffseele oder Keramikfaserseele ausgetauscht, so ist eine erhöhte Übertragungsleistung bei Grenztemperaturen von 150 °C oder 210 °C möglich. Wegen der höheren Ströme und Temperaturen müssen die Leitungstransformatoren, die Seilaufhängungen und Isolatoren ausgetauscht sowie die Schutztechnik angepasst werden. Nach der Umrüstung kann bei höheren Verlusten eine nahezu doppelte Leistung übertragen werden. Wie beim Temperatur-Monitoring ergibt sich eine Einschränkung bei der (n−1)-Ausfallsicherheit. Da die Kosten der Umrüstung im Bereich von Neubaukosten liegen, wird diese Technologie in Deutschland bisher nicht eingesetzt, im Gegensatz zu den USA, China und Indien.

Am einfachsten ist der Ersatz der vorhandenen Systemen durch Systeme mit höherer Spannung. Es ist möglich, zwei 220-kV-Systeme auf einem Mast durch ein 400-kV-System zu ersetzen oder 400-kV-Systeme durch 500-kV-Systeme abzulösen. Dies muss wegen der n–1 Ausfallsicherheit mindestens jeweils auf zwei parallelen Trassen erfolgen. Der Bau von bisher in Deutschland nicht eingesetzten 500-kV-Systemen wird wegen der fehlenden Standardkomponenten auch zukünftig nur eine theoretische Option sein. Dem steht der Neubau von Leitungstrassen gegenüber, der die Übertragungskapazität wirksam erhöht. Allerdings muss mit einer langen Planungs- und Bauzeit von bis zu 12 Jahren gerechnet werden.

Neben dem Netzausbau kommt auch der Bestimmung der freien Aufnahmekapazitäten von Netzknoten große Bedeutung zu (Monitoring der Übertragungskapazitäten), z. B. für den Anschluss oder die Erweiterung von Windparks. Dazu ist wegen der leistungselektronischen Netzkopplung von Windenergieanlagen die Kenntnis der frequenzabhängigen Netzimpedanz erforderlich. Geräte, um die aktuelle Netzauslastung messtechnisch zu erfassen sind derzeit in der Entwicklung.

5.11.2 Flexible Erzeugung

Sowohl die Flexibilisierung des konventionellen Kraftwerksparks als auch die virtuellen Kraftwerke sind für die sichere Versorgung notwendig. Konventionelle Kraftwerke werden durch eine schnellere Regelmöglichkeit flexibler einsetzbar, weil sie schneller den schwankenden Verbrauchskurven folgen können. Während bestehende Anlagen in Wartungsintervallen nachgerüstet werden, wird der flexible Betrieb bei neuen Anlagen bereits bei der Auslegung berücksichtigt.

Kleinere, dezentrale Anlagen mit unterschiedlichen Wandlungsprinzipien und Energiespeicher werden über deren zentrale Regelung zu sogenannten virtuellen Kraftwerken zusammengefasst. Damit kann ein besser prognostizierbarer zeitlicher Leistungsverlauf realisiert werden. Hierzu bedarf es einer gemeinsamen Anlagensteuerung sowie der Einbindung der virtuellen Kraftwerke in die Netzführung des Verteil- und Übertragungsnetzes. Bei weiter abnehmendem konventionellen Kraftwerkspark müssen sich virtuelle Kraftwerke in steigendem Maße auch an der Netzregelung beteiligen.

5.11.3 Flexibler Verbrauch durch steuerbare Lasten

Die beschriebenen Problemstellungen erfordern neben den neuen Technologieansätzen einen Paradigmenwechsel für eine versorgungssichere elektrische Energieversorgung mit fluktuierenden Energien. Während bei einer konventionell strukturierten Energieversorgung die Energie bedarfsgerecht bereitgestellt wird, ist dies bei wetterabhängig fluktuierender Erzeugung nicht möglich. Hier wird das Energieangebot dann am besten genutzt, wenn der Verbrauch der Erzeugungscharakteristik folgt. Dies ist nicht für alle Verbraucher möglich. Offensichtlich wird das bei der Beleuchtung oder abhängigen industriellen Produktionsprozessen. Daneben existiert hingegen eine Vielzahl unabhängiger Verbraucher in sog. unkritischen Prozessen. Hierzu zählen Kühl- und Wärmeprozesse, sowie viele Kreislaufprozesse mit großen Zeitkonstanten. Zur Umsetzung des gesteuerten Verbrauchs müssen die aktuellen Informationen über das Energieangebot und dessen aktuellem Preis bereitgestellt werden. Der momentane Verbrauch an elektrischem Strom muss beim Verbraucher zeitaufgelöst erfasst und über zentrale bzw. dezentrale Schalteinrichtungen angesteuert werden. Die einzelnen Verbraucher müssen zusammengefasst (Pooling) werden. Zusätzlich ist eine zeitgenaue Zuordnung und Abrechnung der Energiemengen mit unterschiedlicher Wertigkeit erforderlich.

Diese Fragestellungen soll das zukünftige Smart Grid-Konzept mit Hilfe von Smart Metern für die zeitaufgelöste Erfassung des elektrischen Verbrauchs lösen. Dafür sind hohe Investitionen in die Informations- und Kommunikationstechnik erforderlich. Darüber hinaus ergeben sich neue technische Herausforderungen für die Verarbeitung und Speicherung großer Datenmengen sowie neue Marktrollen mit hoher Verantwortung für den Datenschutz. Die breite gesellschaftliche Akzeptanz für die Steuerung elektrischer Verbraucher, insbesondere im Privatbereich, muss erst noch gewonnen werden.

5.11.4 Energiespeicherung

Die Energiespeicherung im Energieversorgungsnetz benötigt Leistungen im Megawatt-Bereich. Dafür stehen nur wenige Technologien mit unterschiedlichen Reifegraden zur Verfügung, wie die bewährten Pumpspeicherwerke, die Druckluftspeicherung, die seit Jahren im Prototypbetrieb betrieben wird, sowie die neue Technologie der Wasserstoffspeicherung. Eine zukünftige Energieversorgung darf zur Minimierung der Gefahr großflächiger Ausfälle nicht nur auf einer einzigen Wandlungstechnologie basieren und sollte schon allein aus Kostengründen auch nicht einen hohen Speicherbedarf erzwingen.

5.12 Speicher

Die Differenz zwischen dem aktuellen Angebot an elektrischer Energie und der Nachfrage wird durch die fluktuierende regenerative Energieerzeugung deutlich verstärkt. Sie muss in jedem Augenblick ausgeglichen werden. Hierzu stehen verschiedene Maßnahmen zur Verfügung: klassischerweise wird die Erzeugung angepasst. Andererseits könnten zukünftig auch die Verbraucher entsprechend justiert werden. Außerdem kann elektrische Energie zwischengespeichert werden. Zudem steht die deutlich größere Trägheit des internationalen europäischen Netzes zur Verfügung im Vergleich mit den nationalen Netzen. Was durch diese Maßnahmen nicht ausgeglichen werden kann, muss über entsprechende Speicher beispielsweise von Strom, Druck, Wärme oder chemisch gebundener Energie geregelt werden.

Die Möglichkeit der Steuerung der Stromerzeugung wird dabei zunehmend durch die ausgelasteten Stromnetze und die teilweise stark schwankende Stromeinspeisung aus erneuerbaren Energien beschränkt. Als Möglichkeit des Belastungsausgleichs in den elektrischen Netzen bietet sich der Einsatz von elektrischen Energiespeichern an. Diese können sowohl Angebotsspitzen (Einspeicherung) als auch Nachfragespitzen (Ausspeicherung) ausgleichen.

Da sich Elektrizität nur schwer als Elektrizität speichern lässt, muss sie zumeist für die Speicherung zunächst in eine andere Energieform umgewandelt werden, was mit Verlusten verbunden ist. Zudem geht je nach Speichertyp weitere Energie während der Energiespeicherung verloren. In einem letzten Schritt muss die gespeicherte Energie dann wieder in Elektrizität zurückgewandelt werden, wodurch erneut Umwandlungsverluste entstehen, (Abb. 5.47).

Energiespeicher werden in der Regel nach der gespeicherten Energieform klassifiziert:

- Thermische Energie: Wärmespeicher
- Chemische Energie: Akkumulator, Batterie, Redox-Flow-Zelle, Wasserstoff
- Mechanische Energie:
  - Kinetische Energie: Schwungrad
  - Potenzielle Energie: Feder, Pumpspeicherkraftwerk, Druckluftspeicherkraftwerk
- Elektrische Energie: Kondensator (Elektrotechnik), supraleitender magnetischer Energiespeicher.

Energiespeicher sind in zukünftigen Netzen mit dezentralen Energiequellen eine unverzichtbare Komponente, um einen stabilen Betrieb zu gewährleisten. Dabei nimmt die Bedeutung von Energiespeichern mit zunehmendem Anteil an fluktuierender Einspeisung zu.

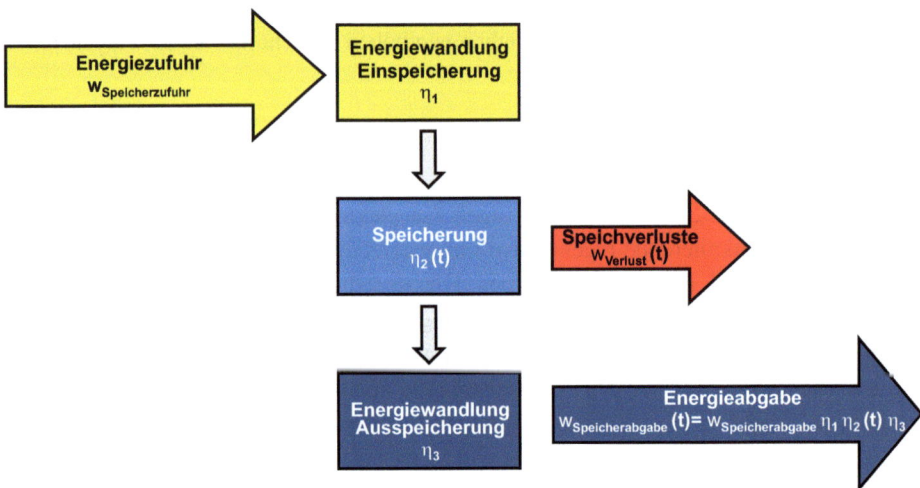

Abb. 5.47 Umwandlungsverluste bei der Energiespeicherung

5.12 Speicher

Einrichtungen zur Speicherung elektrischer Energie in Netzen sollen die zeitlichen Schwankungen von Energiebedarf und -erzeugung ausgleichen. Dies ist vor allem für das stark schwankende Energieangebot aus Wind- und Sonnenkraft erforderlich. Hierbei werden Versorgungsnetze, die durch Spitzenlastdeckung, beispielsweise von Bahnen, Nahverkehrsbetrieben bzw. Versuchsanlagen sowie von Hüttenbetrieben u. a. besonders belastet sind, entlastet. Auch die Übertragungsverluste können mit Speichern reduziert werden. Damit verringern sich auch Investitionskosten für Energieübertragungsanlagen. Insgesamt dienen die Speicher zur Verbesserung der Netzqualität durch dezentrale Pufferung bei Fehlerfällen. Weitere zu berücksichtigende Eigenschaften von Speichern sind u. a. Lebensdauer, Zyklenfestigkeit, Wirkungsgrad, Selbstentladung, Schnell-Ladefähigkeit, Überladesicherheit, Innenwiderstandscharakteristik, Temperaturverhalten und Kurzschlussverhalten.

Bei der Beurteilung der Speichertechnologien ist zu beachten, dass ca. zehn Jahre vergehen, bis eine Technologie reif für die technische Erprobung als Prototyp ist und weitere zehn Jahre, bis sich der Prototyp im Markt durchsetzt. Da somit die Einsatzzeit einer neuen Technologie in etwa zwanzig Jahre beträgt, kennen wir derzeit alle Technologien, die bis zum Jahre 2035 unsere Stromversorgung sichern können. Speicherung größerer Leistungen im Terrawattbereich ist derzeit ausschließlich mit den ausgereiften Pumpspeicherkraftwerken, in der Demonstrationsphase betriebenen Druckluftspeichern sowie den in der Entwicklung befindlichen chemischen Speichern von Wasserstoff bzw. Methan und anderen chemischen Verbindungen, die basierend auf dem Redox-Flow System wandeln, möglich. Im Folgenden sollen lediglich die Speicher für hohe Leistungen kurz angesprochen werden.

5.12.1 Pumpspeicher

Pumpspeicherwerke werden schon seit der ersten Installation im Jahre 1930 über viele Jahrzehnte zur Abdeckung von Lastspitzen eingesetzt und weisen im Vergleich aller Netzspeicher den höchsten technischen Reifegrad auf. Sie bestehen aus zwei Wasserbecken auf unterschiedlichen Höhenniveaus, zwischen denen sich ein Generator/Turbinensatz befindet. Bei einem Überangebot an Energie wird Wasser in das höher gelegene Becken gepumpt und dort als potenzielle Energie gespeichert. Diese kann bei Bedarf wieder in elektrische Energie gewandelt werden, indem das Wasser über die Turbine in das Unterbecken fließt. Die dabei auftretenden Verluste sind vergleichsweise gering. Der Gesamtwirkungsgrad von Pumpspeicherwerken liegt bei großen Anlagen um die 80 %. Aufgrund der geringen Leistungsdichte von Wasser sind Pumpspeicherwerke jedoch nicht für die langfristige Speicherung großer Energiemengen geeignet, sie können z. B. nicht als saisonale Speicher zwischen Sommer und Winter genutzt werden.

Pumpspeicherkraftwerke spielen derzeit eine besondere und wichtige Rolle in der Stromversorgung. Denn sie sind gegenwärtig die einzig etablierte und bewährte großtechnische Speicherform mit Systemrelevanz (Abb. 5.48). Im Jahr 2016 waren nach [1] Pumpspeicherkraftwerke mit einer Netto-Nennleistung von 9,4 GW an das deutsche Netz angeschlossen,

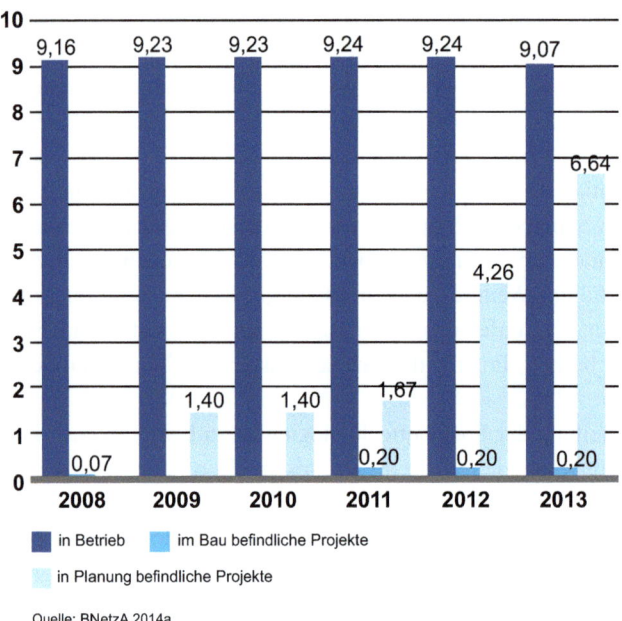

Abb. 5.48 Bestand, Bau und Planung von Pumpspeicherkraftwerken in GW, [25]

darunter auch Pumpspeicherkraftwerke in Luxemburg und Österreich mit einer Leistung von zusammen rund 3,1 GW. Neue Anlagen mit einer Leistung von 372 MW, die von Österreich ins deutsche Netz einspeisen werden, befinden sich derzeit in Bau. Pumpspeicherkraftwerke erfahren im aktuellen Rechtsrahmen gezielte Anreize. So sind neue und modernisierte Pumpspeicherkraftwerke von Netzentgelten, sowie Pumpspeicher generell von der EEG-Umlage befreit. Der in Pumpspeicherkraftwerken von den Pumpen zur Förderung der Speichermedien verbrauchte Strom ist außerdem von der Stromsteuer befreit. Zudem werden Partnerschaften mit Österreich, der Schweiz und Norwegen angestrebt, um grenzüberschreitend weitere Speichermöglichkeiten zu schaffen und zu nutzen [25].

5.12.2 Druckluftspeicher

Druckluftspeicher können in Verbindung mit Gasturbinen-Kraftwerken zum Ausgleich von Leistungsschwankungen eingesetzt werden. Dabei werden unterirdische Hohlräume, sog. Kavernen, zur Speicherung von Druckluft genutzt. Die Energiedichte von Druckluft ist rund viermal höher als die von Wasser. In Deutschland existiert seit 1978 ein Druckluft-Kraftwerk in Huntorf bei Bremen, das eine Leistung von 290 MW über eine Zeit von zwei Stunden speichern kann. Bei Leistungsbedarf wird die gespeicherte Druckluft als Frischluft in eine mit Erdgas befeuerte Gasturbine geleitet. Der Gesamtwirkungsgrad dieser Druckluftspeicherung beträgt 42 %, da die bei der Kompression entstehende Wärme verloren geht. Würde ein zusätzlicher Wärmespeicher eingesetzt, kann der Gesamtwirkungsgrad auf bis zu 70 % ansteigen. Aufgrund der vielfältigen Nutzungsmöglichkeiten von Kavernen zur Speicherung von Erdöl und Erdgas besteht eine starke Nutzungskonkurrenz, die den Zubau von Druckluftspeichern momentan behindert.

5.12.3 Wasserstoff-Speicher

Grundsätzlich kann Wasserstoff gasförmig in Kavernen oder Tanks bzw. flüssig in Tanks gespeichert werden. Er weist bei einem Druck von 70 MPa im Vergleich zu Wasser einen 1700-mal höhere und im Vergleich zu Druckluft eine 450-mal höhere Energiedichte auf. Deshalb ist Wasserstoff auch für die saisonale Speicherung über mehrere Monate eine Option. Die Erzeugung von Wasserstoff kann über die klassische Niederdruck-Elektrolyse bei Wirkungsgraden von bis zu 70 % erfolgen oder mittels der Hochdruck-Elektrolyse in invers betriebenen Brennstoffzellensystemen bei Wirkungsgraden von maximal 40 %. Die Hochdruck-Elektrolyse weist ein besseres dynamisches Verhalten bei der Nutzung von stark fluktuierendem Windstrom für die Herstellung von Wasserstoff auf (Power to Gas), Niederdruckanlagen sind hierfür nicht einsetzbar.

Zur Speicherung kleinerer Mengen Wasserstoff kann das in seinem Betriebsdruck sehr variable Erdgasnetz genutzt werden, dem ohne Probleme bis zu 5 bis 10 Prozent Wasserstoff beigemischt werden können. Der Gesamtwirkungsgrad der Wasserstoffspeicherung sinkt nach der Elektrolyse noch durch die notwendige Verdichtung ab. Bei größeren Mengen ist zur Einspeisung in das Erdgasnetz eine weitere Reaktion erforderlich, die Methanisierung des Wasserstoffs, die den Wirkungsgrad nochmals um rund 30 % reduziert.

5.12.4 Redox-Flow Speicher

Neben den drei beschriebenen Speichertypen werden wegen ihres technologischen Fortschritts auch Redox-Flow Speicher immer interessanter für den Einsatz in der elektrischen Energieversorgung. Sie bestehen aus zwei Tanks, zwischen denen eine Elektrolyt-Flüssigkeit hin- und her gepumpt wird. Dabei läuft in einer Fließrichtung eine Oxidation mit elektrischer Energieabgabe und in der anderen eine Reduktion mit elektrischer Energieaufnahme ab. Der Wirkungsgrad kann bis zu 75 % betragen. Aufgrund ihrer kompakten Gestaltung, der guten Speichereigenschaften ohne schleichende Entladung aufgrund der separaten Lagerung der beiden Katalysatoren und der guten Skalierbarkeit sind Redox-Flow Speicher auch grundsätzlich als Energiespeicher innerhalb von Stadtgebieten einsetzbar.

Derzeit befindet sich die Redox-Flow-Zelle in der Erprobung. Redox-Flow-Zellen werden beispielsweise in Form des Vanadium-Redox-Akkumulators als Reservequelle für Mobilfunk-Basisstationen oder als Pufferbatterie für Windkraftanlagen eingesetzt. Eine japanische Windkraftanlage ist mit dem derzeit leistungsstärksten Redox-Flow System mit 4 MW Leistung und einer Speicherfähigkeit von 6 MWh bestückt. Die Redox-Flow-Batterie des

Hybridkraftwerks Pellworm hat eine Speicherfähigkeit von 1,6 MWh und eine Lade/Entladeleistung von 200 kW. Der Energieversorger EWE will bis 2023 eine Redox-Flow-Batterie in einem Kavernenspeicher bei Jemgum errichten. Für die dann weltgrößte Batterie sollen zwei Kavernen mit je 100.000 Kubikmetern Volumen verwendet werden. Das System soll eine Leistung von 120 Megawatt erreichen und bis zu 700 Megawattstunden speichern können. Die Effizienz bei der Strom-Rückgewinnung soll bei 70 % liegen.

Die Redox-Flow-Zelle wird auch als möglicher Energiespeicher für künftige Elektroautos diskutiert, da bei Elektrofahrzeugen mit herkömmlichem Akkumulator das schnelle Aufladen eine wesentliche Herausforderung darstellt. Redox-Flow-Batterien erlauben das Aufladen als Tankvorgang durch Austausch der Elektrolyt-Flüssigkeiten an einer Tankstelle. Der eigentliche Ladevorgang, das heißt die chemische Aufbereitung der Elektrolyte, findet außerhalb des Fahrzeugs, beispielsweise in Vorrichtungen innerhalb der Tankstelle statt. Gegen die Anwendung in Elektroautos spricht allerdings die noch vergleichsweise geringe Energiedichte.

5.12.5 Elektrische Batterien, Akkumulatoren

Eine Vorrichtung zur spontanen Umwandlung von chemischer in elektrische Energie als Gleichspannungsquelle wird im allgemeinen als galvanische Zelle bezeichnet. Sind die Elektrolyte als Speicher nur einmal zu entladen, spricht man von einer elektrischen Batterie. Können die Elektrolyte durch Stromzufuhr regeneriert, d. h. aufgeladen werden, liegt ein Akkumulator vor. Batteriesysteme können grundsätzlich sehr schnell auf Lastanforderungen reagieren. Die Beschränkung in der Zeitkonstanten wird durch die Leistungselektronik bestimmt. Grundsätzlich kann die maximale Leistung eines Batteriespeichersystems in weniger als 10ms abgerufen werden. Problematisch für einen Dauereinsatz bei stationärer Anwendung ist jedoch die beschränkte Anzahl von Ladezyklen bzw. die Lebensdauer des Akkumulators.

Angegebene Lebensdauern von Akkumulatoren beziehen sich auf eine Restkapazität von mindestens 80 % nach der angegebenen Anzahl an Ladezyklen. Das heißt, dass ein Akku nach der angegebenen Anzahl von Lade-/Entladezyklen noch mindestens 80 % seiner Kapazität haben muss und nicht unbedingt defekt ist. Eine generelle Aussage über die Lebensdauer zu machen ist jedoch nicht einfach bzw. in der Regel unmöglich, da die spezifischen Betriebsbedingungen eine entscheidende Rolle spielen. Hierzu gehören Überhitzung oder zu große Kälte, überladen, kurzschließen oder tiefentladen. Die in Tab. 5.4 angegebenen Ladezyklen beziehen sich auf einen idealen Umgang, so dass die angegebene Zyklenanzahl bzw. Lebensdauer in der Praxis häufig nicht erreicht wird. Wird die beschränkte Zyklenzahl der Be- und Entladungen berücksichtigt, so kann man davon ausgehen, dass Batteriespeicher der heutigen Technologien höchstwahrscheinlich spätestens alle fünf Jahre komplett zu ersetzen sind.

Große Batteriespeicheranlagen auf Basis von Bleibatterien oder Nickel-Cadmium Batterien im Bereich mehrerer 10 MW Leistung und mehrerer 10 MWh Energie sind Stand

Tab. 5.4 Ideale Lebensdauern bzw. Ladezyklen von Akkumulatoren

Akkumulatortyp	Max. Ladezyklen	Lebensdauer in Jahren
Blei Gel	400–600 (Vollzyklen)	5–8
Blei Säure	300–500 (Vollzyklen)	4–6
NiCd	800–1500	15
NiMH	350–500	7–10
Li Ionen	500–800	10–15
LiPo	300–500	7–10
NiFe	über 3000	20–60

der Technik und werden für die Stabilisierung von schwachen Netzen an verschiedenen Stellen eingesetzt. Der betriebswirtschaftliche Nutzen ergibt sich dabei jeweils aus den spezifischen Randbedingungen der Stromversorgungsinfrastruktur und den Anforderungen an Versorgungssicherheit und Versorgungsqualität. Die Lithium-Batterien und NiMH-Batterien mit ihrer hohen Energiedichte sind derzeit noch weit weg von der Wirtschaftlichkeit in stationären Anwendungen, sie werden ausschließlich in mobilen Anwendungen eingesetzt.

Vorgeschlagen wird auch, elektrische Batterien bzw. Akkumulatoren von Elektrofahrzeugen quasi in Nachverwendung als Speichersystem zu verwenden, wenn diese aufgrund von Alterung nur noch etwa 80 % der Speicherkapazität aufweisen, um die Spitzenlast zu gewährleisten.

5.13 Sektorkopplung

Der Begriff der Energiewende beinhaltet neben der Stromversorgung auch die Wärmebereitstellung und die Treibstoffe für den Verkehr. In den letzteren zwei Sektoren wirken jedoch im Vergleich zur Stromerzeugung größere Zeitkonstanten. Es besteht keine Notwendigkeit für zeitkritische Steuerungseingriffe wie bei der Netzregelung im elektrischen Versorgungsnetz. Dies ist der Grund dafür, dass viele technische Verbesserungsmaßnahmen zuerst im Bereich der Stromerzeugung eingesetzt werden. Durch ein Zusammenwirken der Systeme Strom, Wärme und Gas kann die eingesetzte Energie effektiver genutzt werden. Dies trifft insbesondere auf die Energiespeicherung zu. Hier wird die systemübergreifende Speicherung von Strom zu Wasserstoff (Power to Gas), Strom zu Wärme (Power to Heat) bzw. Strom zu prozessbezogener Speicherung (z. B. Power to Steel) genutzt. Durch die Steigerung der Energieeffizienz in allen Bereichen kann der Verbrauch gesenkt werden, wodurch weniger Kosten für die notwendigen technischen Anpassungsmaßnahmen in der Energieversorgung entstehen. Strom aus Erneuerbaren soll zukünftig eingesetzt werden, um Wärme, Kälte und Antriebsenergie zu erzeugen. Ziel ist es, fossile Energien bald zu ersetzen.

Der Anteil an erneuerbaren Energie am Endenergieverbrauch betrug in 2016 bei etwa 14,8 %, während er beim Stromverbrauch bereits bei 31,6 % lag. Zum gesamten

„Endenergieverbrauch" wird auch die Energie hinzugerechnet, die beispielsweise zum Heizen oder im Verkehr gebraucht wird. Im Gegensatz zum Strombereich sind Wärme- und Kälteerzeugung in Haushalten und Unternehmen sowie der Verkehr heute noch weitgehend fossilen Ursprungs.

Damit die Energiewende ein Erfolg wird, muss nicht nur der Stromsektor auf erneuerbare Energien umgestellt werden. Insbesondere muss der Wärme- und Verkehrsbereich stärker auf die Erneuerbaren setzen. Dies geschieht etwa durch den direkten Einsatz von erneuerbaren Energien, zum Beispiel zum Heizen eines Hauses mittels Solarthermie. Zusätzlich hilft aber auch der Einsatz von Strom aus Erneuerbaren dabei, die Energiewende in den anderen Sektoren voranzubringen. Wenn man nachhaltig erzeugten Strom nutzt, um in anderen Sektoren den Einsatz von fossilen Energien zu reduzieren, spricht man von Sektorkopplung. Die einzelnen Sektoren und deren mögliches Zusammenwirken wird im Folgenden kurz angesprochen.

Derzeit konzentrieren sich die Maßnahmen auf die Kopplung der Sektoren Strom und Wärme mittels Wärmepumpensystemen und die Kopplung von Strom und Mobilität durch Batteriefahrzeuge. Dabei steht die technische Effizienz weiterhin als dominantes Kriterium im Mittelpunkt. Andere Kriterien wie beispielsweise die ökonomische Realisierbarkeit und die dafür erforderlichen längerfristigen Rahmenbedingungen bleiben noch im Hintergrund.

5.13.1 Sektor Stromerzeugung

Bei Strom aus Erneuerbaren sind die Fortschritte inzwischen deutlich: 2010 deckten die erneuerbaren Energien noch 17 % des Stromverbrauchs in Deutschland, heute sind es mehr als 33 %, im Jahr 2025 sollen es bis zu 45 % sein. Um den weiteren Ausbau von Windrädern und Solaranlagen planbarer und kostengünstiger zu machen, haben Bundestag und Bundesrat am 8. Juli 2016 die Novelle des Erneuerbare-Energien-Gesetzes, kurz EEG 2017, beschlossen. Das neue Gesetz soll außerdem dafür sorgen, dass der Ausbau der Erneuerbaren besser mit dem Netzausbau synchronisiert wird.

5.13.2 Sektor Wärme

Um die Angebotsspitzen bei hoher Fotovoltaik und Windenergie zu nutzen, ist Heizen mit Strom aus Erneuerbaren statt mit Öl und Gas durchaus sinnvoll. Noch wird in Deutschland zu einem großen Teil mit fossilen Energieträgern wie Öl und Gas geheizt. Künftig werden die Erneuerbaren auch hier eine wichtigere Rolle spielen. Die sogenannte „Power-to-Heat" Technologien halten für die Energiewende große Chancen parat. Statt fossiler Brennstoffe nutzen sie Strom, um Wärme zu gewinnen. Je mehr von diesem Strom aus erneuerbaren Quellen stammt, desto erfolgreicher trägt auch dieser Bereich dazu bei fossile Energieträger zu ersetzen. Ein wichtiges Beispiel ist die Wärmepumpe im Heizungskeller. Sie nutzt Strom, um vorhandene Wärme aus der Erde aufzunehmen, zu verdichten und dann für den Betrieb der Heizungsanlage einzusetzen. In energetisch sanierten Gebäuden machen gute Wärmepumpen aus einer Kilowattstunde Strom mehr als drei Kilowattstunden Wärme. Diesen Effekt kann man mit günstigen Wärmespeichern über die erweiterte Nutzungsdauer verstärken.

5.13.3 Sektor Verkehr

Der Sektor Verkehr ist der dritte große Verbrauchsbereich für Energie in Deutschland. Auch er lässt sich in vielen Bereichen elektrifizieren. Bei den meisten Zügen ist das bereits der Fall. Damit auch auf den Straßen immer mehr Elektrofahrzeuge rollen, werden seit kurzem Käufer von Elektrofahrzeugen mit einer Kaufprämie unterstützt und die notwendige Ladeinfrastruktur ausgebaut. Für LKW wird die Nutzung von Oberleitungen auf der Autobahn erprobt. Auch andere nicht-fossile Antriebsmöglichkeiten können helfen, umweltfreundlich mobil zu sein, benötigen dazu jedoch deutlich mehr Strom. Zum Beispiel können Pkws auch mit Wasserstoff bzw. mit aus Überschußstrom synthetisch hergestellten Methan oder Ethanol fahren.

5.13.4 Sektor Power to X

Als Verbindungselemente zwischen den Sektoren gibt es eine Vielzahl von verfügbaren Techniken, deren Zusammenwirken noch zu gestalten ist. Folgende Kopplungselemente, häufig unter dem Überbegriff „Power-to-X" zusammengefasst, werden derzeit untersucht:

- Power-to-Gas: Erzeugung von Energiegasen aus erneuerbarem (Überschuss)-Strom durch die Elektrolyse, d. h. durch Aufspaltung von Wasser in Wasserstoff und Sauerstoff und ggf. anschließender Methanisierung, d. h. die Herstellung von Methan durch die Anlage von Wasserstoff- an Kohlenstoffatome. Ziel ist, zusätzliche Flexibilitäten sowie eine nachhaltige Alternative zum fossilen Erdgas zu schaffen.
- Power-to-Heat: Einsatz von überschüssigen Strommengen im Wärmemarkt durch die Verwendung von regelbaren Heizelementen in lokalen Wärmespeichern, in Fernwärmesystemen sowie die Zuschaltung von Wärmepumpen.
- Power-to-Mobility: Einsatz von Überschussstrom zum Laden von Elektrofahrzeugen, das theoretisch auch ein Rückspeisen des Batterieinhalts ins Netz ermöglichen würde. Alternative Nutzung von aus Power-to-Gas-Prozessen erzeugtem Methan für CNG und LNG-Mobilität bzw. von Wasserstoff für die Brennstoffzellenmobilität.
- Power-to-Valuables: Einsatz von Überschussstrom in der Industrie zur gezielten Erzeugung von chemischen Produkten, Druckluft, Schmelzen von Metallen, Oberflächen-Veredelungsprozesse, etc. .
- Power-to-Liquids: Verfahren zur Herstellung von Treibstoffen aus Überschussstrom, über den Weg der Elektrolyse/Wasserstoffdarstellung zu verwertbaren Grundchemikalien (Methanol) oder Treibstoffen aus synthetischen Kohlenwasserstoffen (Dimethylester, Kerosin etc.).

Bei der Stromerzeugung durch thermische Prozesse fällt in der Regel etwa 40 % bis 60 % der eingesetzten Energie als Abwärme an, die an die Umwelt abgegeben wird, obwohl sie u. a. zu Heizzwecken genutzt werden könnte. Zur Nutzung der Abwärme bei gekoppelter Strom- und Wärmeerzeugung sind bereits Technologien verfügbar.

- Kraft-Wärme-Kopplung: Einsatz des in Erdgasspeichern zwischengespeicherten Gases aus Power-to-Gas-Anlagen zur hocheffizienten, gekoppelten Erzeugung von Strom und Wärme.
- Brennstoffzellenkraftwerk: Eine auf der Basis einer Brennstoffzelle betriebene größere Stromerzeugung, die den Wasserstoff aus einer Power-to-Gas-Anlage nach der Zwischenspeicherung zum Ausgleich von Minderproduktionen aus erneuerbarer Energieerzeugung mit hoher Effizienz zurück in Strom verwandelt.
- Biomethan-Aufbereitung: Einspeisung von aufbereitetem Biogas ins Erdgasnetz.
- GuD-Kraftwerke: Umwandlung von im Erdgas bzw. in den nachhaltig erzeugten Brenngases gespeicherter chemischer Energie in Wärme und Strom mit Wirkungsgraden von ca. 60 %.

Für die gemeinsame Optimierung der Sektoren gibt es eine Reihe von Lösungs-Elementen. So könnten (u. a. Auto-)Batterien in Zeiten des Überschusses von Sonnen- bzw. Windenergie geladen werden, wobei sie zur Überbrückung von Stromengpässen genutzt werden können. Sogenannte Power-to-gas-Anlagen können nahe den Erzeugungsschwerpunkten erneuerbar erzeugtem Stroms gebaut werden, und die Überschuss Energie als Methan oder Wasserstoff in das bestehende Erdgasnetz einspeisen.

Für die Bereitstellung flüssiger Kraftstoffe wie Benzin oder Kerosin dienen die Power-to-Liquid-Techniken. Hiermit kann die Energie-Optimierung länderübergreifend erfolgen, da klimaneutral hergestellte Treibstoffe preiswert transportiert werden können. Diese können in schwer umzustellen Bereichen (zum Beispiel im Flugverkehr, Schifffahrt, Schwerlasttransport) eingesetzt werden.

Anlagen zur gekoppelten Erzeugung von Kraft und Wärme (KWK) können einerseits mit erneuerbarem Gas betrieben werden, andererseits Strom zur Ergänzung erzeugen (Residuallastausgleich).

Mit Batterie- und Gasspeichern können Schwankungen in Stromerzeugung bzw. -verbrauch ausgeglichen werden. Der Überschussstrom steht immer nur für eine kurze Zeitspanne zur Verfügung. Wenn er nicht anderweitig beispielsweise über Batterien speicherbar ist, muss er unmittelbar in der Elektrolyse umgesetzt werden. Anlagen zur Nutzung des Überschussstroms können nur wenige Stunden im Jahr betrieben werden. Beim derzeitigen Ausbau der Windenergie und Fotovoltaik sind es etwa 1000 h/Jahr. Die Nutzungsdauer der Elektrolyseanlagen betrüge damit derzeit lediglich ca. 12 % im Jahr. Um den Überschussstrom vollständig zu nutzen, wäre somit ein hohe installierte Leistung bei relativ geringer Nutzungsdauer erforderlich. Die Wirtschaftlichkeit derartiger Anlagen scheint fraglich, bedarf aber noch detaillierterer Untersuchungen.

Auf der einen Seite ergibt sich durch die zunehmend dezentrale Energieerzeugung der Bedarf, dass Informationen über die erzeugten Energiemengen vorhanden sein müssen, um die Netz-Stabilität steuern zu können. Während auf der anderen Seite die Notwendigkeit besteht, die tendenziell ungleichmäßiger werdende Energieerzeugung über ein Energiemanagement auf der Verbraucherseite auszugleichen (Demand Side Management).

5.14 Energiepreise

Wenn die Zeit zu einem Wandel reif ist, lässt er sich nicht aufhalten. Unternehmen, die die Notwendigkeit nicht erkennen oder zu spät akzeptieren, geraten zwangsläufig in Schwierigkeiten. Wir haben solche Phasen industriellen Wandels in Deutschland schon mehrere Male durchlebt. Man denke an die deutsche Wiedervereinigung, an den Abbau des Kohlebergbaus sowie an die Transformation des Ruhrgebietes und deren noch nicht vollständig behobene Folgen.

Der weltweite Anstieg des Primärenergieverbrauchs und die absehbaren Engpässe der Ressourcen Öl, Kohle und Erdgas aber auch des Urans lassen einen Anstieg der Kosten erwarten. Die Zeit ist reif, die Energieversorgung auf nachhaltige Energien umzustellen. Um die Konsequenzen zu beherrschen, um die Wirtschaftlichkeit, Versorgungssicherheit und die soziale Verträglichkeit zu gewährleisten, ist ein längerer Zeitrahmen für den Wandel vorzusehen. Die Technologien der Energiewandlung, wie auch der Energieverteilung müssen entwickelt und erprobt werden. Hierzu gibt es weltweite Anstrengungen. Wenn Deutschland bei dieser Zukunftstechnologie als führende Industrienation und Exporteur mithalten möchte, muss die Technologie führend sein.

Die Entwicklung der Preise für die energetischen Rohstoffe Öl, Gas und Steinkohle auf internationaler Ebene sind wichtige Treiber der nachfolgend beschriebenen Preis- und Kostenentwicklungen für Endverbraucher in Deutschland. Die Preise für die energetischen Rohstoffe zeigen allerdings seit dem Jahrtausendwechsel einen deutlich steigenden Trend und ab 2013 aufgrund der höheren Förderung einen starken Abfall (Abb. 5.49).

Die Preise an der europäischen Strombörse in Leipzig (European Energy Exchange) sind 2016 im dritten Jahr leicht angestiegen, (Abb. 5.11). Einen vergleichbaren Verlauf wies, bei naturgemäß höherer Volatilität, auch der Spotmarkt-Preis auf. Die Strompreise am Termin- und Spotmarkt liegen weiterhin auf einem fast identischen Niveau. Dies zeigt, dass die Börsenteilnehmer in naher Zukunft nicht mit steigenden Großhandelsstrompreisen rechnen. Der Börsenhandel ist Teil des Großhandels mit Strom. Darüber hinaus wird Strom über außerbörsliche bilaterale Verträge gehandelt, die allerdings ebenfalls durch die Preissignale von der Strombörse beeinflusst sind. Solche Verträge haben häufig eine Laufzeit über mehrere Jahre.

Das Abfallen der Börsenstrompreise ist auf den Preisbildungsmechanismus des sogenannten Merit-Order-Verfahrens zurückzuführen. Der jeweilige Preis wird durch den höchsten Preis des gerade noch zur Bedarfsdeckung benötigten Kraftwerks festgelegt (Abb. 5.50).

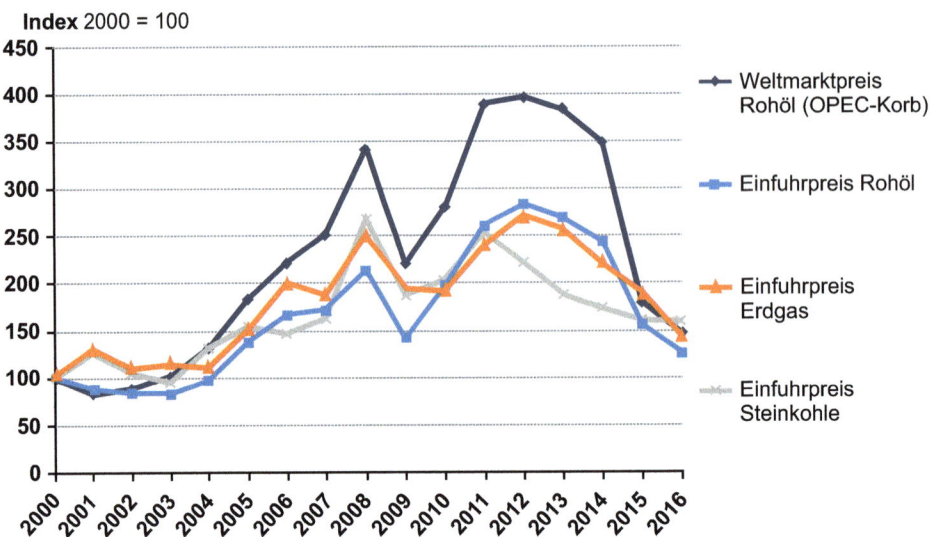

Abb. 5.49 Weltmarkt- und Einfuhrpreise von Energierohstoffen [1]

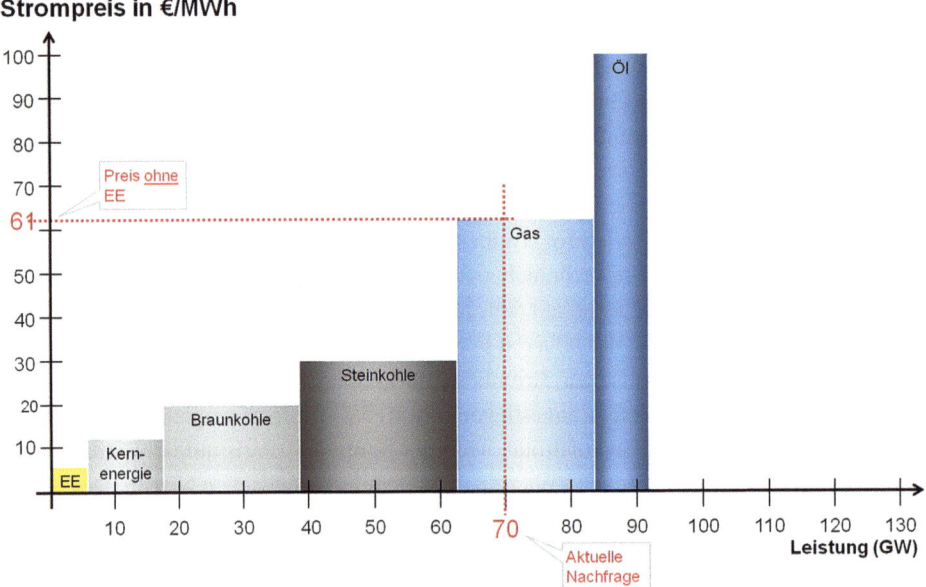

Abb. 5.50 Merit Order Preisbildung mit geringem Anteil an Erneuerbarer Energie EE, [26]

Durch den Einspeisevorzug der Erneuerbaren kommt es bei höherer regenerativer Stromerzeugung zu sinkenden Strompreisen. Der Merit-Order-Effekt führt zu einer Strompreisreduktion an der Strombörse und zu reduzierten Renditen der konventionellen Kraftwerke. Durch die Einspeisung von beispielsweise 40 GW bevorzugter erneuerbarer Energie sinkt der Strompreis an der Börse in diesem Beispiel von 61 €/MWh auf 20 €/MWh.

5.14 Energiepreise

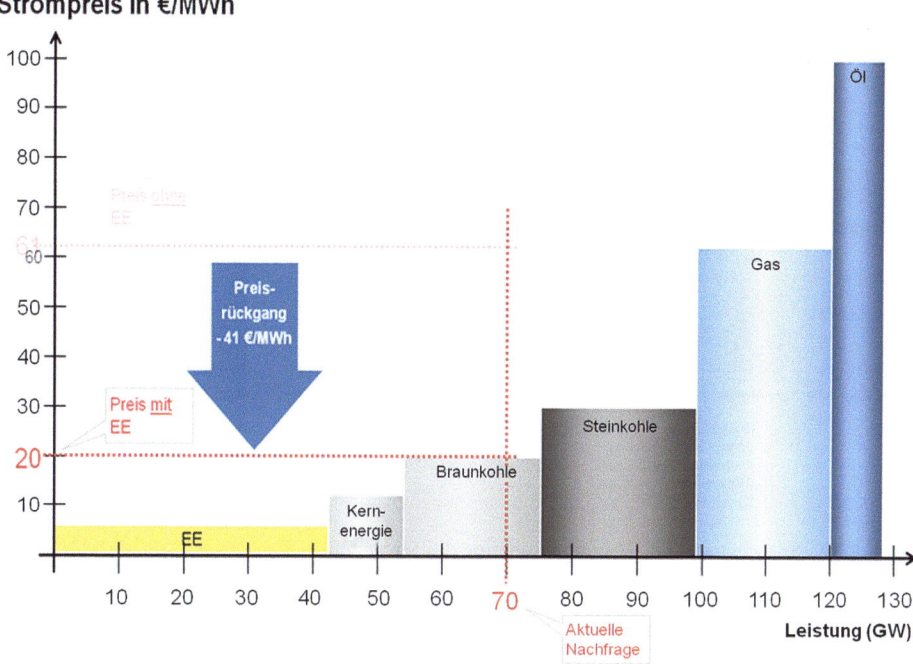

Abb. 5.51 Merit-Order-Preisbildung mit hohem Anteil an erneuerbarer Energie EE, [26]

Der Differenzbetrag wird über das EEG einerseits auf die Stromverbraucher umgelegt, senkt aber andererseits die Rendite der bereitgestellten, aber nicht zum Einsatz gekommenen konventionellen Kraftwerke (Abb. 5.51).

Deshalb sind die durchschnittlichen Strompreise für Haushaltskunden angestiegen. Im Jahresdurchschnitt 2016 betrugen sie 29,86 ct/kWh, Abb. 5.52. Sie blieben allerdings in den letzten fünf Jahre in etwa konstant. In den Daten wird jeweils der Stichtag 1. April des Jahres zugrunde gelegt. Inflationsbereinigt fiel der Preisanstieg geringer aus. Daneben sind für Haushalts- und nicht privilegierte gewerbliche Kunden Entwicklungen der Steuern, Abgaben und sonstigen staatlich beeinflussten Preisbestandteile relevant. Dabei hat die Entwicklung der EEG-Umlage auch 2016 erheblich zu Preiserhöhungen für nicht privilegierte Letztverbraucher beigetragen.

Die Strompreise für Industrieunternehmen, die nicht unter Entlastungsregelungen fallen, sind in den letzten drei Jahren leicht zurückgegangen (siehe Abb. 5.53). Dies lag vor allem an einem Rückgang des Preisbestandteils für Beschaffung, Vertrieb und Marge. Dieser Rückgang dürfte hauptsächlich auf die gesunkenen Großhandelspreise zurückzuführen sein. Die Netzentgelte sind dagegen leicht gestiegen. Dabei ist zu berücksichtigen, dass viele Industriekunden, die einen hohen Jahresverbrauch haben und nicht unter Entlastungsregelungen fallen, einen separaten Netznutzungsvertrag mit ihrem Netzbetreiber abschließen und somit individuelle Netzentgelte zahlen. Im Jahr 2016 sind die Strompreise zum Stichtag 1. April gegenüber dem Vorjahr um 4,9 % auf 14,90 ct/kWh angestiegen, (Abb. 5.53).

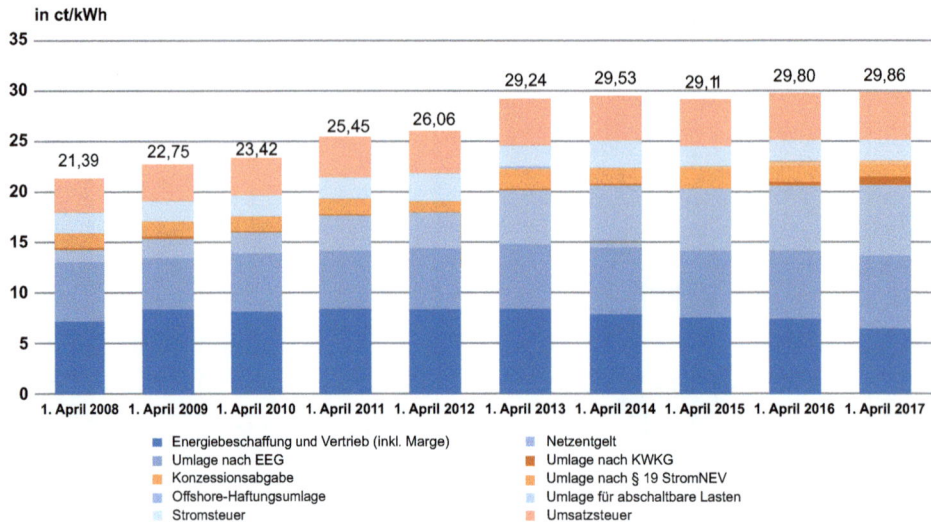

Abb. 5.52 Entwicklung und Zusammensetzung des Strompreises für private Haushaltskunden, [1]

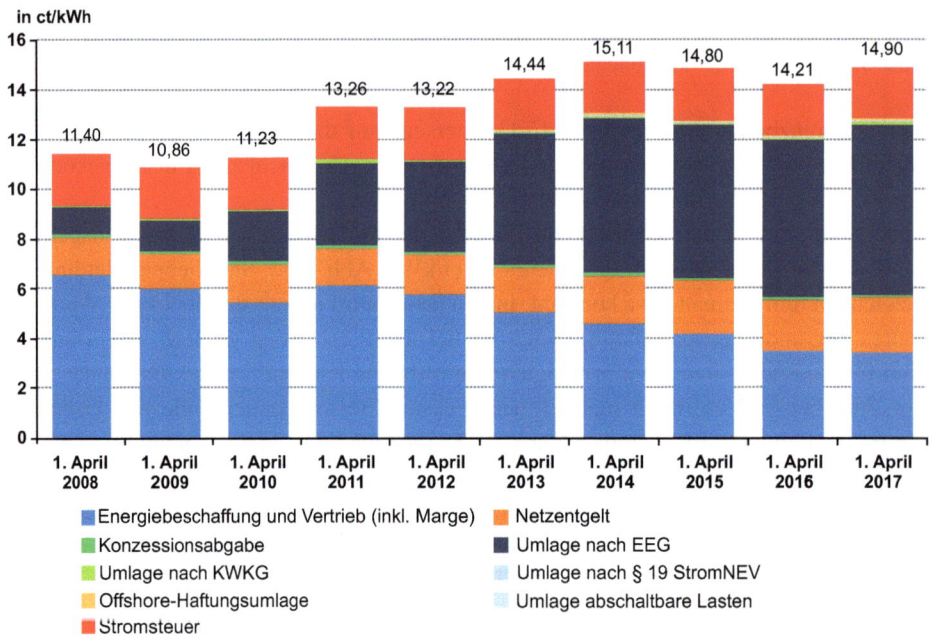

Abb. 5.53 Strompreise für Industrieunternehmen, die nicht unter Entlastungsregelungen fallen, [1]

5.14 Energiepreise

Die oben ausgewiesenen Strompreise für Gewerbe- und Industriekunden gelten jedoch nicht für stromintensive Unternehmen. Für dieses Verbrauchssegment gibt es keine statistischen Erhebungen. Große Stromverbraucher fallen, sofern die jeweiligen Kriterien erfüllt sind, unter verschiedene Entlastungsregelungen. Dementsprechend können die Strompreise für diese Abnehmer zum Teil deutlich niedriger ausfallen. Sie liegen trendmäßig auf der Höhe der Kosten für Energiebeschaffung und Netzentgelte in Abb. 5.53. Den Abb. 5.52 und 5.53 ist zu entnehmen, dass die marktbasierten Ausgabenelemente, Energiebeschaffung und Netzentgelte, auf niedrigem Niveau verharren.

Aus Abb. 5.54 wird deutlich, dass die Energiekostenbelastung insbesondere durch den Rückgang der fossilen Brennstoffpreise bei allen Energieträgern mit der Ausnahme beim Strom gesunken ist. Im Energiewendekontext sind aber die Kosten der Elektrizität besonders interessant, die in Deutschland gegenüber dem europäischen Durchschnitt im Zeitraum von 2008 bis 2015 zunahmen (vgl. Abb. 5.55). Während die Elektrizitätskosten der Unternehmen im verarbeitenden Gewerbe in Deutschland seit 2011 im Durchschnitt um ca. 5 % gestiegen sind, ist in Europa ein Rückgang um ca. 2 % zu verzeichnen. Im verarbeitenden Gewerbe liegen im Jahr 2015 nur noch in der deutschen Metallerzeugung und -verarbeitung sowie im deutschen Fahrzeugbau die Stromkosten unter EU28-Niveau. Sofern also deutsche Sektoren stark von Strom abhängig sind und weniger von fossilen Energieträgern, kam die Entlastungswirkung aus dem Preisverfall bei den fossilen Energieträgern nicht bei diesen an. Für solche Firmen wird der finanzielle Handlungsspielraum sogar trotz niedriger fossiler Brennstoffpreise eingeschränkt.

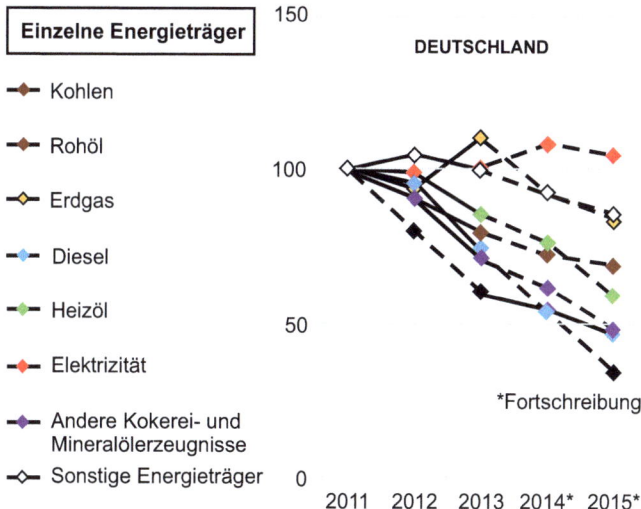

Abb. 5.54 Index (2011=100) der energiespezifischen Energiestückkosten im deutschen verarbeitendem Gewerbe, [16]

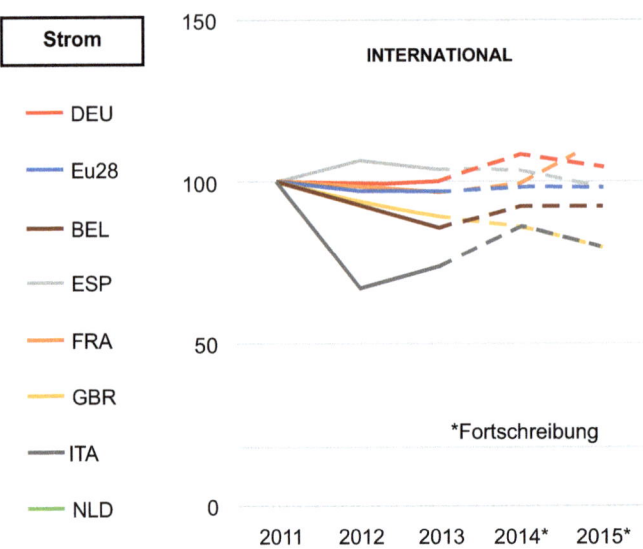

Abb. 5.55 Index (2011=100) der Stromstückkosten in Deutschland, in der EU28 und in ausgewählten EU-Ländern, [16]

Zusätzlich zu den auf die Verbraucher umlegbaren Kosten ergeben sich verborgene Kosten zur Vorhaltung von Kraftwerksleistung. Eine angemessene Bewertung von Kraftwerken orientiert sich in den Bilanzen der Unternehmen an den zukünftigen Deckungsbeiträgen der jeweiligen Kraftwerke. Ist ein Kraftwerk aktuell und voraussichtlich auch zukünftig nicht mehr in der Lage, die zu einer regulären Abschreibung erforderlichen positiven Deckungsbeiträge zu generieren, so erfolgt eine Bewertungskorrektur in Form einer außerplanmäßigen Abschreibung.

Laut Medienberichten haben Kraftwerksbetreiber in den letzten Jahren in erheblichem Umfang solche außerplanmäßigen Abschreibungen auf konventionelle Erzeugungskapazitäten vorgenommen [16]. Nach Einschätzung der [27] haben die 12 größten Energieversorger Europas zwischen 2010 und 2015 insgesamt über 100 Mrd. Euro abgeschrieben. Mit 86 Mrd. Euro Wertverlust der 16 größten Versorger Europas gelangt [28] zu einer ähnlichen Größenordnung für den Zeitraum von 2010 bis einschließlich 2014. Diese Zahlen beinhalten sowohl Abschreibungen auf Assets jeglicher Art als auch die Einbußen der Firmenwerte. Als Ursachen werden die gesunkenen Stromgroßhandelspreise, ein rückläufiger Elektrizitätsabsatz, politische Unsicherheiten, Überkapazitäten und der unerwartet expansive Ausbau erneuerbarer Energien angeführt. Das [28] hebt hervor, dass der Werteverlust deutscher Kraftwerksbetreiber aber auch auf Fehlinvestitionen und unrentablen Unternehmenskäufe im Ausland zurückzuführen ist.

Unabhängig von den Ursachen gehören außerplanmäßige Abschreibungen zu den gesamtwirtschaftlichen Kosten der Elektrizitätsversorgung. Nur werden diese nicht von den Letztverbrauchern, sondern von den Kraftwerkseigentümern getragen. Um ein genaueres Bild über die Entwicklung in Deutschland zu erlangen, kann man die Geschäftsberichte

5.14 Energiepreise

der sechs großen in Deutschland tätigen Energieversorger RWE, EON, EnBW, Vattenfall, STEAG und Statkraft heranziehen. Im Jahr 2010 verfügten diese Unternehmen zusammen über eine konventionelle Kraftwerksleistung von 90 GW, die bis 2015 auf 74 GW gesunken ist. Gemessen an der installierten Leistung war RWE in 2015 der größte Versorger, gefolgt von Vattenfall, EON, EnBW, STEAG und Statkraft. Während die ersten vier über ein breites Portfolio konventioneller Erzeugungsanlagen verfügen, beschränkt sich der Kraftwerkspark von STEAG mit 8,3 GW fast ausschließlich auf Steinkohlekraftwerke und der von Statkraft mit 2,4 GW fast ausschließlich auf Gaskraftwerke.

In Abb. 5.56 sind die außerplanmäßigen Abschreibungen der letzten Jahre aggregiert dargestellt. Es handelt sich um die Wertberichtigungen auf konventionelle Erzeugungsanlagen in Deutschland infolge geringerer Ertragserwartungen. Nicht enthalten sind Wertminderungen des Firmenwerts. Insgesamt belaufen sich die außerplanmäßigen Abschreibungen zwischen 2010 und 2015 auf kumuliert knapp 19 Mrd. Euro, mit einem zuletzt stark ansteigenden Trend. Der Ausschlag bei Vattenfall in 2011 bspw. bezieht sich auf die mit der Abschaltung der Kernkraftwerke Krümmel und Brunsbüttel einhergehenden Wertberichtigungen. In 2016 setzte sich der Trend fort. RWE schrieb die konventionelle Kraftwerkssparte mit 4,3 Mrd. Euro ab, EON mit 3,8 Mrd. Euro sowie Statkraft mit 238 Mio Euro.

Man kann die Entwicklung der außerordentlichen Abschreibungen in drei Phasen unterteilen. Mit dem Moratorium nach der Katastrophe von Fukushima wurden in den Bilanzen der Versorger noch im selben Jahr Wertberichtigungen auf die Kernkraftwerke getätigt. In den darauffolgenden Jahren wurden außerplanmäßige Abschreibungen hauptsächlich auf Gaskraftwerke verbucht. In jüngster Zeit trifft es auch die Stein- und Braunkohlekraftwerke. Dies sind allerdings nur Tendenzaussagen, denn in den meisten Geschäftsberichten sind die Wertberichtigungen weder einzelnen Erzeugungsanlagen noch Kraftwerkstypen

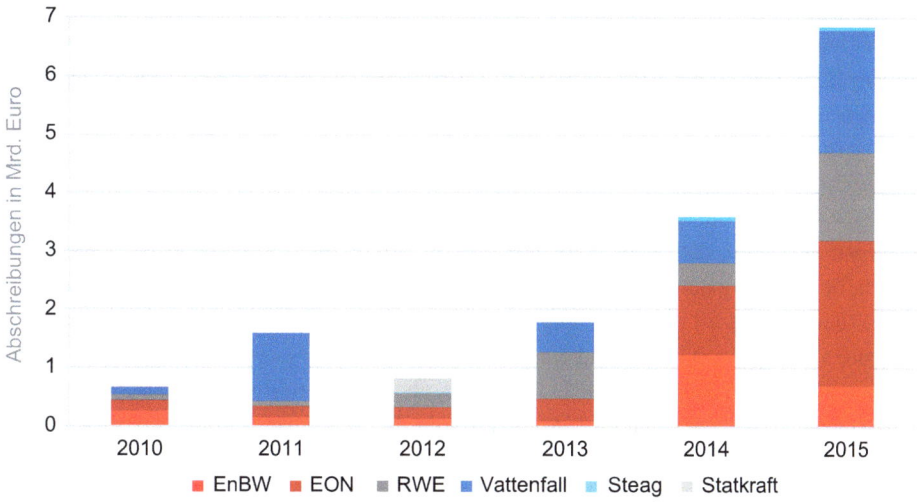

Abb. 5.56 Außerplanmäßige Abschreibungen auf Erzeugungsanlagen großer Versorger in Deutschland, nach [16]

zugeordnet. Anhaltspunkte lassen sich jedoch gewinnen, indem die außerordentlichen Wertminderungen der einzelnen Unternehmen mit den installierten Leistungen in Beziehung gesetzt werden. Die Bandbreite der Ergebnisse reicht von 19.000 Euro pro MW bei STEAG bis zu knapp 500.000 Euro pro MW bei Vattenfall. Dies könnte darauf hindeuten, dass bei manchen Unternehmen noch weiterer Wertminderungsbedarf besteht, insbesondere bei Kraftwerken, deren Investitionszeitpunkt noch nicht lange zurückliegt.

Der beträchtliche Umfang außerordentlicher Kraftwerksabschreibungen in Deutschland und Europa deutet darauf hin, dass die Letztverbraucher momentan nicht die vollen Kosten der Elektrizitätsversorgung bezahlen. Sofern die Kraftwerksinvestitionen der Vergangenheit nicht auf Fehlentscheidungen der Betreiber beruhen, etwa einer Überschätzung der Nachfrageentwicklung, sondern notwendig sind für eine dauerhaft gesicherte Elektrizitätsversorgung, kann ein solcher Zustand nur vorübergehender Natur sein. Man wird die Kraftwerkseigentümer nicht dauerhaft zur Kasse bitten können. Die Entwicklung der außerordentlichen Abschreibungen deutet damit an, dass zur künftigen Versorgungssicherheit noch einmal höhere Letztverbraucherausgaben erforderlich sein werden, wobei es von der staatlichen Regulierung abhängt, ob dies über steigende Großhandelspreise, über Zahlungen zugunsten von Kapazitätsmechanismen oder über andere Finanzierungswege umgesetzt werden wird.

5.15 Digitalisierung

Die Digitalisierung ist nicht nur im Energiesektor ein zentrales Zukunftsthema. Die global zu beobachtende Transformation mittels Informations- und Kommunikationstechnologien (IKT) ist so bedeutsam, dass von der Digitalisierung als der 4. Stufe der industriellen Revolution gesprochen wird. Gerade für die Energiewirtschaft ist das Thema richtungweisend. Deutschlands Erfolg bei der Energiewende und im Klimaschutz wird auch davon abhängen, inwieweit die erforderlichen Infrastrukturen für die Digitalisierung in den kommenden Jahren zügig ausgebaut und die damit verbundenen Risiken glaubwürdig kontrolliert werden können.

Im Zuge der Liberalisierung der Energiemärkte ebenso wie durch die Dezentralität der Energiewende hat die Anzahl der Akteure stark zugenommen. Dabei sind Funktions- und Informationsketten, die in der Vergangenheit innerhalb eines Unternehmens angesiedelt waren, heute häufig auf mehrere Beteiligte verteilt. Teilweise sind auch neue Marktrollen entstanden. Dies wird durch die Digitalisierung noch verstärkt. Die Verteilung auf viele Akteure verlangt nach klaren und eindeutigen Schnittstellen zwischen ihnen. Dies ist bislang nicht ausreichend gewährleistet. Hier sind, ebenso wie im Bereich des Datenschutzes, effiziente und effektive Regelungen einzuführen. Nicht zuletzt sind für die Entwicklung und Erschließung neue datenbasierte Geschäftsmodelle erforderlich. Hierzu zählen kundenorientierte Ansätze wie die Entwicklung last- und zeitabhängiger Tarife, der Einsatz und die Steuerung von virtuellen Kraftwerken, Smart Home-Anwendungen oder Energieeffizienzanwendungen in der Fläche ebenso wie unternehmensbezogene Ansätze, z. B. die

5.15 Digitalisierung

datengestützte Optimierung der Instandhaltung von Erzeugungsanlagen und Netzinfrastrukturen.

Wegen der besonderen Bedeutung der Digitalisierung für die Wertschöpfung, muss ein Grundverständnis für Wertschöpfungsketten im Strommarkt und deren Digitalisierung hergestellt werden. Die Wertschöpfungsstufen in der digitalen Stromwirtschaft (Erzeugung, Handel, Übertragung, Verteilung, Speicherung, Vertrieb, Sektorkopplung und Verbrauch) werden durch IKT unterstützt und sind eingebettet in ein Geflecht von vor- und nachgelagerten Ketten anhand derer der Stand der Digitalisierung und die Wertschöpfungsbeiträge für den Strommarkt insgesamt und für jede Wertschöpfungsstufe abgeschätzt werden können.

Die Gewährleistung der Datensicherheit und die notwendige Weitergabe der erhobenen Daten gewinnt mit zunehmender Digitalisierung weiter an Bedeutung. Abb. 5.57 zeigt beispielhaft verschiedene Akteure des Strommarkts mit ihrem Datenbedarf und der Datenherkunft. Teilweise benötigen Akteure Daten, deren Ursprung bei anderen Akteuren liegt, mit denen sie keine direkte Geschäftsbeziehung unterhalten. Die Datenweitergabe erfolgt zum Teil durch das Weiterleiten von Daten über mehrere Beteiligte hinweg. In einigen Fällen findet die Weitergabe von benötigten Informationen nicht oder nur in unzureichendem Maß statt.

So ist beispielsweise nicht sichergestellt, dass bilanzkreisverantwortliche Stromhändler rechtzeitig über Einspeisemanagementmaßnahmen durch Verteilnetzbetreiber und Übertragungsnetzbetreiber informiert werden. Dies führt zu Ausgleichsenergiekosten bei den Stromhändlern, obwohl diese die Ursache der Bilanzkreisabweichung nicht zu vertreten haben. Auch bei einer rechtzeitigen Information durch die Netzbetreiber und einem Nachhandeln am Intraday-Markt entstehen ggf. Mehrkosten. Die Entschädigung für die entstandenen Kosten kann vom Stromhändler jedoch nicht direkt mit den Netzbetreibern abgerechnet werden, da es hierzu keine Rechtsgrundlage gibt. Stattdessen können die Kosten

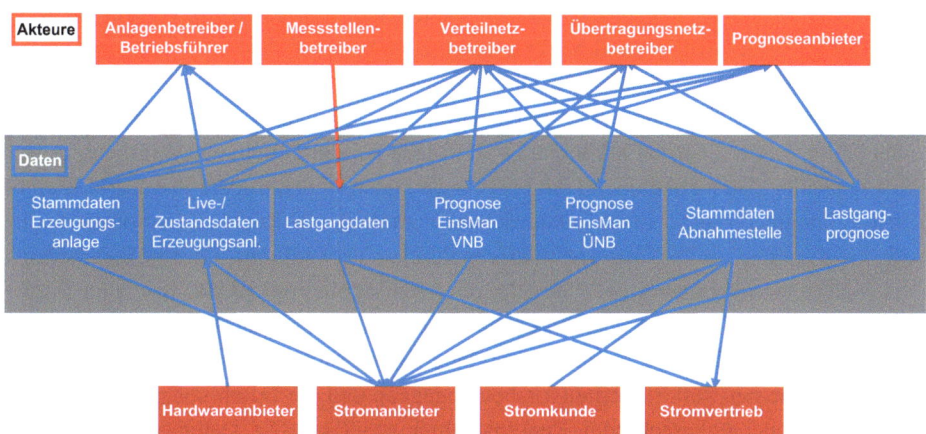

Abb. 5.57 Beispielhafte Darstellung der Datenherkunft (*rot*) und des Datenbedarfs (*blau*) von Akteuren, [16]

nur über den Umweg des Entschädigungsanspruchs des Anlagenbetreibers gegenüber dem Netzbetreiber geltend gemacht werden. Dies führt zu zusätzlichem Aufwand sowohl bei den Anlagenbetreibern, wie auch bei Stromhändlern und Netzbetreibern, was ebenso wie die angesprochene, unzureichende Informationsweitergabe in diesem Zusammenhang als ineffizient zu bewerten ist. Ein weiteres Ziel ist die Schaffung von klareren Festlegungen hinsichtlich der Informationspflichten in Bezug auf das Einspeisemanagement. Der aktuelle Informationsfluss zwischen den beteiligten Akteuren weist in dieser Hinsicht ein deutliches Verbesserungspotenzial auf.

Ein ähnliches Problem ergibt sich bei der Verfügbarkeit von Echtzeit-Daten der Erzeugungsanlagen für Prognoseanbieter. Die Verbesserung der Einspeiseprognosen ist in einem zunehmend dargebotsabhängigen Energiesystem ein zentraler Aspekt für den stabilen Betrieb des Stromnetzes sowie die effiziente Bewirtschaftung von Bilanzkreisen. Echtzeit-Daten sind für Prognoseanbieter dabei wichtig, um die Vorhersage mit der real eingetretenen Situation abzugleichen, Prognosen ggf. zu korrigieren und Prognosemodelle langfristig zu verbessern. Durch die lange Informationskette vom Hardwareanbieter über den Anlagenbetreiber zum Energiehändler bis zum Prognoseanbieter, ist die Verfügbarkeit der Echtzeit-Daten nicht zwangsläufig gewährleistet [16]. Neben der Anzahl zwischengeschalteter Akteure und einzurichtender Schnittstellen können sich Hindernisse auch dadurch ergeben, dass ein Akteur mehrere Rollen einnehmen kann. Je nach Marktmacht und sich ergebenden Interessenskonflikten kann dies den Zugang zu benötigten Daten verhindern. So ist es beispielsweise denkbar, dass ein Hardwareanbieter gleichzeitig als Prognoseanbieter auftritt. Damit ist die Echtzeit-Daten-Verfügbarkeit für den angesprochenen Anbieter zwar in jedem Fall gegeben. Probleme treten jedoch auf, wenn der Anlagenbetreiber oder Stromhändler eine parallele Zusammenarbeit mit weiteren Prognoseanbietern anstrebt. Durch die Investition in die Hardware ist der Anlagenbetreiber an den Anbieter gebunden. Verfügt dieser über eine gewisse Marktmacht und weigert er sich, die Echtzeit-Daten der Hardware Dritten zur Verfügung zu stellen, entstehen daraus Wettbewerbsnachteile für die übrigen Prognoseanbieter. Weitere Konstellationen dieser Art sind denkbar und treten zum Teil auch real auf.

Die zunehmende Bedeutung der Informations- und Kommunikationstechnologien (IKT) erfordert die Erhebung einer hohe Zahl an personengebundenen Daten, die auch anderweitig genutzt werden könnten. So stellt sich bei der Erhebung, Verarbeitung und Weitergabe der Daten zunehmend die Frage nach Datenschutz, um die Privatsphäre eines jeden Teilnehmers zu schützen. Datenschutz garantiert ein Recht auf informationelle Selbstbestimmung und schützt vor missbräuchlicher Verwendung. Für die Verarbeitung personenbezogener Daten gibt es Regeln, die hauptsächlich im BDSG bzw. den Datenschutzgesetzen der Länder niedergelegt sind. Andererseits muss die Datensicherheit auch für digitale und analoge Daten, die keinen Personenbezug haben, gewährleistet werden. Die Datensicherheit soll Sicherheitsrisiken begegnen und die Daten vor z. B. Manipulation, Verlust oder unberechtigter Kenntnisnahme schützen. Die Datensicherheit ist im Kontext des Datenschutzes gemäß § 9 BDSG (inkl. Anlage) durch Umsetzung geeigneter technischer und organisatorischer Maßnahmen zu gewährleisten. Weiterhin gibt es den

Begriff der Informationssicherheit, der vor allem in den IT-Grundschutzkatalogen des BSI oder in der ISO 27001 zu finden ist und den Schutz von Informationen als Ziel hat. Dabei ist hier ebenfalls unerheblich, ob es sich um digitale oder analoge Informationen handelt und ob diese einen Personenbezug haben. Teilweise wird die Datensicherheit als ein Teil der Informationssicherheit angesehen, da Letzteres umfassender ist. Auch die IT-Sicherheit ist ein Teil der Informationssicherheit und bezieht sich auf elektronisch gespeicherte Informationen und IT-Systeme. Dabei wird unter IT-Sicherheit nicht nur der Schutz der technischen Verarbeitung von Informationen verstanden. Vielmehr fällt auch die Funktionssicherheit darunter, also das fehlerfreie Funktionieren und die Zuverlässigkeit der IT-Systeme. Die Daten müssen vertraulich behandelt und dürfen nur befugten Personen zugänglich gemacht werden. Bedroht sind nicht nur die Daten selbst, sondern auch z. B. Systeme oder Konfigurationen. Ein Angriff auf die Vertraulichkeit stellt die unbefugte Informationsgewinnung dar, z. B. durch das Ausspähen der Log-in-Daten. Bei der Vertraulichkeit müssen Sicherheitsmaßnahmen erhoben werden, damit ein unbefugter Zugriff auf gespeicherte als auch auf übermittelte Daten verhindert werden kann. Die genannten Schutzziele dürfen nicht isoliert betrachtet werden, da sie ineinander greifen und sich gegenseitig bedingen. Eine Aktualisierung und Anpassung auf die sich kontinuierlich ändernden Herausforderungen scheint gegeben.

5.16 BMWi-Förderprogramm „Schaufenster intelligente Energie – Digitale Agenda für die Energiewende" (SINTEG)

Als nächster Schritt der Umstellung auf nachhaltige Energieversorgung werden derzeit Machbarkeitsstudien zur Versorgungssicherheit begrenzter Gebiete durchgeführt. Die Stromnetze dieser Gebiete können durch den Einsatz moderner Technologien intelligent miteinander, sowie mit Stromerzeugung und -verbrauch verknüpft werden. Konventionelle Elektrizitätsnetze werden zu intelligenten Netzen (Smart Grids), wenn sie mit Kommunikations-, Steuer- und Regeltechnik sowie IT-Komponenten ausgerüstet werden. Ein Smart Grid führt insbesondere zu einer besseren Ausnutzung der bestehenden Infrastruktur. Dadurch wird der Ausbaubedarf reduziert und die Netzstabilität verbessert.

Einer Studie im Auftrag des BMWi aus dem Jahr 2014 [25] zufolge können neue Netzplanungsansätze und intelligente Netztechnologien die Kosten des bis 2032 anfallenden Ausbaus der Verteilernetze um bis zu 20 % reduzieren [29]. Im Förderprogramm „Schaufenster intelligente Energie – Digitale Agenda für die Energiewende" (SINTEG) wird in Modellregionen erprobt, wie Erzeugung und Verbrauch durch innovative Technik und Verfahren vernetzt werden können. Dabei spielen vor allem intelligente Netze und innovative Netztechnologien eine Rolle.

Das Gesetz zur Digitalisierung der Energiewende führt mit dem intelligenten Messsystem eine Technologie ein, die zahlreiche Anwendungsfälle des Smart Grid bedienen kann. Ziel des „Schaufenster intelligente Energie – Digitale Agenda für die Energiewende" (SINTEG) ist es, in großflächigen Modellregionen die Realisierbarkeit einer klimafreundlichen, sichern und effizienten Stromversorgung bei hohen Anteilen fluktuierender Stromerzeugung aus Wind und PV zu demonstrieren. Die Lösungen aus diesen Schaufensterregionen sollen anschließend als wichtige Grundlage für eine breite Umsetzung in Deutschland dienen. Im Rahmen des Förderprogramms werden fünf großflächige Schaufenster aufgebaut, um Wissen, Erfahrungen und Aktivitäten systemübergreifend zu bündeln. Im einzelnen werden von den Bundesländern derzeit folgende Projekte bearbeitet.

1. „C/sells: Großflächiges Schaufenster im Solarbogen Süddeutschland"

Das Schaufenster „C/sells" überspannt im Süden Deutschlands die Bundesländer Baden-Württemberg, Bayern und Hessen und hat den Schwerpunkt „Solarenergie". Dabei steht die regionale Optimierung von Erzeugung und Verbrauch im Fokus.

Kern des Schaufensters ist die Demonstration eines zellulär strukturierten Energiesystems, in dem regionale Zellen unterschiedlicher Größe im überregionalen Verbund miteinander agieren. Einzelne Liegenschaften oder ganze Verteilnetzbereiche können solche Zellen bilden. Jede Zelle versorgt dabei subsidiär zunächst sich selbst, indem Energieerzeugung und Last möglichst direkt vor Ort ausgeglichen werden. Die verbleibenden Energiebilanzen werden dann mit anderen Zellen ausgetauscht, um so das Energiesystem insgesamt zu optimieren. Durch den Zellverbund entsteht dadurch eine effiziente und robuste Energieinfrastruktur. Weitere zentrale Aspekte des Schaufensters bilden Flexibilitätsanreize in Verteilnetzen sowie der Ausgleich im Verbund mit Wärme und Verkehr.

2. „Designnetz: Baukasten Energiewende – Von Einzellösungen zum effizienten System der Zukunft"

„Designnetz" zeigt als Schaufenster die optimierte markt-, netz- und systemdienliche Nutzung von Flexibilität in Nordrhein-Westfalen, Rheinland-Pfalz und dem Saarland auf. Es sollen Lösungen entwickelt werden, wie dezentral bereitgestellte Energie aus Sonne und Wind für die Versorgung von Lastzentren genutzt werden kann. Das Schaufenster repräsentiert dabei die in vielen Regionen Deutschlands typische Situation, in der sich ländliche Strukturen mit urbanen Ballungszentren und Industriestandorten abwechseln.

Um die Versorgung sicher und effizient zu gestalten, wird in dem Projekt eine hierarchische Systemverantwortung zugrunde gelegt. Aus übergeordneten Netzebenen werden Flexibilitätsanfragen an untergeordnete Netzebenen gesendet. Aus den untergeordneten Netzebenen werden umgekehrt die Prognosen des Netzzustandes und der verfügbaren Flexibilität in die übergeordneten Netzebenen gespeist. Hierfür sollen auch Daten von ca. 140.000 Messsystemen einbezogen werden.

3. „enera: Der nächste große Schritt der Energiewende"

Das Schaufenster „enera" im Nordwesten Niedersachsens adressiert die drei Themenschwerpunkte Netz, Markt und Daten und will Antworten sowie Lösungsvorschläge für wichtige Herausforderungen der Energiewende liefern: den Wandel von statischen zum dynamischen, vom zentralen zum dezentralen System.

Durch technisches Nachrüsten von Erzeugern, Verbrauchern und Speichern bzw. deren Neuinstallation und durch die Ertüchtigung des Netzes mit neuen Betriebsmitteln soll das Energiesystem technisch flexibilisiert werden. Dezentralen Anlagen soll es ermöglicht werden, regionale Systemdienstleistungen, z. B. zur Spannungshaltung, zu erbringen, um lokal das Netz zu stabilisieren. Dadurch kann die Zuverlässigkeit der zukünftigen Stromversorgung erhöht werden. Die regionalen Systemdienstleistungen sollen an den Strommärkten gehandelt werden können. Hierzu soll der Handel an der Strombörse um regionale Informationen erweitert werden. Die u. a. dafür notwendigen Daten- und IKT-Strukturen werden ebenfalls im Projekt geschaffen.

Start-up-Unternehmen sollen im Projekt außerdem neue Geschäftsmodelle für die intelligente Energieversorgung der Zukunft entwickeln, zum Beispiel zur Verbesserung der Effizienz in Gebäuden.

4. „NEW 4.0: Norddeutsche Energiewende"

Das Schaufenster „NEW 4.0" besteht aus Hamburg als großem Energieverbrauchszentrum und Schleswig-Holstein als bedeutendem Windenergie-Erzeugungszentrum. Das Schaufenster will aufzeigen, dass die Gesamtregion bereits 2025 sicher und zuverlässig mit 70 % regenerativer Energie versorgt werden kann. Hierfür sollen Erzeugung und Verbrauch mittels modernster Technologien und weiterentwickelter Marktregeln optimal aufeinander abgestimmt werden.

Ziel ist insbesondere ein effizienter Umgang mit lokalen Stromüberschüssen. Im Rahmen einer Doppelstrategie sollen regionale Abregelungen von Windenergieanlagen einerseits durch einen verbesserten Stromexport in andere Regionen reduziert werden. Gleichzeitig soll die energetische Nutzung vor Ort durch geeignete Flexibilitätskonzepte gesteigert werden. Die Flexibilisierung soll insbesondere durch eine Regelung des Verbrauchs über Lastmanagement, Speicher und Sektorenkopplung erreicht werden. Verstärkte Flexibilisierung soll auch die durch konventionelle Kraftwerke abzudeckende Last bei geringer regenerativer Erzeugung reduzieren.

5. „WindNODE: Das Schaufenster für intelligente Energie aus dem Nordosten Deutschlands"

Die Schaufensterregion umfasst die fünf ostdeutschen Bundesländer und Berlin und entspricht somit der Regelzone des Übertragungsnetzbetreibers 50 Hertz (ohne Hamburg). Ziel des Schaufensters „WindNODE" ist das effiziente Zusammenspiel von erneuerbaren Erzeugungskapazitäten, Stromnetzen und Energienutzern auf Basis einer digitalen Vernetzung.

Im Fokus des Schaufensters steht die effiziente Einbindung großer Mengen erneuerbarer Energien in einem energieträgerübergreifend optimierten System aus Strom-, Wärme- und Mobilitätssektor sowie die Orchestrierung von Flexibilitätsoptionen auf allen

Ebenen. Konkrete Ziele sind u. a. die Entwicklung innovativer Produkte und Dienstleistungen, die das klassische Geschäft des mengenbasierten Energieabsatzes ergänzen, sowie die Schaffung von Verbraucherschutz- und Datensicherheitsstandards, um die beteiligten Menschen und Unternehmen wirksam vor Datenmissbrauch in einem „Internet der Energie" zu schützen und höchste Versorgungssicherheit zu gewährleisten. Das Schaufenster behandelt auch Fragen des Marktdesigns und der Systemarchitektur („Wer steuert was?").

5.17 Gesellschaftliches Verhalten

Die Finanzierung und Errichtung der notwendigen Infrastruktur zur Nutzung nachhaltiger Primärenergie führt unweigerlich zur Fragestellung der gesellschaftlichen Akzeptanz und Handlungsfähigkeit. Der Umbau der Energieversorgung, man kann noch von einer starken Evolution sprechen, ist eine der gesellschaftlichen Herausforderungen unserer Tage. Einerseits steigt der Stromverbrauch sowohl im Haushalt als auch im Dienstleistungssektor und in der Produktion. Andererseits sinkt die Akzeptanz der Bürger, die dringend benötigte Infrastruktur in ihrer unmittelbaren Umgebung zu akzeptieren. Das Volksbegehren um Stuttgart 21 hat diese Haltung eindrucksvoll bestätigt. Bezieht man bei der Umfrage eine weniger betroffene Bevölkerungsgruppe mit ein, so führt die notwendige Infrastrukturverbesserung oft auf Akzeptanz. Je enger man sich bei der Befragung auf die unmittelbar Betroffenen konzentriert, umso kritischer wird die Stellungnahme. Wutbürger bezeichnet man heute den Teil der Bevölkerung, der sich oft durch die Mehrheit überstimmt, hilflos ausgeliefert sieht.

Unsere Sicht bezieht sich heute sehr stark auf das Individuum, die Gemeinschaft ist nur noch dazu da, dem Individuum zu dienen. Prinzipiell ist dem ja auch zuzustimmen, aber damit eine freiheitliche Gesellschaft funktionieren kann, müssen auch Maßnahmen befürwortet werden, die das Individuum zum Wohle des Ganzen einschränken. Diesen gesellschaftlichen Zwang dem Einzelnen begreifbar und akzeptierbar nahe zu bringen, ist die politisch-gesellschaftliche Aufgabe der Energiewende. Wir dürfen nicht in den Zustand getrieben werden, dass eine kleine Gruppe vorschreiben kann, was das Beste ist.

Selbstverständlich gilt es, die Lärm- und Abgasemissionen niedrig zu halten, sowie den Abfall zu reduzieren. Auch müssen wir ohne Panik der Sicherheit sowohl aus technischer, als auch aus politischer Sicht einen hohen Stellenwert beilegen. Es gilt ein ausgewogenes Sicherheitsbedürfnis zu bewahren und soziale Aspekte mit zu berücksichtigen. Insgesamt muss auch akzeptiert werden, dass natürlicherweise eine Diskrepanz zwischen dem unmittelbar Betroffenen und dem gesellschaftlichen Nutzen vorliegt. Hier ist eine interne und externe Kommunikation unter Einbezug der Betroffenen der Schlüssel zum Erfolg. Die Diskussion soll offen und ehrlich geführt werden, basierend auf Fakten und die unbegründeten Emotionen niederhalten, selbst wenn die schlagenden Argumente fehlen.

Die vollständige Transformation des Energieversorgungssystems in wenigen Jahrzehnten erfordert die Akzeptanz und aktive Teilnahme der Bevölkerung sowohl als Investor, z. B. bei der Gebäudedämmung, als auch als Verbraucher, Betreiber und als politischer Souverän. Deshalb ist es unerlässlich, das Energiekonzept und das Transformationskonzept ausführlich zu kommunizieren und durch intensive und kontinuierliche Öffentlichkeitsarbeit für alle relevanten Zielgruppen zu erläutern. Generell sind soziale und gesellschaftspolitische Hemmnisse beim Transformationsprozess zu eruieren und zu überwinden.

Insbesondere gilt es, das Verständnis für die unbedingte Notwendigkeit der Nachhaltigkeitskriterien für eine künftige Energieversorgung (ökologisch, ökonomisch und sozial) zu wecken, Über die Potenziale der Energieeffizienz und der Erneuerbaren, die Versorgungssicherheit zu gewährleisten, muss überzeugend aufgeklärt werden. Information über die technisch-wissenschaftlichen Innovationen, die neue Energieeffizienztechniken und Umwandlungstechniken ermöglichen und bekannte Techniken kostengünstiger machen, müssen faktenbasiert zur Verfügung gestellt werden. Die Aufklärungsmaßnahmen zur Überzeugung von Gebäudeeigentümern Energieeinsparmaßnahmen umzusetzen und sich an Nahwärmenetze anzuschließen, sind überzeugend darzustellen. Über die wirtschaftlichen Potenziale der Energieeffizienz und der Erneuerbaren, über die Kostensenkungspotenziale, die Arbeitsplatzschaffung, das Exportpotenzial sowie die Werbung von Nachwuchs für Forschung und Wirtschaft für Nachhaltigkeit muss informiert werden.

Es zeichnet sich derzeit ab, dass die regulatorische Geschwindigkeit der Genehmigungsprozesse zum Engpass wird. Die innovativen Lösungen bieten neue Chancen, die ökonomischen und ökologischen Vor- und Nachteile müssen gegeneinander abgewogen werden. Sicherlich richtig ist die Steigerung der Energieeffizienz, sowohl in der Wandlung, in der Verteilung als auch im Verbrauch. Unumgänglich ist aber auch die Verringerung des Energiekonsums. Wir müssen unser Verhalten ändern und bewusster mit Energie und Ressourcen umgehen. Das Energieangebot kann durch Ausschöpfen ungenutzter erneuerbarer Ressourcen, durch die bewusste Verwendung und durch Speicherung, durch optimierten Vertrieb und intelligente Netzwerke vergrößert werden. Hierbei ist die Unterstützung durch dezentrale Versorgungssysteme nicht zu unterschätzen.

5.18 Flexibilitätskonzepte für die Stromversorgung

Unter Berücksichtigung der nationalen erneuerbaren Energie Potenziale wird die Stromversorgung zukünftig stark von den fluktuierenden Erzeugern Wind und Fotovoltaik dominiert. Ergänzend müssen sogenannte Flexibilitätstechnologien dafür sorgen, dass die Stromerzeugung zu jeder Zeit mit der Last in Einklang gebracht werden kann. Es wird davon ausgegangen, dass dafür in 2050 planbar und flexibel einsetzbare Stromerzeugungsanlagen (erdgas- und kohlegefeuerte Kraftwerke, Biomassekraftwerke, solarthermische oder geothermische Kraftwerke), Speicher sowie abschaltbare beziehungsweise verschiebbare Lasten (Demand-Side-Management) technisch zur Verfügung stehen könnten. Ergänzend können Technologien genutzt werden, die überschüssigen Strom in Wärme (Power-to-Heat) oder chemisch gespeicherte Energie (zum Beispiel Power-to-Gas/Fuel) umwandeln. Für eine kostenoptimale Zusammensetzung des Technologieparks aus den fluktuierenden Erzeugern und Flexibilitätstechnologien als Schlüssel zu einer nachhaltigen Versorgung gibt es entsprechend unterschiedliche Möglichkeiten.

Für eine sichere Stromversorgung sind zukünftige Flexibilitätskonzepte erforderlich, wie eine Stellungnahme der Union der Deutschen Akademien der Wissenschaften [30] ergibt. Die Stellungnahme zeigt verschiedene Optionen auf, wie die Versorgungssicherheit in der Stromversorgung der Zukunft bei einem wachsenden Anteil fluktuierend einspeisender erneuerbarer Energien sichergestellt werden kann. Grundlage der Betrachtungen waren Analysen des Stromsystems für das Jahr 2050, die auf aktuellen Energieszenarien basieren und verschiedene Flexibilitätsoptionen je nach politisch-gesellschaftlicher Vorgabe unterschiedlich stark Rechnung tragen.

In allen Energieszenarien spielen Windenergie und Fotovoltaik für die Stromversorgung 2050 eine entscheidende Rolle. Onshore-Windenergie weist zusammen mit der Fotovoltaik derzeit die günstigsten Stromgestehungskosten unter den erneuerbaren Energietechnologien auf. Diese beiden Energieformen bestimmen aufgrund ihrer fluktuierenden Einspeisung den Flexibilitätsbedarf in einem zukünftigen Stromsystem, sodass der Anteil dieser Technologien an der Strombereitstellung einen maßgeblichen Einfluss auf die Zusammensetzung des Parks an Flexibilitätstechnologien hat. Geht man davon aus, dass der Preis für CO_2-Emissionszertifikate entsprechend der Energiereferenzprognose des BMWi im Jahr 2050 wesentlich höher ist als heute, ist die Stromerzeugung mit hohem Wind- und Fotovoltaikanteil in der Regel günstiger, als mit einem von fossilen Energien dominierten Kraftwerkspark, [30].

Gasturbinen- sowie Gas- und Dampfturbinen-Kraftwerke spielen aus derzeitiger Sicht auch noch im Stromsystem 2050 eine zentrale Rolle. Sie werden in Abhängigkeit von den Randbedingungen mit Erdgas, Biogas oder als Teil von Gasspeichersystemen mit Wasserstoff oder Methan betrieben. Der Bau neuer Gaskraftwerke kann unter der Annahme, dass sich ausreichend hohe CO_2-Preise zur Erreichung der Klimaziele einstellen, schon ab jetzt als „No-Regret"-Maßnahme angesehen werden, wenn die Anlagen für variable Gasfeuerung ausgelegt werden. Die Anlagen stellen das Rückgrat einer gesicherten und zuverlässigen Stromversorgung dar, so lange sich keine Alternative abzeichnet. Ihre Betriebsstunden unter Volllast werden allerdings sehr gering sein und von Jahr zu Jahr entsprechend den jeweiligen Wetterlagen stark schwanken, [30].

Eine Vollversorgung des Stromsystems aus erneuerbaren Energiequellen scheint möglich. Hierbei müssen die fluktuierenden erneuerbare Energien (FEE) Wind und Fotovoltaik durch Flexibilitätstechnologien wie Speicher, Demand-Side Management und regelbare Energietechnologien wie Biogasanlagen oder solarthermische Kraftwerke mit integrierten Wärmespeichern ergänzt werden, um die Versorgungssicherheit zu jedem Zeitpunkt aufrechtzuerhalten. Soll der FEE-Anteil vergleichsweise gering gehalten werden, könnte die Versorgungssicherheit kostengünstig durch den Import von Strom über transeuropäische Stromnetze aus solarthermischen Kraftwerken in der Mittelmeerregion gesichert werden. Hierbei sind die Umsetzungsrisiken zu beachten. Bei einem FEE-Anteil über 90 % reicht prinzipiell der relativ kostengünstige Einsatz von Biogasanlagen als Ergänzung. Der Biogaseinsatz müsste in diesem Fall aber gegenüber heute in etwa verdoppelt werden. Ob Biomasse in diesem Ausmaß für den Stromsektor genutzt werden soll, kann nur im Rahmen einer ganzheitlichen nationalen Biomassestrategie, die Nutzungskonkurrenzen beachtet, und unter Berücksichtigung der regionalen und globalen

Folgen entschieden werden. Der Bedarf an Biomasse könnte bei noch höheren FEE-Anteilen durch einen vermehrten Einsatz von Langzeitspeichern verringert werden, [30].

Zentrale Großkraftwerkstechnologien erfordern ein starkes Übertragungsnetz. Dies gilt auch für eine räumliche starke Konzentration von EE-Quellen (zum Beispiel Windenergie in Norddeutschland, EE-Stromimport). Die Stromversorgung kann aber auch stark dezentral organisiert sein, sofern der Ausbau von Wind und Fotovoltaik in allen Teilen Deutschlands erfolgt und insbesondere im Bereich der Lastzentren durchgeführt wird, [30].

Demand-Side-Management (DSM) erweist sich als kostengünstige Flexibilitätsoption zur Deckung des Kurzzeitspeicherbedarfs. Dabei wird der größte Teil des Potenzials im Jahr 2050 voraussichtlich durch Batteriespeicher in Elektrofahrzeugen und Fotovoltaikanlagen sowie thermischen Speichern in Haushalten bereitgestellt, [30].

Zur Überbrückung von Dunkelflauten können Langzeitspeicher oder flexible Erzeuger eingesetzt werden. Je mehr Technologien zur flexiblen Stromerzeugung zur Verfügung stehen und je geringer die Klimaschutzanforderungen sind, desto weniger werden Langzeitspeicher benötigt. Sie spielen hingegen eine große Rolle, wenn der Erdgasimport reduziert werden soll oder das Potenzial für Bioenergie eher gering ist. Bei bis zu 80 % CO_2-Einsparung im Stromsektor gegenüber 1990 spielen Langzeitspeicher zunächst keine bedeutende Rolle, [30].

Die Abhängigkeit von Energieimporten kann durch einen hohen Einsatz von Wind und Fotovoltaik, Langzeitspeichern, Braunkohle oder Geothermie reduziert werden. Bei hohen FEE-Anteilen werden die Stromüberschüsse für die Langzeitspeicherung in Wasserstoff oder Methan umgewandelt. Dies senkt den Stromerzeugungsbedarf aus fossilen Energieträgern, aber auch aus Biogas, [30].

Die geothermische Stromerzeugung ist in signifikanten Größenordnungen nur eine Alternative zu Wind und Solarstrom, wenn es gelingt, die Kosten deutlich zu reduzieren. Die Wirtschaftlichkeit der Geothermie ist dagegen höher, wenn Sie zur Wärmeversorgung eingesetzt werden kann. Damit entsteht eine Nutzungskonkurrenz, die die Verfügbarkeit der Geothermie für die Stromerzeugung einschränkt, [30].

Power-to-Heat und der flexible Einsatz von KWK-Anlagen (Kraft-Wärme-Kopplung) sind sehr kostengünstige Flexibilitätsoptionen. Die Kopplung des Stromsystems mit dem Wärmemarkt ist deshalb von großer Bedeutung und muss bei der optimalen Ausgestaltung des Energiesystems in besonderer Weise Berücksichtigung finden, [30].

Die Frage, wie sich die europäische Vernetzung und die Verknüpfung von Strom- und Wärmesektor, sowie perspektivisch auch in Bezug auf den Kraftstoffsektor sowie Rohstoffe für die Industrie, auf den hier dargestellten Bedarf an den verschiedenen Flexibilitätstechnologien auswirken, bildet einen interessanten und wichtigen Anknüpfungspunkt für weitere Forschungsarbeiten.

Unabhängig von der Zahl der zukünftigen Optionen, die Umsetzung einer kohlenstoffarmen Energieversorgung erfolgt nicht von allein. Um den Weg zu ebnen, sind Marktregeln und Regulierungen erforderlich, die eine Transformation des Gesamtsystems in Richtung des gewählten Zielsystems rechtzeitig begünstigen. Eine zentrale Herausforderung besteht weiterhin darin, den gesamten Entwicklungspfad von heute bis zum Jahr 2050 unter Beachtung der für diese langen Zeiträume typischen Unsicherheiten ökonomisch effizient zu gestalten.

5.19 Fazit

Der sechste Monitoring-Bericht [1] fasst den aktuellen Status der Energiewende zusammen:

Die deutsche Energiewende ist eingebettet in die europäische Energiewende mit ihren anspruchsvollen Zielen für 2030 und darüber hinaus. Insbesondere das Legislativpaket „Saubere Energie für alle Europäer" wird den europäischen Energierahmen neu gestalten. Die zu erstellenden integrierten nationalen Energie- und Klimapläne der EU-Mitgliedstaaten sollen deutlich machen, wie die Mitgliedstaaten ihre jeweiligen nationalen Energie- und Klimaziele für das Jahr 2030 erreichen und damit zu den entsprechenden Zielen der Energieunion beitragen.

Mit einem Anteil von 31,6 Prozent am Bruttostromverbrauch in Deutschland stammte im Jahr 2016 fast jede dritte Kilowattstunde aus erneuerbaren Energien. Im Jahr 2017 ist ein weiterer Aufwärtstrend zu verzeichnen. Zugleich führt der auf Grundlage des EEG 2017 vollzogene Paradigmenwechsel hin zu wettbewerblich ermittelten Fördersätzen zu einem deutlich kosteneffizienteren Ausbau der erneuerbaren Energien.

Der Primärenergieverbrauch ist allerdings im Jahr 2016 gegenüber dem Vorjahr um 1,4 Prozent gestiegen. Zu dieser Entwicklung trugen auch das gute Wirtschaftswachstum und die im Vergleich zum Vorjahr kühlere Witterung bei. Zwar sind die Maßnahmen des Nationalen Aktionsplans Energieeffizienz (NAPE) und der energiepolitischen Beschlüsse vom 1. Juli 2015 inzwischen angelaufen und beginnen ihre Wirkung zu entfalten. Die bisher erreichten jährlichen Reduktionen von durchschnittlich 0,8 Prozent seit 2008 reichen allerdings nicht aus, um das Einsparziel bis 2020 (minus 20 Prozent) zu erreichen. Insgesamt bleibt der Handlungsbedarf somit sehr hoch, um das Einsparziel so schnell wie möglich zu erreichen.

Der Endenergieverbrauch in Gebäuden ist im Jahr 2016 gegenüber dem Vorjahr um 4,3 Prozent gestiegen. Seit 2008 ist er durchschnittlich um rund 0,8 Prozent pro Jahr gesunken. Um die Zielvorgabe einer Reduktion von 20 Prozent bis 2020 einzuhalten, müsste er in den bis 2020 verbleibenden Jahren fünfmal schneller sinken. Somit sind auch hier erhebliche weitere Anstrengungen erforderlich, um das Einsparziel so schnell wie möglich zu erreichen.

Der Endenergieverbrauch im Verkehr entwickelte sich mit einem Anstieg um 2,9 Prozent gegenüber dem Vorjahr und um 4,2 Prozent gegenüber 2005 weiterhin gegenläufig zu den Zielen des Energiekonzepts. Es ist davon auszugehen, dass die Erreichung des 2020-Ziels (minus 10 Prozent) unter den bisherigen Rahmenbedingungen erst um das Jahr 2030 herum erwartet werden kann. Erhebliche weitere Anstrengungen sind erforderlich, um so schnell wie möglich eine Trendumkehr einzuleiten.

Die Treibhausgasemissionen sind im Jahr 2016 leicht angestiegen, gegenüber 1990 aber insgesamt um 27,3 Prozent gesunken.

Die Energienachfrage in Deutschland ist jederzeit gedeckt, sodass ein hohes Maß an Versorgungssicherheit gewährleistet ist. Dazu trägt auch der europäische Strommarkt bei. Auch im internationalen Vergleich gehört Deutschland mit einer konstant sehr hohen Versorgungsqualität zur Spitzengruppe.

Die Kosteneffizienz gehört zu den Leitkriterien einer optimierten Umsetzung der Energiewende. So konnte die Kostendynamik bei den Strompreisen in den letzten Jahren spürbar abgebremst werden. War im Jahr 2016 ein Anstieg der Strompreise für Haushaltskunden um durchschnittlich 2,4 Prozent zu verzeichnen, lagen die Preise 2017 annähernd auf dem Niveau des Vorjahres. Für Industriekunden, die nicht unter Entlastungsregelungen fallen, gingen die Strompreise 2016 um 4,0 Prozent zurück.

Die Letztverbraucherausgaben für den Endenergieverbrauch sind im Jahr 2016 von 2015 auf 212 Milliarden Euro gesunken. Der Anteil der Endenergieausgaben am nominalen Bruttoinlandsprodukt ging im Vergleich zum Vorjahr von 7,1 Prozent auf 6,7 Prozent zurück. Die Ausgaben für Strom sanken gemessen am Bruttoinlandsprodukt auf den niedrigsten Stand seit 2010. Die Energiekosten durch den Verbrauch importierter fossiler Primärenergieträger sind 2016 gegenüber dem Vorjahr von 54,8 auf 45,9 Milliarden Euro gefallen. Wichtigste Ursache sind die erneut deutlich gesunkenen Preise auf den globalen Rohstoffmärkten.

Für ein Gelingen der Energiewende müssen erneuerbare Energien und Stromnetzkapazitäten, auch regional, noch besser synchronisiert, der Netzausbau beschleunigt sowie die Bestandsnetze modernisiert und optimiert werden. Der beschlossene Netzausbau muss zügig umgesetzt werden. Ebenso wichtig ist, die Vorhaben aus dem Bundesbedarfsplangesetz fristgerecht zu realisieren. Die Umsetzung ist mit dem Beginn der Bundesfachplanung für die großen Höchstspannungs-Gleichstrom-Leitungen SuedLink und SuedOstLink im Jahr 2017 und für A-Nord 2018 in die nächste Phase gegangen.

Die Energiewende ist Teil einer gesamtwirtschaftlichen Modernisierungsstrategie, die umfangreiche Investitionen in den Wirtschaftsstandort Deutschland auslöst. Dabei bieten auch innovative Geschäftsmodelle große Chancen. Die Energiewende hilft, Innovations- und neue Marktpotenziale zu erschließen. Dazu trägt auch die Digitalisierung der Energiewende bei.

Für die Zielerreichung 2030 bzw. 2050 sind weitergehende Maßnahmen notwendig, die auf nationaler oder europäischer Ebene implementiert werden können. Der bevorzugte Ansatzpunkt wäre die europäische Ebene. Insbesondere der Emissionshandel als das gemeinsame und ökonomisch sinnvollste Klimainstrument, um die günstigsten Optionen zur Minderung von Treibhausgasemissionen ist zu erschließen.

5.20 Zusammenfassung

ENERGIEWENDE, dieses Wort wird seit dem 11. März 2011 geradezu inflationär gebraucht, und viele glauben, es sei auch erst im Kontext der katastrophalen Ereignisse in Japan entstanden. Dabei ist die Energiewende in Deutschland schon rund 30 Jahre alt, und nur weil sie so alt ist, können wir bereits heute auf über 30 % erneuerbarer Kapazitäten im deutschen Strommix setzen. Hätten wir nicht so früh angefangen, hätten wir jetzt einen gigantischen Nachholbedarf. Trotzdem bleibt genug zu tun. Der Umbau der Energielandschaft wird eine Jahrhundertaufgabe (Abb. 5.58).

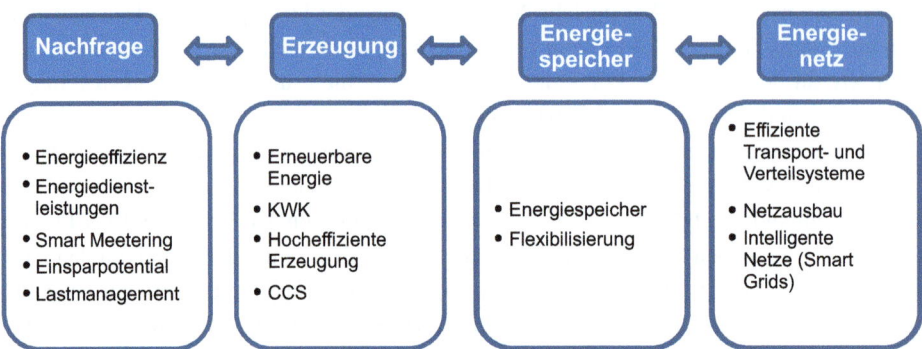

Abb. 5.58 Optimierung des gesamten Energieversorgungssystems

Es ist abzusehen, dass die fossilen Energieträger mittelfristig weiterhin eine dominierende Rolle spielen werden. Globale Probleme, wie beispielsweise die Treibhausproblematik, die Umweltverschmutzung aber auch die Verschleuderung an Ressourcen erfordern globale Lösungen. Die Energiewende bietet Chancen und Risiken für den Industriestandort Deutschland. Sinnvoll ist jedoch nicht die Förderung der Installation der erneuerbaren Energien, sondern technologieneutrale Forschung und Entwicklung. Die Vorreiterrolle kann industriepolitisch durchaus nützlich und wünschenswert sein, oder wie der Bundesumweltminister a. D. Klaus Töpfer formulierte: *„Wenn wir weiterhin Technologieführerschaft anstreben, müssen wir mit zukunftsträchtigen Visionen vorausgehen, nicht den Anderen in eingetretenen Pfaden folgen."*

Literatur

1. BMWi 2018, Die Energie der Zukunft, sechster Monitoring-Bericht der Bundesregierung für das Berichtsjahr 2016 Berlin Mannheim Stuttgart, Juni 2018, (Daten aus AGEE Stat. 2/18).
2. Löschel, A., Erdmann, G., Staiß, F., Ziesing, H.-J.: „Energie der Zukunft", Stellungnahme zum sechsten Monitoring-Bericht der Bundesregierung für das Berichtsjahr 2016 Berlin München Stuttgart, Juni 2018, (Daten aus AGEE Stat. 2/18).
3. Löschel, A., Erdmann, G., Staiß, F., Ziesing, H.-J.: „Energie der Zukunft". Stellungnahme zum ersten Monitoring-Bericht der Bundesregierung für das Berichtsjahr 2011 Berlin Mannheim Stuttgart, Dezember 2012.
4. kernenergie.ch eine Informationsdienstleistung von swissnuclear © 2018, abgerufen 20.07.2018, https://www.kernenergie.ch/de/strom-aus-kernenergie/kernenergie-weltweit.html
5. Deutscher Bundestag, 18. Wahlperiode, Protokoll der 225. Sitzung Berlin, Donnerstag den 23. März 2017.

6. Fraunhofer ISE Energy-Charts, https://www.energy-charts.de/trade_de.htm?year=all&period=monthly&source=sum_energy; abgerufen 27.10.2017
7. stmwi: Fortschrittsbericht 2013/2014 Bayerisches Staatsministerium für Wirtschaft und Medien, Energie und Technologie, 12/2014.
8. Schulz, D., Schulz, K.: Energiequellen und Kraftwerke. In: Informationen zur politischen Bildung Heft 319 Energie und Umwelt, Bonn: Bundeszentrale für politische Bildung 2013, Ausgabe 3/2013, S. 16–31.
9. Deutsche Energie-Agentur GmbH (dena): Integration der erneuerbaren Energien in den deutschen/europäischen Strommarkt. Endbericht, Berlin, 15. August 2012.
10. Prognos: Bedeutung der thermischen Kraftwerke für die Energiewende. Endbericht, Prognos AG Berlin, 7. November 2012.
11. DLR, Fraunhofer IWES, IfnE: Langfristszenarien und Strategien für den Ausbau der erneuerbaren Energien in Deutschland bei Berücksichtigung der Entwicklung in Europa und global. Schlussbericht, 29. März 2012.
12. VKU enervisenergyadvisors GmbH: Bedarf 80.000 MW: Ein zukunftsfähiges Energiemarktdesign. Schlussbericht VKU 2013.
13. Verein Deutscher Ingenieure: Fossil befeuerte Großkraftwerke in Deutschland: Stand, Tendenzen, Schlussfolgerungen. VDI Düsseldorf Statusbericht 2013.
14. Reichstein E., 2012, Vattenfall: what are gas turbines of the future? Panel: Voice of the Customer – User Experience with Gas Turbine Technology, IGTI/ASME TurboExpo 2012 Copenhagen Dk.
15. BMWi Strommarkt der Zukunft, Dosier, https://www.bmwi.de/Redaktion/DE/Dossier/strommarkt-der-zukunft.html, abgerufen 27.10.2017.
16. Löschel, A., Erdmann, G., Staiß, F., Ziesing, H.-J.: „Energie der Zukunft", Stellungnahme zum fünften Monitoring-Bericht der Bundesregierung für das Berichtsjahr 2015 Berlin München Stuttgart, Dezember 2016, (Daten aus AGEE Stat. 2016).
17. Umweltbundesamt, abgerufen am 20.07.2018, https://www.umweltbundesamt.de/daten/energie/energieproduktivitaet#textpart-1
18. BMWi 2015, Die Energie der Zukunft, Fünfter Monitoring-Bericht der Bundesregierung für das Berichtsjahr 2015 Berlin Mannheim Stuttgart, Dezember 2016, (Daten aus AGEE Stat. 2016).
19. Umweltbundesamt Climate Change 20/2015 Strommarktdesign der Zukunft, Umweltforschungsplan des Bundesministeriums für Umwelt, Naturschutz, Bau und Reaktorsicherheit Forschungskennzahl 3712 97 100 UBA-FB 002214, Mai 2015.
20. BNA: BNetzA/BKartA Monitoringbericht 2015. Bundesnetzagentur für Elektrizität, Gas, Telekommunikation, Post und Eisenbahnen und Bundeskartellamt, Bonn, 2015.
21. Bundesnetzagentur, Redispatch, https://www.bundesnetzagentur.de/DE/Sachgebiete/ElektrizitaetundGas/Unternehmen_Institutionen/Versorgungssicherheit/Engpassmanagement/Redispatch/redispatch-node.html, abgerufen 18.07.2018
22. BMWi (2016) Die Energie der Zukunft, Fünfter Monitoring-Bericht der Bundesregierung für das Berichtsjahr 2015 Berlin Mannheim Stuttgart, Dezember 2016.
23. Länderarbeitskreis Energiebilanzen; http://www.lak-energiebilanzen.de/, abgerufen 19.07.2018
24. Schulz, D.: Elektrische Energieversorgung. In: Joos (Hrsg.) Energiewende – quo vadis? Springer Vieweg Wiesbaden, 2016.
25. BMWi: Die Energie der Zukunft – Ein gutes Stück Arbeit. Erster Fortschrittsbericht zur Energiewende, Berlin, Dezember 2014.
26. Sautter, A., Thüga: Auswirkungen der Energiewende auf die fossile Erzeugung, 14. Statusseminar der AGTurbo, Köln, 08.12.2014

27. Financial Times (2016). European utilities slash asset valuations. Artikel vom 22. Mai 2016. Abgerufen am 01.Dezember 2016 von https://www.ft.com/content/5b2dd030-1e93-11e6-b286-cddde55ca122.
28. Ernst & Young (2015). Benchmarking European power and utility asset impairments.
29. Destatis (2016) Erhebung über Stromabsatz und Erlöse der Elektrizitätsversorgungsunternehmen und Stromhändler. Statistisches Bundesamt. Wiesbaden. Abgerufen am 07. Oktober von https://www.destatis.de/DE/Publikationen/Qualitaetsberichte/Energie/StromabsatzErloeseStromhaendler083.pdf?__blob=publicationFile.
30. acatech: Flexibilitätskonzepte für die Stromversorgung 2050. Leopoldina, acatech, Union der deutschen Akademien der Wissenschaften, Stellungnahme November 2015

6 Wie kann der Einzelne zum Gelingen der Energiewende beitragen?

Die energiepolitischen Ziele sind seit Jahren gesetzt. Die elektrische Stromversorgung durch erneuerbare Primärenergieträger geht voran, die Wärmeversorgung ist noch hinter der Zielsetzung zurück. Auch die Kraftstoffversorgung im Verkehr basiert noch zu hohen Anteilen aus fossilen Energiequellen. Der anfängliche Enthusiasmus der Bevölkerung hat etwas nachgelassen. Dennoch akzeptiert eine deutliche Mehrheit Einschränkungen und höhere Preise, um die energiepolitischen Ziele zu erreichen. Allerdings stellt sich die Frage, wie der Einzelne um Gelingen der Energiewende beitragen kann, [1]. Lediglich durch das verständnisvolle Bezahlen von Umlagen und eventuell durch Einschränkungen kann die Zustimmung auf Dauer nicht erhalten werden. Wie kann der Einzelne die Energiewende unterstützen? Die akzeptierbare Antwort auf diese Frage kann den Ausschlag zur Zustimmung oder aber zur Ablehnung der Maßnahmen zur nachhaltigen Energieversorgung geben.

6.1 Status

Analysiert man das inländische Energieaufkommen im Vergleich mit dem Endenergieverbrauch nach der Statistik der AG Energiebilanzen 2017, so tragen die Haushalte 26,2 %, der Verkehr mit 29,4 % und die Industrie mit 28,2 % zum Endenergieverbrauch bei. Der Rest von 16,2 % verbraucht Gewerbe, Handel und Dienstleistungen. Deutlich über 60 % des Endenergieverbrauchs sind demnach direkt durch die Verbraucher beeinflussbar. Wenn hier aktiv auf nachhaltige Energieträger gesetzt würde, könnte ein großer Anteil an nicht-nachhaltiger Primärenergie eingespart werden. Unter dem Aspekt, dass der Endenergieverbrauch lediglich 58 % des Energieaufkommens darstellt bedeutet dies, man spart

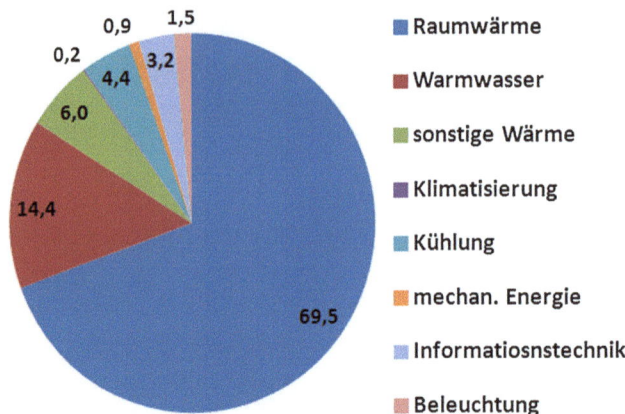

Abb. 6.1 Endenergieverbrauch der Haushalte in den Jahren 2013 bis 2016 in %; Daten nach AG Energiebilanzen 01/18

nahezu das Doppelte des Endenergieverbrauchs an Primärenergie ein. Der einzelne Verbraucher hat somit durchaus die Möglichkeit, den Endenergieverbrauch merklich zu beeinflussen.

Analysiert man den Endenergieverbrauch der Haushalte (Abb. 6.1), so ist offensichtlich, dass etwa 70 % des Endenergieverbrauchs auf die Bereitstellung der Raumwärme entfällt, etwa 14 % auf die Warmwasserbereitung und nur wenige Prozent (1,5 %) auf die Beleuchtung.

Das Reduzieren der benötigten Endenergie zur Bereitstellung der Raumwärme trägt somit weitaus stärker zur Reduktion der benötigten Endenergie bei, als das derzeit stark propagierte Reduzieren der Beleuchtungsenergie. Zur Beurteilung der Wirksamkeit der Reduktion sollte neben dem erforderlichen Aufwand immer der absolute Beitrag der jeweiligen Maßnahme mit beachtet werden.

6.2 Handlungsoptionen

Was kann also der Einzelne unternehmen, um den Energieverbrauch zu reduzieren? Grundsätzlich stehen mehrere Möglichkeiten zur Verfügung, die im Allgemeinen unter Suffizienz, Effizienz und Demand-Side-Management zusammengefasst werden.

Ein achtsamer Umgang mit den Ressourcen und der umgesetzten Energie, ein auch unter dem Aspekt der Nachhaltigkeit geführter Lebensstil wird unter dem Begriff Suffizienz verstanden. Hierbei wird bewusst sowohl der Gebrauch von elektrischem Strom, der Einsatz von Wärme, die Mobilität und der Konsum reduziert, indem teilweise auch verzichtet wird. Hinterfragt werden beispielsweise Urlaubsreisen zu fernen exotischen Zielen, die evtl. mehrmals jährlich durchgeführt werden. Hierzu gehört auch der Tagungstourismus zu attraktiven Zielen, wie er in letzter Zeit gehäuft angeboten wird. Auch die Zersiedelung von Landschaften mit exklusiven Wohnlagen könnte unter die Kategorie Suffizienz fallen. Der Fleischkonsum in den Industrieländern ist teilweise so hoch, dass er

6.2 Handlungsoptionen

gesundheitlich bedenklich ist. Mit pflanzlicher Nahrung könnten viel mehr Menschen ernährt werden als mit Fleisch, das kaum 10 % des Nährwertes der eingesetzten Futtermittel beinhaltet. Der beobachtbare Trend zum Carsharing reduziert den Bedarf an Ressourcen. Um den derzeitigen Bedarf an Energie und Ressourcen der Industrienationen nachhaltig zu decken, bedarf es der Ressourcen von zweieinhalb Erden, s. hierzu auch Abschn. 3.2. Wir können uns den derzeitigen Verbrauch an Ressourcen und Primärenergie nicht leisten, wenn allen Menschen ein akzeptabler Lebensstandard zugebilligt werden soll.

Neben dem direkten Einsparen durch Verbrauchsreduktion kann der Verbrauch auch durch die effizientere Nutzung reduziert werden. Hierzu gehören u. a. sowohl sparsamere Haushaltsgeräte, als auch die Reduktion der Wärmeverluste im Wohnbereich durch Wärmedämmung bzw. verlustärmere Heizungen. Diese Maßnahmen werden unter dem Begriff Effizienz verstanden. Zu berücksichtigen ist jedoch nicht nur der aktuelle Energieverbrauch eines neu zu beschaffenden Haushaltsgerätes, sondern letztendlich der Energie- und Ressourcenverbrauch von der Herstellung bis zur Entsorgung. So kann letztendlich der weitere Gebrauch eines im Gebrauch weniger effizient eingestuften Gerätes effizienter sein, als die Entsorgung und Neubeschaffung eines funktionierenden Altgerätes.

Unter dem Begriff des Demand-Side-Managements versteht man im Allgemeinen die Steuerung der Nachfrage nach elektrischem Strom in Abhängigkeit des Angebotes, das aufgrund der eingespeisten Wind- und Solarenergie stark schwanken kann. Derartige Maßnahmen werden bei Großverbrauchern mit flexiblen Lasten, wie beispielsweise Kühlhäusern oder Stahlwerken, mit Erfolg eingesetzt. Der Aufwand für Haushalte, ihren Stromverbrauch entsprechend anzupassen, ist jedoch nur scheinbar zu hoch. Über Apps der Stromanbieter kann inzwischen leicht festgestellt werden, in welchen Zeiträumen der nachhaltig erzeugte Strom einen hohen Anteil besitzt, so dass der Stromverbrauch mancher Geräte leicht auf diese Zeiträume gelegt werden kann. Im Verbund vieler Verbraucher ergibt sich durchaus eine merkliche Verschiebung des Verbrauchs auf Phasen nachhaltiger Stromerzeugung. Unterstützt werden können derartige Maßnahmen durch die Preisgestaltung der Stromtarife. Allerdings wurde inzwischen festgestellt, dass die Industrie ihren Stromverbrauch flexibel an Tarife anpasst und zu Zeiten von billigen Kosten produziert. Haushalte hingegen lassen sich durch flexible Stromtarife derzeit kaum dazu bewegen, ihr Verhalten im Stromverbrauch zu ändern. Bei der Tarifgestaltung ist immer auf eine soziale Ausgewogenheit zu achten, da jedem ein Grundbedarf an elektrischem Strom bezahlbar zur Verfügung gestellt werden muss.

Wie kann der Verbraucher neben den angepassten Tarifen noch zur Senkung des Energieverbrauchs beeinflusst werden? Durch leicht zugängliche Information, beispielsweise über sparsamere Haushaltsgeräte oder Heizgeräte und Wärmedämmung kann die Investitionsbereitschaft angehoben werden. Hierzu gehört auch eine transparente, einfach zugängliche Preisgestaltung. Können die Preise wie derzeit aufgrund unterschiedlichster Angebote nicht verglichen werden, ergibt sich kein Anreiz, insbesondere wenn es sich im Nachhinein herausstellt, dass der auf den ersten Blick günstige Tarif sich in Wirklichkeit als Verteuerung auswirkt. Oft ist das Ergebnis auch kontraproduktiv. Moderne LED-Lampen haben die achtfache Lichtausbeute der herkömmlichen Glühlampen. Durch die intensive Bewerbung der „nahezu verbrauchslosen" Energiesparlampen hat sich inzwischen bei vielen Verbrauchern festgesetzt, dass man die LED-Lampen nicht mehr auszuschalten braucht, sondern auch tagsüber eingeschaltet lassen kann und dennoch viel Strom spart. Man spricht in diesem Zusammenhang vom Rebound-Effekt. Verbrauchten frühere Fahrzeuge mit wenigen PS 7 L/100 km, so ist dies aktuell immer noch ein guter Verbrauch, allerdings bei deutlich spurtstärkeren und schwereren Fahrzeugen. Im Bereich des Fahrzeuges wurden die durchaus erzielten Verbrauchseinsparungen durch die Bedürfnisse an Komfort und Sportlichkeit aufgezehrt. Die Empörung, dass der durch den Testzyklus angegebene Verbrauch nicht mit dem beobachteten reellen Verbrauch im Alltag übereinstimmt, ist an sich unverständlich. Der Verbrauch wird überwiegend durch den Fahrstil festgelegt. Durch geringere Beschleunigung im Stadtverkehr und reduzierte Geschwindigkeiten auf der Autobahn kann der Verbrauch wesentlich reduziert werden. Allerdings steht dem offensichtlich der Spaß am Fahren entgegen und man fordert eine gesetzliche Regelung anstelle von Selbstdisziplin.

Der Verbraucher kann als Akteur aktiv zum Gelingen der Energiewende beitragen. Unter Nutzung von Produktvergleichen, wie sie z. B. unter www.CO2online.de; www.die-stromsparinitiative.de; www.bmub.bund.de; www.verbraucherzentrale-energieberatung.de; www.heizspiegel.de; www.energiesparen-im-haushalt.de; www.stromtarife.de; www.energiesparen24.net; www.stromeffizienz.de u. a. mehr zu finden sind, lässt sich Energie im Alltag einsparen. Um die Informationen problemlos nutzen zu können, müssen diese möglichst einfach und verständlich angeboten werden. Zudem ist eine situations- und personenbezogene Darstellung hilfreich. Um den Verbraucher zu ermöglichen, dass sie selbst tätig werden, sind Checklisten oder Do-it-Yourself Anleitungen hilfreich.

Nach Angaben des Umweltbundesamtes verursachte der Gebäudesektor 2015 ca. 1/3 der CO_2-Emissionen. Würden alle Gebäude saniert, so könnte der Raumwärmebedarf um 60 % reduziert werden. Allerdings beträgt derzeit die jährliche Sanierungsquote wegen der hohen Kosten lediglich 1 % statt der angestrebten 2 %. Zur Anregung weiterer Sanierungen werden Förderprogramme aufgelegt und Energieberater finanziert.

Da derzeit Speichermöglichkeiten von elektrischen Strom im erforderlichen Umfang fehlen, kann und muss lediglich so viel Strom erzeugt werden, wie im jeweiligen Augenblick auch gebraucht wird. Wird zu viel Strom in das Netz eingespeist, erhöht sich die Frequenz. Wird zu wenig eingespeist, sinkt die Frequenz zuerst ab. Letztendlich kann es zu einem Totalausfall, einem sogenannten Black-Out kommen. Die Situation wird umso kritischer, je mehr Strom durch Windenergie und Fotovoltaik erzeugt und eingespeist wird. Wie bereits angesprochen, kann sich auch ein Haushalt am Lastmanagement beteiligen, wobei die Maßnahmen des Verbrauchsmanagements über Information gesteuert selbst durchgeführt werden, bis hin zu automatisierten Systemen mit Smart Metern, die inzwischen technisch möglich, aber aufgrund der erforderlichen hohen Investitionen erst in näherer Zukunft realisierbar sind. Unterstützt bzw. initiiert werden derartige Maßnahmen durch entsprechende flexible Netzentgelte mit dynamischer Preisgestaltung.

6.3 Optimierung des Energiebedarfs der privaten Haushalte

Die Problematik der Speicherung von elektrischem Strom ist auch noch unter einem anderen Gesichtspunkt zu sehen. Derzeit werden in Deutschland im Jahresmittel über 30 % des elektrischen Stromes vorwiegend über die volatilen Erzeuger Windenergie und Fotovoltaik bereitgestellt. Aufgrund der Fluktuationen müssen je nach Wetterlage ca. 40 GW bis 70 GW, d. h. zeitweilig die gesamte geforderte Leistung mithilfe konventioneller Kraftwerke abgesichert werden. Andererseits müssen während einiger Zeitperioden Windkraftanlagen vom Netz genommen werden, um den Überschuss auszugleichen. Nimmt der Anteil des nachhaltig erzeugten Stromes weiter zu, angestrebt sind immerhin 80 % nachhaltige Stromerzeugung im Jahre 2050, so muss die Kapazität der regenerativen Stromerzeuger stark ausgebaut werden und die Problematik des zeitweiligen Überschusses nimmt erheblich zu, s. Abschn. 5.10. Selbst wenn es gelingen würde, sehr große, leistungsstarke Speicher bereit zu stellen, ist davon auszugehen, dass zu Spitzenzeiten Stromüberschuss besteht. So gehen Schätzungen davon aus, dass der Bedarf an Residuallast, d. h. an Regelenergie bzw. Überschussenergie bei etwa 80 % an nachhaltiger Stromerzeugung in etwa 30 GW beträgt, d. h. zeitweise müssen ca. 30 GW zusätzlich bereitgestellt werden und zeitweise liegt ein Überschuss von 30 GW vor. Dies entspricht in etwa der halben derzeitigen Spitzenleistung. Diese Überschussleistung muss nach derzeitigem Stand durch Abschalten der regenerativen Erzeuger abgeregelt werden.

Will man also im Jahresdurchschnitt etwa 80 % des Strombedarfs aus nachhaltiger Primärenergie bestreiten, so rechnet man damit, dass aufgrund der hohen zu installierenden Leistung an Windräder und Fotovoltaikanlagen etwa während der Hälfte des Jahres Stromüberschuss entsteht, der gespeichert werden muss oder einfach durch abschalten vermieden wird. Dieser Überschuss kann durch den gezielten Einsatz der flexiblen Lasten reduziert werden. Dies bedeutet für den einzelnen Haushalt, dass Lasten mit integrierten Speichern, wie beispielsweise Warmwasserboiler, die Heizung oder Kühlung aber auch das Elektroauto und Wärmepumpen mit Speicheröfen oder aber Lasten, die zeitlich flexibel genutzt werden könnten, wie beispielsweise Wasch- und Spülmaschinen, vorwiegend zu Zeiten eines hohen Angebotes an regenerativer Energie betrieben werden sollten. Hierdurch kann die Auslastung des elektrischen Netzes stabilisiert und der Verbrauch nicht-nachhaltiger Primärenergieträger reduziert werden. Nach einer Studie der acatec 2015 [2] könnten durch Haushalte bei relativ geringen Investitionen und zusätzlichen laufenden Kosten ca. 100 GW jährlich in einem Leistungsbereich von +65 GW bis −65 GW über ein koordiniertes Demand-Side-Management zeitlich verschiebbar sein.

Derzeit wird die Raumwärme der deutschen Haushalte zu 26,3 % mit Öl, zu 49,4 % mit Gas und zu 13,7 % mit Fernwärme gedeckt. Lediglich 2,7 % fallen auf direktes Heizen mit elektrischem Strom und 1,8 % auf Wärmepumpen. Die restlichen 6,1 % sind Holz, Holzpellets, Biomasse, Koks/Kohle und andere. Das heißt, derzeit wird über Dreiviertel der Heizenergie mit fossilen Brennstoffen gedeckt. Zu Zeiten als es galt, den

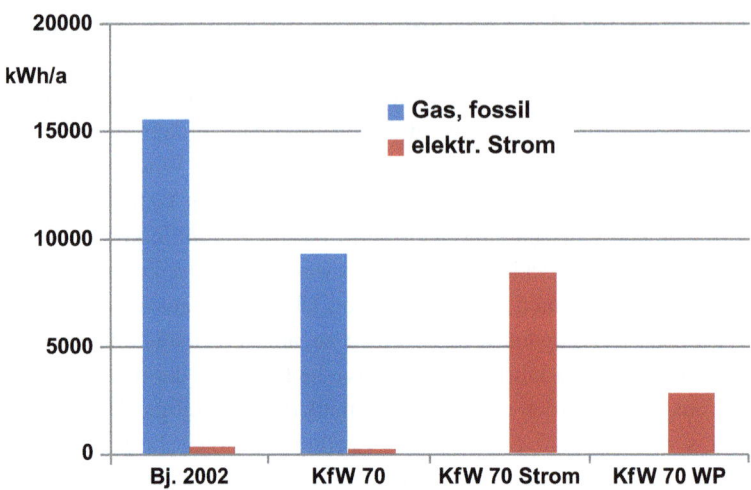

Abb. 6.2 Benötigte Heizwärme und elektrischer Strom eines Einfamilienhauses

Überschussstrom von konventionellen Kraftwerken über Nacht auszugleichen, wurden elektrisch beheizte Nachtspeicheröfen installiert. Solarthermische Energie wird inzwischen über Wassertanks, die als Wärmespeicher dienen, gespeichert. Diese Speicher können ebenfalls mit dem Überschussstrom aus nachhaltiger Stromerzeugung gefüllt werden. Ein besonderer Effekt ergibt sich, wenn anstelle der elektrischen Heizung eine Wärmepumpe genutzt wird. In diesem Fall wird die bereitgestellte Heizwärme nicht zu 100 % aus elektrischer Energie gewonnen. Etwa zwei Drittel der Wärme kommen aus der Umwelt mit niedrigerer Temperatur und lediglich ein Drittel aus elektrischem Strom. Damit könnte ein Einfamilienhaus, das mit dem Standard vom Jahr 2002 etwa 15.000 kWh/a Heizenergie gebraucht hatte und nach dem KfW-Standard70 etwa 9000 kWh/a benötigt, mit lediglich 2000 kWh/a elektrischem Strom geheizt werden, Abb. 6.2. Die Wärmepumpen benötigen demnach nur etwa 15 % der ursprünglich in 2002 erforderliche Heizenergie, allerdings mit zeitgemäßer Isolierung und KfW-Technik. Dies ist insbesondere unter dem Aspekt des Überschussstromes in Verbindung mit lokalen Speichern interessant, die es ermöglichen würden, den derzeit hohen Anteil an fossilen Energieträgern zur Wärmebereitstellung deutlich zu reduzieren.

Im Rückblick auf Abb. 6.1 könnten somit ein hoher Anteil der erforderlichen Energie zur Wärmebereitstellung eingespart werden.

6.4 Akzeptanz

Ein Großteil der Bevölkerung akzeptiert die Ziele der Energiewende, fossile Primärenergieträger sowie andere Ressourcen einzusparen und die Energieversorgung auf nachhaltige Energieträger umzustellen. Dennoch stellt sich die Frage, wie der Einzelne motiviert werden kann, sich aktiv zu beteiligen. An sich ist man einverstanden, benötigt dennoch eine Anregung zur Aktivität. Grundlegende Verhaltensänderungen können u. a. durch wirtschaftliche Anreize stimuliert werden. Durch reduzierte Heizkosten kann sich eine Wärmedämmung lohnen. Wie schon oben dargestellt, wirkt jedoch der wirtschaftliche Anreiz für die Haushalte lediglich moderat.

Deutlich stärker wirken sich sogenannte verhaltenswissenschaftliche Anreize aus [2]. Menschen handeln im Allgemeinen intuitiv und sind somit beeinflussbar. Im Zusammenhang eines Bildes, auf dem ein Eisbär auf einer schmelzenden Eisscholle schwimmt, bzw. Manhattan oder gar die Elbphilharmonie in Hamburg unter dem Meeresspiegel versinkt, erhöht sich unwillkürlich die Bereitschaft, durch CO_2-Einsparung etwas gegen die Erderwärmung zu unternehmen. Diese Strategie, zur Verhaltensänderung sanfte Anstöße zu geben, wird als Nudging bezeichnet. Die sogenannten Nudges sollen die Entscheidungsfindung unterstützen. Unbemerkt wird unser Verhalten durch derartige Anstöße manipuliert. Wir schätzen es beispielsweise, wenn wir beim Surfen auf einer Internetseite den Hinweis finden, das angehängte Dokument mit dem Programm XYZ zu öffnen. Die Nutzung derartiger Anreize wird auch bei den Voreinstellungen von Geräten intendiert. Die Waschmaschine, der Geschirrspüler aber auch Fernseher sind so voreingestellt, dass der energiesparende Modus aktiviert ist. Auch die Raumheizung kann als Voreinstellung niedriger eingestellt sein. Wollen wir etwas anderes, müssen wir die Voreinstellung ändern. Diese Entscheidungsstruktur finden wir heute bei vielen Produkten, ohne dass es uns bewusst wird. Wir lassen uns gerne beeinflussen, da es unsere Bequemlichkeit unterstützt. Darauf setzt das Nudging.

Bei der gezielten Steuerung unseres Verhaltens ist zudem wichtig, dass ein unmittelbares Feedback erfolgt. So wird der Energieverbrauch einer Wohnung im Vergleich zu anderen Wohneinheiten dargestellt, manchmal erfolgen soziale Vergleiche. Der Energieverbrauch von Geräten wird als Label deutlich sichtbar angebracht. Man wählt in der Regel Verbrauchsklasse A. Man ist irritiert und kauft eventuell nicht, wenn kein Gerät mit dieser Klasse ausgezeichnet ist. Gewohnheiten können auch dadurch geändert werden, dass das Angebot einen Wettbewerbscharakter besitzt oder dass man anerkannte Vorbilder nachahmt. Gelegentlich erfolgt eine Zielvorgabe, die bei Erfolg eine Prämie in Aussicht stellt.

Zusätzliche Möglichkeiten, den Energieverbrauch zu senken, liegen, wie schon angesprochen, in der Preisregulierung sowie in angepassten Strom- und Gastarifen. Unbedingt erforderlich ist jedoch eine transparente Vertragsgestaltung. Die Laufzeit des Vertrages, das Kündigungsrecht, eventuell in Aussicht gestellte Boni müssen transparent und mit den Mitbewerbern vergleichbar zusammengestellt sein. Zudem muss ein Anbieterwechsel problemlos und ohne negative Konsequenzen möglich sein. In diesem Zusammenhang ist ein Schutz vor unlauteren Geschäftspraktiken unumgänglich. Die Interessen der Verbraucher müssen evtl. sogar über Verbände vertreten bzw. über Schieds- und Schlichtungsstellen gewährleistet werden.

Ein zunehmend wichtiger Punkt zur Stärkung der Verbraucherinteressen liegt im Datenschutz. Mit weiterer Automatisierung werden immer mehr Daten erhoben, die einen tiefen Einblick in die persönlichen Gewohnheiten und das individuelle Verhalten erlauben. Diese Daten werden gerne nicht nur zu individuellen Werbezwecken genutzt. Maßnahmen zur individuellen Steuerung des Verbrauch werden zukünftig nur bei funktionierendem Datenschutz akzeptiert und durchführbar werden. Um das Ausnutzen bzw. den Missbrauch zu unterbinden, ist ein umfänglicher Datenschutz zu installieren.

6.5 Fazit

Die Umwelt- und Klimaschutzdiskussion wird bisher überwiegend aus technischen und planerischen Aspekten der Erzeugung und Bereitstellung von elektrischer Energie geführt. Hierbei werden die Aspekte der Verbrauchernachfrage- und Verbraucheraspekte nur wenig berücksichtigt. Die Verbraucher haben vielfältige Möglichkeiten, als Akteure die Energiewende entscheidend mit zu beeinflussen und aktiv zu ihrem Gelingen beizutragen. Die Möglichkeiten liegen darin, den Ausbau der Erneuerbaren zu unterstützen, bzw. einen Beitrag zur Netzstabilität durch Sparen und Verbrauchsanpassung bzw. durch Demand-Side-Management zu liefern. Andere verbraucherpolitische Maßnahmen, die derzeit nicht in der allgemeinen Aufmerksamkeit sind, liegen im Bereich der Ernährung, der Mobilität sowie der Freizeitgestaltung.

Literatur

1. Joos, F. (2018) Effiziente und sichere Energieversorgung; Kann der Einzelne zum Gelingen der Energiewende beitragen? Beitrag in: Akademie der Wissenschaften in Hamburg, Akademievorlesungen Energieeffizienz – Maßnahmen, ihre Wechselwirkungen und ihr Beitrag zur Energiewende, 5. Juli 2018, https://www.youtube.com/watch?v=CqPu3cOBOE
2. acatech/Leopoldina/Akademieunion 2017, Verbraucherpolitik für die Energiewende, Stellungnahme März 2017.

Resumee 7

Wir leben in einem Zeitalter des historischen Umbruchs, der uns in vielerlei Hinsicht vor enorme Herausforderungen stellt. Neben vielen Aspekten, die es erfordern, unsere Lebensphilosophie neu zu definieren, stellt die Sicherstellung eines menschenwürdigen Lebens durch einen minimalen Wohlstand aller ein Ziel dar. Hierbei ist die Versorgung mit Nahrung und Energie von Bedeutung, aber auch die Erhaltung der Umwelt, insbesondere bezüglich der Belastungen und der Ressourcen.

Einerseits deutet sich durch den Klimawandel eine bisher einzigartige Bedrohung der Lebensgrundlagen der Menschheit an. Die gemessene CO_2-Konzentration ist in 2017 mit über 400 vppm auf einen Wert angestiegen, wie er zuletzt vor mehreren Millionen Jahren herrschte, zu Zeiten, als die ersten Hominiden auftraten. Die objektive Gefahr des Klimawandels ist momentan sinnlich noch kaum wahrnehmbar. Sie wird aber mehrere Jahrhunderte andauern und nach derzeitigem Erkenntnisstand voraussichtlich einen unkontrollierbaren Verlauf mit durchaus lokal katastrophalen Folgen nehmen. Zum ersten Mal in der Menschheitsgeschichte sind die Ursachen und die absehbaren Folgen mit hoher Wahrscheinlichkeit erkannt. Die Dringlichkeit des Handelns ist bewusst. Dennoch zeigt sich ein Widerstreit im Handeln, der einerseits von der Erhaltung des eigenen Wohlstandes und anderseits von der Verantwortung für den Wohlstand der gesamten Menschheit getrieben ist.

Eine ähnliche Entwicklung zeichnet sich im Gebrauch der Ressourcen ab, sowohl der Ausbeutung der Rohstoffe als auch der Nutzung der Umwelt zur Entsorgung. Durch die fortschreitende Industrialisierung der Schwellenländer steigt die Nutzung der Rohstoffe enorm an. Die Belastung der Luft, des Wassers und des Bodens durch Entsorgung der verbrauchten Stoffe führt zu gesundheitlichen Problemen. Mit steigendem Wohlstand einer immer noch wachsender Weltbevölkerung ist auch in diesem Kontext derzeit keine Entlastung absehbar.

Diese Aspekte fordern geradezu die nachhaltige Bewirtschaftung der zur Verfügung stehenden Ressourcen, wie im vorliegenden Beitrag primär am Beispiel der Energieversorgung aufgezeigt wird. In diesem Zusammenhang gilt es, den anzustrebenden Lebensstandard nicht wie bisher am Energieverbrauch und am Bruttoinlandsprodukt zu messen, sondern das politische Handeln an den Zielen der Achtung der Menschenrechte, der wirtschaftlichen Entwicklung und dem Schutz der Umwelt auszurichten. Selbstverständlich muss das Ziel in der Absicherung des allgemeinen Wohlstandes liegen. Ob allerdings weltweit das Niveau der westlichen Industrienationen erreichbar sein wird, kann unter dem Gesichtspunkt des Verbrauchs an Ressourcen und Rohstoffen zumindest angezweifelt werden. Unbestritten ist jedoch die Entwicklung der Energieversorgung hin zu nachhaltigen Primärenergieressourcen, die die natürlichen Grenzen unserer Umwelt akzeptieren.

Die Bewertung des Energieumsatzes muss deutlich über die thermischen Wirkungsgrade hinaus erfolgen. Nicht nur die Effizienz der Wandlung von Primärenergie zur Nutzenergie muss in die Bewertung einfließen, sondern der gesamte Einfluss von der Herstellung über den Gebrauch bis hin zur Entsorgung, wie dies in den Ansätzen der energetischen Bilanzierung, in ganzheitlichen Bewertungsmethoden, in der Ökobilanz und den externen Kosten angestrebt wird. Unabdingbar im Übergang der jederzeit verfügbaren, gespeicherten Primärenergien zu nachhaltigen Primärenergien ist die Erhöhung des Nutzungsgrades, d. h. die möglichst komplette Nutzung der Primärenergie, wie beispielsweise in der Kraft-Wärmekopplung und vor allem die Berücksichtigung des Deckungsgrades, d. h. die Erkenntnis, dass die volatilen Energien Sonne und Wind nicht unbeschränkt bei Bedarf der Nutzenergie zur Verfügung stehen.

Ohne interdisziplinäre Verständigung und Austausch wird die Aufgabe der Sicherung der Ressourcen- und Energieversorgung nicht gelingen. Sowohl die Politik, die Wirtschaft und die Gesellschaft muss darauf achten, dass die Transformation der Energieversorgung sozial verträglich, umweltverträglich und humanverträglich gestaltet wird.

Zukünftige Entwicklungen komplexer Systeme sind nicht zuverlässig vorherzusehen. Deshalb werden Szenarien genutzt, um aufzuzeigen, unter welchen Umständen welche Entwicklungen auftreten können. So können Sichtweisen vieler Disziplinen und Akteuren integriert werden. Szenarien stellen für die Analyse der Unsicherheiten, die über die zukünftige Entwicklung des Energiesystems bestehen und beim Ausloten von Handlungsmöglichkeiten bei dessen Gestaltung, das Mittel der Wahl dar. Eine kritische Auseinandersetzung mit der ständig wachsenden Vielfalt von Energieszenarien ist aber unumgänglich.

Um Entwicklungen nachsteuern zu können, findet ein regelmäßiger Monitoring-Prozess statt, in dem der Fortschritt der Zielerreichung und der Stand der Umsetzung der Maßnahmen zur Energiewende auf eine sichere, wirtschaftliche und umweltverträgliche Energieversorgung regelmäßig überprüft wird. Die Ergebnisse werden alle drei Jahre in einem Monitoring-Bericht des Bundesministeriums für Wirtschaft und Energie (BMWi) publiziert.

Unser Fernziel ist klar: erneuerbare Energie allerorten. Wie lange der Weg dahin sein wird, vermag heute niemand mit absoluter Sicherheit zu beziffern. Fest steht eines: Wir brauchen erst Brücken- und dann Begleittechniken. Aber diese Brückentechniken sind mitunter umstritten; noch vor kurzem haben die Betreiber der deutschen Kernkraftwerke ja auch die Laufzeitverlängerung mit eben dieser Brückenfunktion begründet. Derzeit wird auch die Zukunft der Kohlekraftwerke in Frage gestellt. Legt man die geplante Entwicklung der erneuerbaren Energie zugrunde, so amortisieren sich derzeit aufgrund der immer kürzer werdenden Betriebszeit der konventionellen Kraftwerke die Kosten des Neubaus eines Kernkraftwerkes bereits heute nicht mehr, auch die Kosten eines Braun- bzw. Steinkohlekraftwerkes werden sich in wenigen Jahren nicht mehr amortisieren. Derzeit sind schon einige Kraftwerke aufgrund der kurzen Einsatzzeiten nicht mehr rentabel. Dies trifft insbesondere auf die hocheffizienten GuD-Anlagen zu. Mit dem Zubau an volatiler regenerativen Energieerzeugungsanlagen wie Windkraft und Fotovoltaik, werden sich Technologien zur Netzunterstützung durchsetzen, die derzeit allerdings nicht sicher vorhergesagt werden können. Ein großes Potenzial haben mit nachhaltig gewonnenem Brenngas oder mit Erdgas betriebene Gasturbinen- bzw. GuD-Kraftwerke. Andererseits muss die Möglichkeit der Energiespeicherung an Bedeutung gewinnen.

Was in der aktuellen Debatte allerdings vermisst wird, ist eine konsequente Konzentration auf die eigentlichen Ziele der angestrebten Energiereform. An sich diskutieren wir derzeit hauptsächlich den Weg und die Methoden, nicht das Ziel per se. Eine erhöhte Energieeffizienz beispielsweise kann das Mittel sein, nicht aber das Ziel. Um erfolgreich zu sein, müssen wir uns auf die Ziele konzentrieren, um die es uns wirklich geht. Dies sind:

- die Lebensqualität,
- die Versorgungssicherheit und bezahlbare Energieversorgung,
- den Erhalt der Leistungskraft unserer Wirtschaft sowie
- den Klimaschutz.

Sicherlich ist es richtig, hierfür den Ausbau der regenerativen Energien voranzutreiben. Sicher ist es richtig, alte und ineffiziente Technik auf Basis fossiler Energie abzulösen.

Damit die Energiewende ein Erfolg wird, muss nicht nur der Stromsektor auf erneuerbare Energien umgestellt werden, sondern auch der Wärme- und Verkehrsbereich stärker auf die Erneuerbaren setzen. Wenn nachhaltig erzeugter Strom genutzt wird, um in anderen Sektoren den Einsatz von fossilen Energien zu reduzieren, spricht man von Kopplung der Sektoren Stromerzeugung, Wärme, Speicherung von Energie und Verkehr.

Dank der digitalen Technologien eröffnen sich vielfältige Ansätze für Unternehmen wirtschaftlichen Erfolg in dem sich wandelnden Marktumfeld zu sichern und aus Perspektive der Politik Möglichkeiten die ambitionierten Ziele der Energiewende effektiv und effizient zu erreichen.

Sachwortverzeichnis

A
Abschreibung, außerplanmäßige 135
Akkumulator 124
 Lebensdauer 124
Akzeptanz 142
Amortisationszeit 42
Anergie 20
Annahme 60
Anreiz, verhaltenswissenschaftlicher 157
Aufwand, nichtenergetischer kumulierter (KN$_A$) 31
Außenhandelsbilanz 89

B
Backcasting 58
Batteriesystem 124
Belastungsausgleich 120
Bevölkerungswachstum 4
Bilanzierung, ganzheitliche 32
Biokraftstoff 6, 16, 99
Black-Out 154
Brennstoff 43
Brückentechnik 160
Bruttoendenergieverbrauch 101
Bruttosozialprodukt 3
Bruttostromverbrauch 100

C
CO_2 6, 15

D
Dampfkraftwerk 23
Datenschutz 138, 158
Datensicherheit 139
Dauerlastlinie 105
Deckungsbeitrag 134
Deckungsgrad 28, 95
Demand-Side-Management 116, 145, 153, 155
Desertec 10
Digitalisierung 136
Direktvermarktung 88
Druckluftspeicher 122

E
EEG-Umlage 131
Effekt, externer 38
Effizienz 153
Einspeisemanagement 115, 137
Elektrizitätsbinnenmarkt 84
Elektromobilität 98
Emission 33
Endenergie 27
Endenergiebedarf 2
Endenergieverbrauch
 Verkehr 96
Energie
 regenerative Wandlungstechniken 100
Energieaufwand
 kumulierter 30
 kumulierter Entsorgung 31
 kumulierter Herstellung 31
 kumulierter Nutzung 31
Energieeffizienz 92
Energieeinsparung 95
Energieerhaltung 18
Energieerzeugung, regenerative 99
Energieform 18
Energieimport 73

Energiekonzept 64
Energiepreis 129
Energiequelle, fossile 151
Energiespeicher 28, 119, 120
Energiestrom 33
Energiesystem 11
   Ausgestaltung 56
   zellulär strukturiertes 140
Energieszenarium 51, 56
   Zielsetzungen 56
Energieträger
   emissionsfreie 72
   fossile 71
Energieverbrauch 8
Energieverlust 26
Energieversorgung 7, 9
   nachhaltige 11, 83, 151
Energiewandlungskette 29
Energiewende 10
   Ziele 156
Energiewirkungsgrad 21
Energiewirtschaftliches Dreieck 68
Entropie 1
Entwicklung, robuste 60
Erdkabel 109
Erntefaktor 16, 41–43
Ethik 45
   Vorzugsregeln 48
Exergie 20
Exergiewirkungsgrad 23

F
Flexibilitätskonzept 144
Flexibilitätsoption 141
Flexibilitätstechnologie 143–144
Fluktuation 155
Förderungspolitik 68
Forecasting 58
Frequenzregelung 111
Fukushima 71

G
Gebäude-Endenergiebedarf 93
Generationengerechtigkeit 9, 46
Geothermie 145
Gesamtnutzungsgrad 27
Geschäftsmodell, datenbasiertes 136
Gleichberechtigung 12

Gleichgewicht, thermodynamisches 18
Großhandelspreis 131
Grundlast 29, 84, 105
Grundlastkraftwerk 103
Güterverkehr 55

H
Haushalt 152
Höchstspannungs-Gleichstrom-Leitung 147
Humanverträglichkeit 47

I
Importabhängigkeit 96
Infrastruktur 77
ISO 14040 37
IT-Sicherheit 139

K
Kernenergie 66, 74
Kernenergienutzung in Deutschland 76
Kernfusion 91
Kernkraft 11
Kernkraftwerk 75
Klimaschutzgesetz 90
Klimaschutzplan
   Verkehr 96
Klimaschutzziele 55
Klimawandel 159
Klimaziel 54
Komplexität 59
Konvergenzkriterium 48
Kosten, externe 37
Kraft-Wärme-Kopplung 24, 128
Kraftwerk, virtuelles 118
Kraftwerksbetreiber
   Abschreibungen 134
Kraftwerkskapazität 111
Kraftwerkstyp 43

L
Lebensdauer 41
Leistung
   eingespeiste 78
   installierte 78
Leiterseile
   Temperatur 117

Sachwortverzeichnis

Leuchtmittel 24
Life Cycle Engineering (LCE) 29

M
Marktmacht 138
    Hardware Anbieter 138
Marktwirtschaft, ökologische 38
Merit-Order 129–130
Millenniumsentwicklungsziele 8
Modell 59
Möglichkeitsaussage 58
Möglichkeitshypothese 60
Monitoring 63, 160

N
Nachhaltigkeit 1, 6, 9
Nachrüstung, technische 141
Nationaler Aktionsplan Energieeffizienz
    (NAPE) 146
Netzausbau 108, 112, 117
Netzinfrastruktur 65
Netzknoten 118
Netzmanagement 107
Netzqualität 121
Netzreservekraftwerk 115
Nichtenergetischer Verbrauch (NEV) 32
Nudging 157
Nutzenergie 3, 27

O
Ökobilanz 16, 30, 32, 33
    Auswertung 34
    produktbezogene 36

P
Partizipation 48
Pooling 119
Power-to-Heat 145
Preisregulierung 157
Primärenergie 2, 4, 26
    Importe 72
Primärenergieverbrauch 73
Prognose 57
Prognoseanbieter 138
Prozessenergieverbrauch, kumulierter
    (KPE_V) 31

Prozesskette 25–26
Prozess, mehrstufiger 24
Pumpspeicher 121
    Förderung 122
    Systemrelevanz 121

R
Rahmenbedingungen, energiepolitische 52
Raumwärme 152
Rebound-Effekt 154
Redispatch 110
Redox-Flow-Zelle 123
Regelenergie 84
Residuallast 103, 155
Ressource 160
Ressourcenschonung 15
Ressourcenverbrauch 8, 46
Reversibilität 47
Risikominierungsregel 48
Roadmap 57
Rohstoff 159

S
Sachbilanz 34
Sektor
    Optimierung 128
    Power to X 127
    Stromerzeugung 126
    Verkehr 127
    Wärme 126
Sektorkopplung 88, 126
Sekundärenergie 26
Selbstdisziplin 154
Smart
    Grid 108
    Meter 119
Solarstrahlung 5
Sozialverträglichkeit 46
Spannungsebene 110
Speicher
    Eigenschaften 121
    Langzeitspeicher 145
    lokaler 156
    Redox-Flow 123
    Wasserstoff 123
Spitzenlastkraftwerk 103
Stoffgebundener Energieinhalt (SEI) 32
Stoffstrom 33

Stoffstromanalyse 36
Strombereitstellung 38
Strombörse 129
Stromerzeugung 77
Stromnachfrage, Steuerung der 116
Stromüberschüss, lokaler 141
Substitutionsmethode 30
Subvention 12
Suffizienz 152
System
    Grenze 59
    Zusammenwirken 125
Systemdienstleistung 109
Systemgrenze, Definition 33
Systemintegration 77
Systemsicherheit 82
Systemstabilität 111
Systemverantwortung,
    hierarchische 140
Szenarium 52
    Erstellungsprozess 58
    Explorative 58
    Zielszenarien 58

T
Teillastbetrieb 86
Temperaturanstieg 91
Treibhausgasemissionen 90
    Verkehr 96

U
Überkapazität 112
Überschussstrom 128, 156
Übertragungsleistung 117
Übertragungsnetz 114
Umwelteffekt, potenzieller 33

Umweltverträglichkeit 47
Unternehmen, stromintensives 133

V
Verbraucher 151
Verbraucherinteresse 157
Vereinfachung 60
Vergleich, sozialer 157
Verhaltensänderung 157
Verkehr 40
Verkehrssektor 55
Verkehrswende 97
Versorgungssicherheit 78, 83
Verteilnetzebene 114
Vision 57

W
Wärmebereich 40
Wärmeenergie 21
Wahrscheinlichkeitsprognose 58
Wandlungsprozess 19
Wasserstoff 123
Weltbevölkerung 69
Wirkungsabschätzung 34
Wirkungsgrad 17, 22
Wirkungsgradmethode 30
Wirkungsgradverlust 29
Wirkungskategorie 35
Wohlstand 159

Z
2020-Ziel 146
Ziel 66
    Steuerungsziel 65
    Teilziel 66

If you have any concerns about our products,
you can contact us on
ProductSafety@springernature.com

In case Publisher is established outside the EU,
the EU authorized representative is:
**Springer Nature Customer Service Center GmbH
Europaplatz 3, 69115 Heidelberg, Germany**

Printed by Libri Plureos GmbH
in Hamburg, Germany